CVL
Computer Vision Library

Vision Transformer 入門

新しいコンピュータビジョンの世界

片岡裕雄　監修

山本晋太郎
徳永匡臣
箕浦大晃　著
QIU YUE
品川政太朗

技術評論社

▌ はじめに

　2020年10月22日に論文共有サイトarXivに掲載された1本の論文がコンピュータビジョン分野に衝撃を与えました。ViT（Vision Transformer）[Dosovitskiy21] の提案論文である "An Image is Worth 16x16 Words: Transformers for Image Recognition at Scale（画像は16x16文字に相当する：スケールアップする画像認識のためのトランスフォーマー）" がGoogle Researchから投稿されたのです。ViTは自然言語処理におけるTransformerより簡素な構造でありながら、画像のコンテンツを理解し、適切なラベルを返却するという画像識別問題において、従来法を置き換える十分な精度に到達していると主張しました。従来法とひと言で言いましたが、画像識別におけるCNN（Convolutional Neural Networks：畳み込みニューラルネットワーク）は、2012年10月に開催されたILSVRCでAlexNet[Krizhevsky12] が提案されてから約8年間にもわたり世界的に改善が繰り返されてきた強力なツールです。機械学習の分野では、たった1本の論文がその後の流れを大きく変えることがありますが、ViT論文は間違いなくコンピュータビジョンの研究動向を劇的に塗り替えました。実際に、2021年の大きな研究トレンドは、いかにTransformerをコンピュータビジョン分野に浸透させるかの一色になり、その年の秋に開催されたICCV 2021のBest Paper Award（Marr Prize）は、ViTの問題点を効果的に解決し、性能改善に寄与するSwin Transformer[Liu21] でした。本書では、2022年執筆時点においてもめまぐるしく変化するViTに関する動向を紐解いていきます。

　さて、本書では日本国内の若手研究者・若手技術者から精鋭を招聘して、ViTという新規トピックでありながら毎月のように変化していく動向を迅速にキャッチアップし、難解に見える技術を可能な限り平易な文章で説明できるように編集しています。山本晋太郎氏にはコンピュータビジョン分野のみならず自然言語処理分野での研究経験を活かし、「1章 Transformerから Vision Transformerへの進化」を担当していただきました。深層学習の隆盛、Transformerの提案からViTがコンピュータビジョン分野に与えてきた影響などを俯瞰します。徳永匡臣氏には「2章 Vision Transformerの基礎と実装」を担当していただきました。どのような難解な論文もその深い知識から読み解き、幅広い層への説明が得意な能力を活かし、個人レベルでも容易にViTが再現できるようにViTの解説とともに実装コードを提供していただきました。箕浦大晃氏には「3章 実験と可視化によるVision Transformerの探求」「6章 Vision Transformerの派生手法」を担当していただきました。自身もViTや派生研究の再現実装を実施してきた経験から、実装コードを提供いただくとともにViTや各種データセットへの実験結果や使用感に関するレビューを詳細に記載していただきました。邱玥（QIU YUE）氏には「4章 コンピュータビジョンタスクへの応用」「5章 Vision and Languageタスクへの応用」を担当していただきました。動画認識、3D認識、Vision and Languageとコンピュータビジョン分野の中でも大きなトピックを研究してきた経験から、Transformerがいかに分野全体として使用されているかを、その代表的な手法とともに解説していただきました。最後に品川政太朗氏には「7章 Transformerの謎を読み解く」「8章 Vision Transformerの謎を読み解く」を担当していただきました。現在、国内の

Vision and Languageを代表する研究者の一人となっている同氏には、ViTの考察的な側面や、今後への期待を込めた部分を担当いただきました。ここで筆舌するにはあまりにも濃い内容であるため、実際に本文に進まれることをおすすめします。

ViT論文がコンピュータビジョン分野の研究を加速させてきたように、本書、通称ViT-Book（#vitbook）が日本国内のVision Transformer研究を加速させるための起爆剤になればこれ以上幸いなことはありません。

2022年8月 片岡裕雄

参考文献

[Dosovitskiy21] Alexey Dosovitskiy, Lucas Beyer, Alexander Kolesnikov, et al. "An Image is Worth 16x16 Words: Transformers for Image Recognition at Scale" ICLR, 2021.

[Krizhevsky12] Alex Krizhevsky, Ilya Sutskever, Geoffrey E. Hinton "ImageNet Classification with Deep Convolutional Neural Networks" NIPS, pages 1097-1105, 2012.

[Liu21] Ze Liu, Yutong Lin, Yue Cao, et al. "Swin Transformer: Hierarchical Vision Transformer Using Shifted Windows" ICCV, pages 10012-10022. 2021.

contents | 目次

第3章　実験と可視化によるVision Transformerの探求 …… 73

第4章　コンピュータビジョンタスクへの応用 …………………… 99

第**7**章 Transformer の謎を読み解く

第**8**章 Vision Transformer の謎を読み解く

第 **1** 章

Transformerから Vision Transformer への進化

本書で取り扱う Transformer は、2017 年に自然言語処理の分野で提案されました。BERT や GPT などの Transformer ベースの言語モデルが提案された後、画像と言語の融合タスクへの拡張が見られるようになりました。その後 2020 年頃からは、画像単体を Transformer によって処理する動きが見られるようになりました。本章では、自然言語処理分野における Transformerの提案からコンピュータビジョン分野における Transformer の普及に至るまでの研究動向について紹介します。

山本晋太郎

　2017 年に自然言語処理分野で Transformer が提案されて以来、その応用範囲は急激に広がっています。本章では、図1.1 に示すように、自然言語処理の分野で Transformer が提案されてからコンピュータビジョン分野へ普及するまでの研究動向を紹介していきます。はじめに、自然言語処理分野で Transformer が提案されてから、言語モデルや自然言語処理分野における Transformer の改善モデルの提案までを紹介します。次に、画像と言語の融合問題である Vision and Language における Transformer の普及について紹介します。テキストデータを処理する Transformer への入力に画像を加えることで、Vision and Language の問題に応用する試みが行われています。2019 年ごろからこのような動きが見え、現在では文書画像や医療データなどのドメイン特化モデルや、さまざまな Vision and Language タスクへの応用が行われています。2020 年頃からは、Transformer に画像のみを入力する試みが行われています。現在では、動画への適用、モデルの改良やさまざまな実タスクへの応用など、さまざまな切り口からコンピュータビジョン分野における Transformer の研究がされています。本章ではこのような研究動向を、技術的な話を最小限に抑えながら紹介していきます。

　なお、本章では歴史的な経緯を紹介するために最初に論文が発表された年月を紹介します。そのため、プレプリント版が発表された翌年以降の国際会議などに論文が採択された場合、本文中での説明と文献の年が一致しない場合があるのでご留意ください。

図1.1：Transformer を巡る研究動向

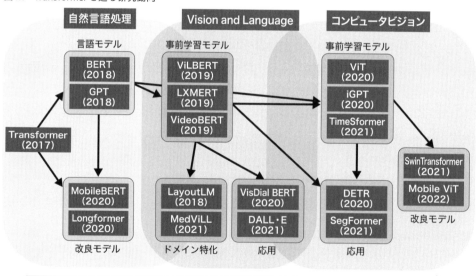

1-1 自然言語処理における Transformer の登場

自然言語処理は、我々人間が日常生活で用いている言葉（自然言語）をコンピュータにより取り扱う分野です。機械翻訳や検索エンジン、チャットボットなど、身の回りのさまざまな場面で自然言語処理の技術が活用されています。はじめに、自然言語処理やコンピュータビジョンの分野で従来用いられてきたニューラルネットワークの一種であるRNN（Recurrent Neural Network：回帰型ニューラルネットワーク）やCNN（Convolutional Neural Network：畳み込みニューラルネットワーク）を振り返ります。

　自然言語は単語や単語を分割したサブワード、文字といったトークンを並べた**系列データ**として扱うことができます（図1.2）。系列データの処理には、RNNがよく用いられます。RNNは、前の時刻から得られた中間出力を隠れ状態として保持し、次の時刻におけるデータを処理する際に隠れ状態を用います。これによって、過去の入力を考慮したデータの処理が可能となります。RNNから派生したネットワークとしては、LSTM（Long Short Term Memory）[Hochreiter97]やGRU（Gated Recurrent Unit）[Cho14]が挙げられます。コンピュータビジョンの分野で用いられてきたCNNをテキストに対して用いるという研究[Kim14]も存在します。画像が縦横の2次元方向に情報を持つのに対して、テキストは1次元方向にトークンを並べたものとして畳み込みの演算を行うことができます。

図1.2：テキストの系列データへの変換

▌ 1-1-1　Transformer の提案

　Transformer というモデルが提案されたのは、2017 年のことです。Transformer を提案した
論文 "Attention is All You Need"[Vaswani17] が、2017 年 6 月にプレプリントサーバ arXiv に
て公開されました。タイトル中の **Attention**（注意機構）とは、目的のタスクを解くのに重要
な情報を選択する役割を担います。その後この論文は、2017 年 12 月に開催された Neural
Information Processing Systems（NIPS）[注1] に採択されました。現在では自然言語処理のさまざ
まなタスクに Transformer が活用されていますが、当時は機械翻訳のための手法として提案さ
れています。Transformer は Encoder-Decoder 型の構造を採用しています。機械翻訳では、
Encoder によって入力された文章を特徴量化し、Decoder に特徴量を与えることで目的言語の
文章を生成することになります。Transformer はこれまで用いられてきた RNN や CNN を使わ
ずに、機械翻訳タスクにおいて当時の最高性能を更新したことから、大きく注目を集めること
となりました。

　図 1.3 に、Transformer 登場以前の代表的なニューラルネットワークの一種である RNN、
CNN と Transformer の比較を示します。従来用いられてきた **RNN** は、前の時刻から得られた
隠れ状態を入力として次の時刻の処理を行うため、入力となる系列データを逐次的に処理す
る必要がありました。そのため、計算を並列化できず効率が悪いという問題がありました。こ
れに対して **CNN** は、RNN のように前の時刻から得られた隠れ状態を入力する必要がないため、
計算を並列化できます。しかし、CNN では離れた位置にあるトークン同士の関係を捉えるこ
とが難しいという問題を抱えています。そこで Transformer は、RNN や CNN を用いずに **Self-
Attention** という機構を活用しています。これにより、離れたトークン同士の関係を捉えつつ
計算を並列化できます。本章では技術的な詳細についてはふれないため、詳しい Transformer
の説明については 2 章以降を参照してください。

図1.3：RNN、CNN、Transformer の比較

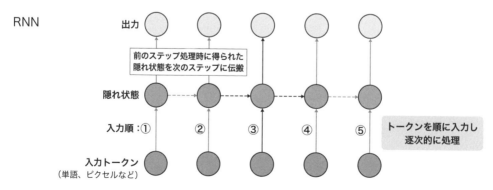

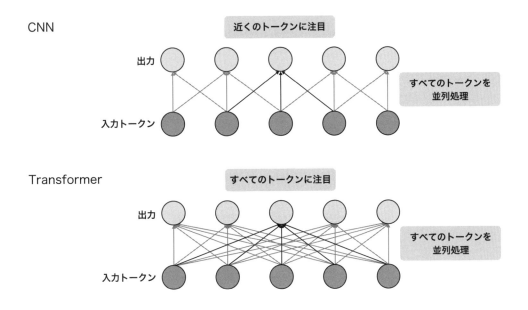

1-1-2　事前学習言語モデル

　Transformer が発表された翌年の 2018 年には、後述する BERT（Bidirectional Encoder Representations from Transformers）や GPT（Generative Pre-trained Transformer）など Transformer ベースの**事前学習モデル**が提案されるようになりました。事前学習とは、目的タスクの学習を行う前に大規模データセットでモデルを学習しておくことで、汎用的な特徴表現を獲得することを指します。事前学習したモデルを目的タスクのデータセットでさらに学習（ファインチューニング）することで、ゼロから学習するよりも高い性能を発揮できることが知られています。事前学習の概念は、コンピュータビジョンの分野で盛んに取り入れられており、VGGNet[Simonyan14] や ResNet[He16] などの事前学習モデルが代表例として挙げられます。

　自然言語処理分野で有名な言語モデルの 1 つとして、**BERT**[Devlin19] があります。BERT の論文は 2018 年 10 月に arXiv 上で公開され、翌 2019 年 6 月に開催された NAACL（North American Chapter of the Association for Computational Linguistics）で Best Long Paper に選ばれています。BERT は Transformer の Encoder をベースとしたモデルです。身近な場所では、Google 検索に BERT が利用されています [Nayak19]。BERT の事前学習では、**Masked LM**（Masked Language Modeling）と **NSP**（Next Sentence Prediction）という 2 つの事前学習タスクを考えます。Masked LM（図1.4）では、学習データのトークンのうち一部をマスクし、元のトークンが何であったかを予測するように学習をします。NSP では、入力された 2 つの文章が連続しているか、していないかを分類します。いずれの事前学習タスクもテキストデータの収集のみを必要とし、人手によるラベル付けが不要であるため、データ収集コストが低く、大

規模学習を行うことができます。

　BERT が注目を集めた要因として、高い性能を発揮したことが挙げられます。事前学習を行った BERT をファインチューニングすることによって、言語理解のベンチマークである GLUE（General Language Understanding Evaluation）[Wang18] を含んだ 11 の自然言語処理タスクにおいて SoTA（State-of-the-Art：最高性能）を達成しました。BERT の論文が最初に発表されたのが 2018 年 10 月であるにもかかわらず、2018 年 12 月が投稿締切の NAACL 2019 では、すでに BERT を用いた論文が 2 本発表されていること [Sun19a] [Xu19] からも、注目度の高さや研究速度の速さが伺えます。

図1.4：Masked LM（BERT）と Auto-Regressive モデル（GPT）の比較

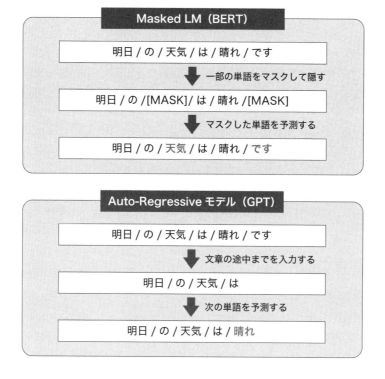

　GPT[Radford18] が発表されたのも同じ 2018 年のことです。その後、事前学習に用いるデータやモデルサイズを大きくした **GPT-2**[Radford19]、**GPT-3**[Brown20] が発表されています。2020 年の NeurIPS で発表された GPT-3 は、同会議の Best Paper Awards を受賞しています。GPT は BERT と異なって Transformer の Decoder をベースとしています。GPT の事前学習では、過去の系列データから次のトークンを予測するという自己回帰（Auto-Regressive）モデル（図1.4）を考えます。BERT の事前学習同様に、GPT においても人手によるラベル付け作業が不要で事前学習を行うことができます。BERT では、事前学習の後に目的タスクのデータを使って学習（ファインチューニング）することで、モデルのパラメータの更新を想定しているため、目的タスク

のデータセットを必要とします。これに対してGPT-2やGPT-3の論文では、少数の例だけを与える Few-shot や例を与えずにタスクの説明のみを与える Zero-shot の設定におけるモデルの性能を評価しています（図1.5）。例えば機械翻訳タスクにおける評価では、Zero-shot の設定では既存手法に劣るものの、Few-shot では従来の教師なし機械翻訳を上回ると報告しています。言語別に見ると、英語からフランス語のような英語から他の言語への翻訳はうまくいかないものの、フランス語から英語のような英語への翻訳では従来手法を上回る結果が確認されています。また、GPTの事前学習では過去の系列から次のトークンを予測するというタスクを扱っているので、文章を途中まで入力することで続きを生成することもできます。海外のネット掲示板 Reddit では、「GPT-3を誰かがこっそり Reddit につなぎ、人間の悩みに返答していた」という出来事 [川村21] もありました。このように、GPT は人間が気付かない高品質な文章を作成できます。日本語のテキストで学習したGPTモデルも公開されており[注2]、GPT によるテキスト生成などを簡単に試すことができます。

図1.5：Zero-shot と Few-shot 機械翻訳のイメージ。説明のため、日本語の文章を用いている。どちらの設定でも、はじめにタスクの説明を与える（1行目）。その後、Few-shot の設定では例を与える（2行目、3行目）。最後に入力（最終行）を与え、次のトークンを予測するのと同じ要領で出力を得る

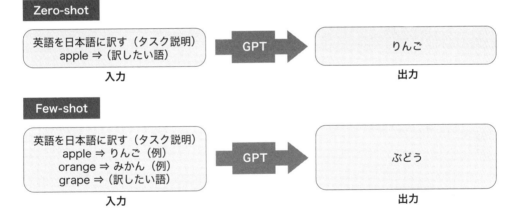

1-1-3　Transformer の改良

　自然言語処理の分野で Transformer が台頭して以来、多くの改良型が提案されています。例えば RoBERTa は、BERT の事前学習に用いるデータや事前学習の方法を検証し、BERT の改良を行いました。他にも、XLNet[Yang19] や T5[Raffel20] などさまざまな Transformer ベースの事前学習モデルが提案されています。事前学習モデルの多くは、モデルサイズが大きく、膨大な数のパラメータが含まれています。そこで、モバイル端末など限られた計算資源で利用

できるようにするために、モデルサイズの削減の観点からも研究されています。実例としては MobileBERT[Sun20] や TinyBERT[Jiao20] などが挙げられます。また、Transformer の弱点の1つとして入力の系列長が長くなると計算コストが高くなることが挙げられます。例えば BERT では、最大の系列長が 512 トークンになるように制限しています。そこで、より長い系列長のデータを扱えるようにする手法が提案されています。例えば、Transformer-XL[Dai19] や Longformer[Beltagy20] などの手法が提案されています。同様に、Reformer[Kitaev20] や Linformer[Wang20] などのモデルでは、計算量削減を目的として Transformer の改善に取り組んでいます。

Transformer ベースのモデルの多くは、Hugging Face[注3]というオープンソースライブラリで公開されています。学習済みのモデルの重みも公開されているので、簡単に試してみることができます。また、Hugging Face ではコミュニティモデルと呼ばれる自分たちのモデルを公開することもできます。前述の日本語版 GPT だけでなく、BERT など多くのモデルが日本語版を公開しています。

1-2 | Vision and Language への拡張

コンピュータビジョン分野における Transformer の活用は、**Vision and Language** の研究から始まりました。Vision and Language の研究では、画像と言語両方のデータを同時に扱っており、コンピュータビジョンと自然言語処理の融合領域として考えることができます。Vision and Language の応用タスクとして、画像に対する質問に答える VQA (Visual Question Answering) [Antol15]、画像の説明文を生成する Image Captioning[Stefanini21]、言葉でエージェントの移動を指示する VLN (Vision and Language Navigation) [Anderson18b] などが挙げられます。2019年以降、BERT などの自然言語処理のためのモデルを拡張する形で、Vision and Language へ応用されていきました。

■ 1-2-1　動画+テキスト

Vision and Language における Transformer の活用は、BERT が発表された翌年 2019年ごろから見られるようになりました。動画とテキストのペアを入力する **VideoBERT** の論文 [Sun19b] は、2019年4月に arXiv で公開されました。その後、2019年10月から11月にかけて開催された ICCV (International Conference on Computer Vision) に採択されています。VideoBERT はそ

注3　https://huggingface.co/

1

の名の通り、BERTを拡張する形で提案された事前学習モデルです。BERTの入力では、入力文章をトークンの系列として考えていました。VideoBERTの入力であるテキストと動画のうち、テキストについてはBERT同様に入力を考えることができます。それでは、動画はどのように扱うのでしょうか？動画は、静止画を並べた系列データとして考えることができ、動画の各フレームを1つのトークンとして考えることができます。すべてのフレームを入力すると系列長が膨大になるため、VideoBERTではランダムにサンプルしたフレームをトークンとして扱っています。テキストと動画のトークンを並べることで1つの系列データとみなし、VideoBERTへの入力とします。これにより、BERT同様の構造をしたネットワークでテキストと動画のペアを扱うことができます。

　VideoBERTの論文では、行動認識とVideo Captioning（動画説明文の生成）の2つのタスクにおける性能評価が行われています。ただしこれらのタスクは、VideoBERTで扱うことができる問題とするために、一部のトークンがマスクされたテンプレート文の穴埋めタスクとして定義されています。また、テキストからの動画生成や動画の未来予測も可能であると論文中では主張されています。

　VideoBERTの登場以後、さまざまなテキスト＋動画を扱うモデルが提案されるようになりました。VideoBERTはBERTと同様の構造を採用していますが、時間方向の局所（ローカル）情報と大域（グローバル）情報を階層的に扱うことを可能としたHERO[Li20a]や、画像（フレーム）の特定の物体に関する物体情報と動画から得られるアクション情報を同時に扱うことを可能としたActBERT[Zhu20]などのモデルが提案されています。

▌ 1-2-2　画像+テキスト

　1枚の画像とテキストのペアを入力として扱う事前学習モデルが数多く提案されています。2019年8月6日に **ViLBERT**[Lu19]（図1.6）の論文がarXivで公開されると、8月9日にVisualBERT[Li19]、8月14日にB2T2[Alberti19]、8月20日にLXMERT[Tan19]、8月22日にVLBERT[Su20]（図1.7）と立て続けにVision and Languageタスク向けのTransformerベースのモデルが公開されました。いずれの論文も異なる大学や企業による研究であるため、多くの研究機関が同時期に取り組んでいた研究課題であると考えられます。これらの研究のうち、LXMERTとB2T2はEMNLP（Empirical Methods in Natural Language Processing）2019（2019年11月開催）、ViLBERTはNeurIPS 2019（2019年12月開催）で発表されています。両会議の投稿締切は2019年5月に設定されていたため、実際に研究が行われていたのはそれよりも前ということになります。その後も、VLP[Zhou20]、UNITER[Chen20b]、OSCAR[Li20b]、X-LXMERT[Cho20]、E2E-VLP[Xu21a]などVision and Languageの事前学習モデルに関する研究が盛んに行われています。

図1.6：ViLBERT の概要図（[Lu19] より引用）。画像は物体検出によって得られた物体（上側）を、テキストは単語の列（下側）を考えそれぞれ処理する。その後、Co-TRM という層で両者の情報を参照し、画像と言語両方を考慮した処理を行う

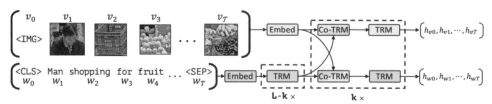

図1.7：VL-BERT の概要図（[Su20] より引用）。テキストは文中の単語（トークン）を並べて扱う。画像情報は、物体検出（図中一番右）により得られた物体をトークンとして扱う。それぞれ単語トークンと物体トークンをベクトルに埋め込み（Token Embedding）、1つの Transformer（Visual-Linguistic BERT）に入力して処理を行う

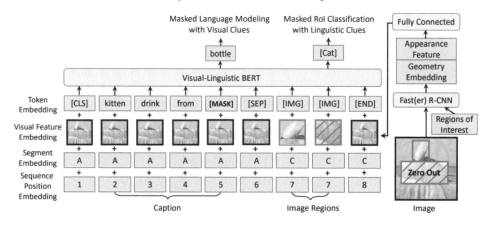

　Vision and Language タスクでは、画像に写っている物体と文中の単語の関係を扱います。そこで、多くの Vision and Language 向け事前学習モデルでは、**Bottom-Up Attention** [Anderson18a] というしくみを採用しています。簡単に説明すると、物体検出によって得られた各物体を1つのトークンとして扱うというものです。例えば、人と犬が写っている画像の場合、物体検出で検出された「人」と「犬」がトークンとして扱われます。この際、物体を映している領域から得られる画像特徴量を、トークンに対応するベクトルとして入力します。これにより、画像とテキストそれぞれをトークンの集合として考えることができます。画像とテキストという異なる情報の入力方法は、**Single-Stream** と **Multi-Stream** の2つに分けて考えることができます [Khan21]（図1.8）。

図1.8：Single-StreamモデルとMulti-Streamモデルの比較

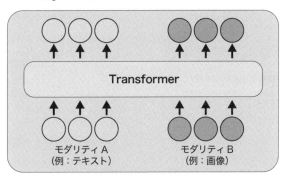

Single-Streamモデル

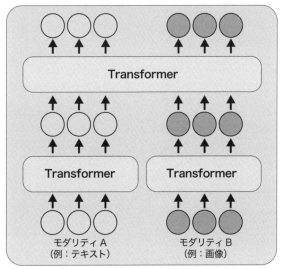

Multi-Streamモデル

　Single-Streamのモデルは、1つのネットワークで画像とテキストの2つのモダリティをまとめて処理します。UNITERやOSCAR、Visual BERT、VL-BERTなどが該当します。また、上述のVideoBERTに関しても、動画とテキストを1つのモデルで処理するため、Single-Streamのモデルとして考えることができます。これに対してMulti-Streamのモデルでは、画像やテキストなどの各モダリティを別々に処理するネットワークを用意したあと、各モダリティの情報を統合する処理を行います。Vision and Languageの場合、画像とテキストの2つのモダリティを扱うので、LXMERTやViLBERTはTwo-Streamのモデルです。

　Transformerをベースとしたモデルは、Vision and Languageのさまざまなタスクで応用されています。初期に登場したモデルの1つであるViLBERTでは、4つのVision and Languageタスク（VQA、VCR、Grounding Referring Expressions、Caption-Based Image Retrieval）が応用例として紹介されています [Lu19]。

　本節の冒頭でも紹介した**VQA**は、画像に関する質問の答えを選択肢の中から選ぶタスクであり、Vision and Language の中でも最も有名なタスクの1つです。**VCR**（Visual Commonsense Reasoning）は、VQA を拡張したタスクとして考えることができます。VQA は質問に回答するに留まるのに対して、VCR では質問に答えるだけでなくその回答の根拠を出力します。

　Grounding Referring Expressions は、テキストで指示された物体が画像中のどこに写っているかを予測するタスクです。例えば、「犬が走っている」という文章が入力されたときに、画像内の走っている犬を検出します。**Caption-Based Image Retrieval** は、与えられた説明文によって記述されている内容と合致する画像を検索するタスクです。これらのタスクは、画像やテキストの理解に焦点を置いたものとして考えられています [Zhou20]。

　これに対して、2020年の AAAI（Association for the Advancement of Artificial Intelligence）で発表された VLP[Zhou20] は、BERT ベースの Vision and Language モデルでありながら、VQA のような分類タスクだけでなく、Image Captioning のような生成タスクに適した事前学習モデルです。具体的には、事前学習において、テキストトークンに対して適用するマスクを、生成タスクで使われる自己回帰モデルの Transformer のように工夫して用いています。また、同年11月に開催された自然言語処理の国際会議 EMNLP では、LXMERT[Tan19] を拡張した X-LXMERT[Cho20] が発表されています。X-LXMERT は、VQA や Image Captioning だけでなく、テキストから画像を生成する Text-to-Image に応用が可能です。このように、認識タスクから始まった Vision and Language の事前学習モデルは、画像やテキストの生成タスクにも応用できます。

　2019年頃から見られた Vision and Language への Transformer の応用は、今日では本節の冒頭で紹介した VLN[Chen21a] [Pashevich21]、2枚の画像間の変化を記述する Change Captioning [Qiu21]、Referring Expressions を領域分割に拡張した Referring Segmentation[Ding21] など、さまざまなタスクに応用されています。

▌ 1-2-3　**Vision and Language における派生**

　医療画像や文書画像など、特定の画像ドメインに特化した事前学習モデルも提案されています。Vision and Language のための事前学習モデルの多くは、MS COCO[Lin14] や Conceptual Captions[Sharma18]、Visual Genome[Krishna17] など、身の回りの現実世界を写した画像から構成されるさまざまなデータセットを複数混ぜて事前学習を行っています [Chen22]。したがって、医療画像や文書画像など、事前学習に用いた画像と性質が異なるドメインのタスクに適用することは困難です。そこで、特定の画像ドメインに特化した事前学習モデルが提案されています。Subramanian らの研究 [Subramanian20] では、**MedICaT** という生物医科学分野の論文から抽出した図と説明文、本文中での図の参照文から構成されるデータセットを提案しました。論文中では、UNITER[Chen20b] の事前学習に MedICaT を用いることで医療画像とテキストのマッチングへの応用を行っています。また、放射線画像で事前学習した Transformer ベー

スの Vision and Language モデルである **MedViLL**[Moon21] も提案されています。MedViLL は、診断結果の分類や診断レポートの生成タスクなどの応用例があると示されています。文書画像に特化したモデルとしては **LayoutLM** が挙げられ、v1[Xu20]、v2[Xu21b] が提案されています。LayoutLM の応用先としては、文書画像を対象とした VQA[Mathew21] や文書画像の分類などのタスクが紹介されています。また、KaleidoBERT[Zhuge21] というファッションドメインに特化したモデルも提案されています。KaleidoBERT は、検索やカテゴリ認識などに応用できるモデルです。また、特定のタスクに特化した事前学習に関する研究も存在します。ViLBERT や VLBERT などの事前学習モデルの多くは、複数の目的タスクに応用することを想定しています。これに対して、VQA を対話のタスクとして拡張した Visual Dialog[Das17] の性能向上を目的として ViLBERT の事前学習を提案した論文 [Murahari20] が存在します。他にも、VLN への応用を想定した事前学習に関する研究 [Majumdar20] [Guhur21] も存在します。

　2021 年に注目を集めた Vision and Language に関連する話題として、CLIP (Contrastive Language-Image Pre-training) [Radford21] と DALL·E[Ramesh21] を紹介します。どちらも OpenAI によって 2021 年 1 月 5 日のブログ [OpenAI21a] [OpenAI21b] で発表されました。**CLIP** は、自然言語を教師とすることで Zero-shot の画像認識を可能としています。コンピュータビジョン分野における事前学習では、主に ImageNet[Deng09] を用いた画像分類タスクを解くことで行われていました。画像分類タスクでは、事前に定義されたクラスの一覧から適切なものを選択するという問題を扱います。しかし、このような問題設定では一覧に含まれていないクラスを適切に予測できません。そこで CLIP では、ラベルではなくテキストを教師として考えます。画像とテキストそれぞれを Encoder に入力することで特徴量を抽出し、両者の対応関係をスコア化します。その際、正しい画像とテキストのペアのスコアが高くなるように学習をしていきます。論文中では、画像の Encoder として ResNet[He16] と次節で紹介する ViT (Vision Transformer) [Dosovitskiy21] を、テキストの Encoder として Transformer を用いています。実験では、ViT が特に汎用的な特徴表現を獲得できていることを示しました。すでに CLIP を活用した研究が提案されており、テキストを用いた画像編集 [Patashnik21] や髪型の編集 [Wei22a]、近年注目されている自由視点からの画像を生成する技術である NeRF の操作 [Wang22] などが存在します。CLIP と同時に発表された **DALL·E**[注4] は、テキストから画像を生成する Text-to-Image の手法です。こちらは、前節で紹介した GPT-3 をベースとしたモデルです。DALL·E は高品質な画像が生成できることで注目を集めており、図 1.9 に示すように "an armchair in the shape of an avocado（アボカドの形状をした椅子）"[注5] など、現実には存在しないような概念の画像も生成できます。生成した画像のランキングに CLIP が用いられており、生成画像が入力テキストの内容と一致しているかを評価します。

注4　2022 年 4 月 DALL·E2 の発表がありました。https://openai.com/dall-e-2/
注5　訳は著者が付与しました。

図1.9：DALL·E による画像の生成結果（[OpenAI21b] より引用）

1-3 | コンピュータビジョンにおける Transformer

　Transformer は、2017年に自然言語処理分野で提案され、2019年頃からは画像と言語の融合領域で利用されるようになりました。そして2020年には、画像のみを扱う問題に対して Transformer を利用する動きが見られるようになりました。本節では、コンピュータビジョンにおける Transformer の研究動向を紹介します。

▌ 1-3-1　DETR による物体検出

　2020年の5月には、物体検出に Transformer を応用した **DETR**（DEtection TRansformer）[Carion20] が Facebook AI の研究チームによって arXiv 上で発表されました。この論文は同年8月に開催された ECCV（European Conference on Computer Vision）に採択されています。前節で述べたように、Vision and Language タスク向けに設計されたモデルの多くは、物体検出により得られた各物体をトークンとして扱い、各物体の画像特徴量を入力していました。これに対して DETR は物体検出自体を目的としているため、当然のことながら物体検出器を活用するというアプローチを考えることはできません。そこで DETR では、画像を空間的に均等に区切って

1

領域ごとに特徴表現を獲得することで、各領域を1つのトークンとみなして処理を行います。原理上は、特徴抽出に任意のネットワークを使用できますが、論文中ではResNet[He16]を用いて実験が行われています。ResNetによって抽出された画像の特徴量マップを、Encoder-Decoder型のTransformerに入力して処理します。最後に、Decoderの出力から物体の位置とクラスを予測することで物体検出を実現します。

■ 1-3-2　iGPTによる画像の補間

　2020年7月に開催されたICML（International Conference on Machine Learning）では、自然言語処理分野で提案されたGPT[Radford18] [Radford19] [Brown20]を画像に拡張した**iGPT**[Chen20a]が発表されました（図1.10）。GPTの事前学習では過去のトークンから次のトークンを予測するタスクが採用されましたが、iGPTではトークンとしてピクセルを考えます。画像は2次元方向に情報を持っていますが、1次元の系列データに変形することでGPT同様に処理できます。その際、高解像度の画像は系列長が膨大になりTransformerの計算コストが高くなるので、画像の解像度を下げて処理します。iGPTの事前学習は画像のピクセル値を逐次的に予測するタスクとして考えることができるので、画像データのみを収集すればラベル付けの必要はありません。実験では、iGPTはCIFAR-10やCIFAR-100といった解像度の低い画像に特に効果的であるという結果が得られています。自然言語処理におけるGPTでは、文章を途中まで入力すると続きの文章を出力できましたが、iGPTでも図1.11に示すように、画像の一部から残りの画像を補完できます。

図1.10：iGPTの概要図（[Chen20a]より引用）

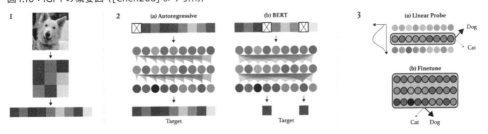

図1.11：iGPT による画像の補完結果（[OpenAI20] より引用）。画像の上半分のみを入力（一番左）すると、残りの部分（下半分）のピクセル値を逐次的に予測する。2列目から5列目が予測結果の例

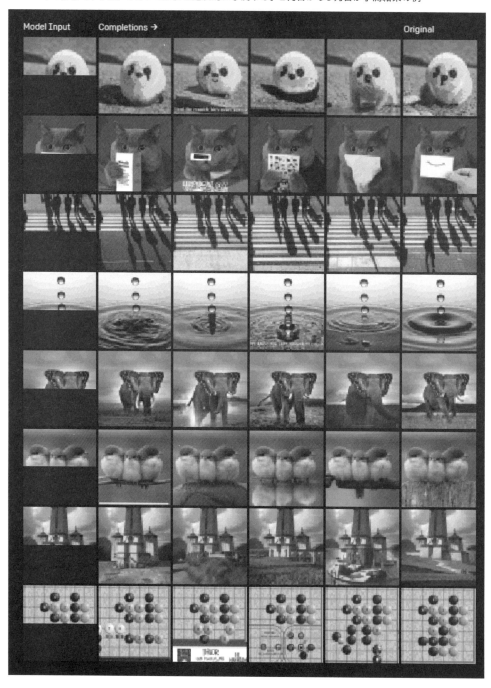

■ 1-3-3　ViTの出現

　2020年10月には、**ViT**（**Vision Transformer**）[Dosovitskiy21] の論文がarXivで公表されました（図1.12）。この論文は、翌年2021年5月に開催されたICLR（The International Conference on Learning Representations）に採択されています。ViTでは、DETR同様に画像を均等なサイズのパッチに区切ってトークンとして扱います。また、DETRではResNetを用いて各領域の特徴量を獲得していたのに対して、ViTはパッチ中のピクセル値を並べてベクトルとみなし、これを線形変換したものを各トークンのベクトル表現として扱います。実験では、従来用いられてきたImageNet[Deng09] に加えて、JFT-300Mという約3億枚の画像から構成される自前のデータセットを事前学習に用いています。なお、ImageNetには約140万枚を含んだImageNet-1kと約1,400万枚を含んだImageNet-22kがあります。実験の結果、ImageNetで事前学習したViTは従来のモデルを下回るものの、JFT-300Mで事前学習したViTは従来手法を上回る認識精度を達成しました。これは、従来用いられてきたCNNの各ブロックで行っていた畳み込み処理をSelf-Attentionに置き換えることで、認識精度が向上したことを意味します。

図1.12：ViTの概要図（[Dosovitskiy21] より引用）

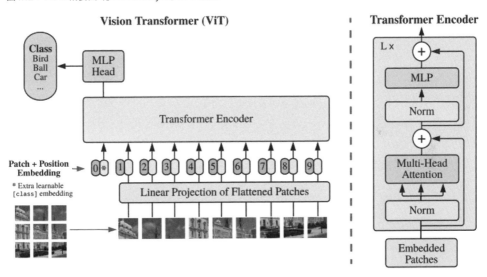

　ViTをめぐる問題として、事前学習に用いられたJFT-300Mには約3億枚という膨大な数の画像が含まれているため、学習にかなりの計算資源を必要とすることが挙げられます。そこで、Facebook AIの研究チームは2020年12月に**DeiT**[Touvron20] [MetaAI20] を発表しました。DeiTの学習では、**蒸留**というしくみを考えます。簡単に説明すると、すでに学習が完了しているCNNモデルを教師として、生徒モデルのViTを学習をするという方法をとります。CNNを教師として蒸留をすることにより、JFT-300Mと比べて極端に画像枚数の少ないImageNet

を用いた学習が可能になるとともに、学習時間も3日程度になりました。ViT の学習を実画像を用いずに行うという研究も存在します。Nakashima ら [Nakashima21] の研究では、実画像の代わりにフラクタル幾何学に基づき、数式から自動で生成した画像を用いて事前学習を行うことを提案しています。

　ViT が登場した翌年の2021年には、元々自然言語処理のタスクのために提案されたTransformer を、画像に特化させようと改善する動きが盛んになりました。代表的なモデルとして、**Swin Transformer**[Liu21a] が挙げられます。Swin Transformer は2021年開催のICCV において、Marr Prize（ベストペーパー）を受賞しています。ViT は画像を均等なサイズのパッチに区切った後、解像度を固定して処理していきます。コンピュータビジョンのタスクでは、画像全体に対して1つのクラスを予測する画像分類から、ピクセル単位でクラスを予測するセマンティックセグメンテーションまで、タスクによって求められる解像度が異なります。そこでSwin Transformer は、従来のCNN ベースのモデル同様に高解像度から処理を始めて、次第に解像度を下げていく構造をとっています。論文中では、画像分類、物体検出、セマンティックセグメンテーションの3つのタスクに Swin Transformer を利用し、いずれのタスクでも従来の方法を上回る高い精度を達成したと報告しています。ViT を改善する試みは Swin Transformer以外にも数多く存在します。例えば、Conformer[Peng21] は Transformer と従来用いられてきたCNN を組み合わせたモデルです。Transformer が大域特徴を捉えることに適しており、CNNは局所特徴に強く、両者の強みを活かせるように設計されています。同じくCNN と組み合わせたモデルとして、CvT[Wu21] では Transformer 内部の一部の処理を畳み込み計算に置き換えています。Focal Transformer[Yang21] は、画像の区切り方に工夫を加えたモデルです。Transformer の計算量は入力の系列長の二乗に比例するため、画像のパッチ数を増やすと、それにともない計算量が膨大になります。そこで、注目している領域に対して近い領域は小さく区切り、離れた領域は大きく区切ることで、パッチ数を減らしています。また、画像をパッチに区切ることで画像内の物体が分断されてしまうことがあるため、パッチのサンプリング位置を動的に変化させる手法 [Chen21c] [Yue21] も提案されています。

　このような Transformer を改善していく試みは、CNN においても同様に見られました。コンピュータビジョンの分野でCNN が注目されるきっかけとなる出来事の1つが、2012年のILSVRC（ImageNet Large Scale Visual Recognition Challenge）[注6] です。2012年のILSVRC では、トロント大学の研究チームが AlexNet[Krizhevsky12] を提案し、2位のチームと比べて誤認識率が約10%低いという圧倒的な結果で優勝しました[注7]。2014年のILSVRC では、層の数を増やしたネットワークである GoogleNet[Szegedy15] や VGGNet[Simonyan14] が提案され、誤認識率が10%未満という結果を残しました[注8]。翌2015年のILSVRC では、Skip Connection という層の出力と入力を足し合わせる構造を導入することで、100層以上のネットワークを実現した

注**6**　ILSVRC は大規模画像認識のコンペティションです。
注**7**　https://image-net.org/static_files/files/ilsvrc2012.pdf
注**8**　https://image-net.org/challenges/LSVRC/2014/results

ResNet[He16] が1位を獲得しました^{注9}。その後もResNetから派生したDenseNet[Huang17] や ResNeXt[Xie17] が提案されるなど、CNNベースのネットワーク提案は盛んに行われてきました。 Transformerについても、CNNと同様にさまざまなネットワーク構造の提案が予想されます。 実際に、Swin Transformerの提案論文は2021年のICCVに採択されましたが、2022年のCVPR にはSwin Transformer v2[Liu22] の提案論文が採択されており、CNNで見られたネットワーク 提案合戦と同様の兆しが伺えます。

■ 1-3-4　静止画以外への応用

　ここまで紹介してきたViTとその派生手法は、静止画を処理するモデルです。コンピュータ ビジョンの分野では、動画や点群など静止画に留まらないさまざまなデータを扱うための手法 が提案されています。動画データに対しては、2021年2月にTimeSformer[Bertasius21] が arXivで発表されました（後に同年6月開催のICMLに採択）。静止画が空間方向に2次元の構造 を持つのに対して、動画は時間軸が追加された3次元の構造として考えることができます。そ こでTimeSformerの論文では、時間方向の扱いをどうするかを検証しています。また、 TimeSformerが発表された1か月後の2021年3月には、ViViTというモデル [Arnab21] がarXiv で発表されました。ViViTは同年10月開催のICCVに採択されています。他にも、前述のSwin Transformerを動画に拡張したVideo Swin Transformer[Liu21b] も提案されています。

　動画だけでなく、3次元の点群データの処理にTransformerを用いる研究も存在します。例 えばPoint Transformer[Zhao21] は、2020年12月に論文がarXivに公開され、2021年のICCVに 採択されています。Point Transformerは、物体の分類やパーツ単位の分割に加え、シーン全体 を対象にしたセマンティックセグメンテーションに応用できます。物体検出のためのモデルと して提案されたDETRを、点群データを処理するように改良した3DETR[Misra21] というモデル も2021年のICCVで発表されています。3DETRは、点群データで表された3次元空間において 物体検出をするためのモデルです。また、動画同様に時間軸を加えた3次元点群の系列データ を処理するためのモデルとして、Point Spatial-Temporal Transformer[Wei22b] が提案されました。

■ 1-3-5　実タスクへの応用

　2021年にはコンピュータビジョン分野で取り組まれてきたタスクにTransformerを利用する 流れが確認されました。すでに言及しているセマンティックセグメンテーションとは、画像内 に写っている物体をピクセル単位でクラス予測するタスクです。Transformerをセマンティッ クセグメンテーションに応用した研究として、SegFormer[Xie21] が挙げられます。複数のカ メラで撮影した人物が同一人物であるかを判定する人物再同定（Person Re-Identification）[Li21b] や、画像内の物体間の関係性をグラフ構造によって表現するシーングラフ生成 [Lu21] などにも、

注9　https://image-net.org/challenges/LSVRC/2015/results

Transformer を応用した研究が存在します。動画を対象としたタスクに関しても Transformer の応用が進んでおり、トラッキング [Chen21b] [Wang21b] や行動予測 [Girdhar21] などの研究事例が存在します。コンピュータビジョンの分野では、画像から 3 次元構造を推定する研究も盛んに行われています。多視点画像からの 3 次元復元 [Wang21a] や、画像からの奥行推定 [Li21c] に Transformer を用いる試みも行われています。

■ 1-3-6　最新の研究動向

　ここまで解説してきたように、コンピュータビジョン分野では Transformer ベースの手法の導入が急速に進んでいます。コンピュータビジョン分野の主要国際会議である CVPR、ICCV、ECCV における、Transformer に関する論文の統計を図 1.13 に示します[注10]。なお、タイトルに Transformer という単語を含んだ論文をカウントしているため、実際に論文中で Transformer を用いている研究はこれより多いと考えられます。2020 年に開催された会議では、各会議 Transformer をタイトルに含む論文数は 10 本程度であり、全採択論文に占める割合は 1% 未満でした。2021 年になると Transformer をタイトルに含む論文数が増え始め、10 月に開催された ICCV では 100 本を超えました。ViT の論文が最初に公開されたのが 2020 年 10 月であり、CVPR の締切は 11 月、ICCV の締切は翌年 3 月に設定されていたため、ViT が発表されてから半年も経たないうちに研究が進められたことになります。前述の通り 2021 年開催の ICCV のベストペーパーには Swin Transformer が選ばれており、コンピュータビジョン分野における Transformer の注目度の高さや研究の速さが伺えます。

図1.13：コンピュータビジョン分野の主要会議における、Transformer をタイトルに含む論文数の推移

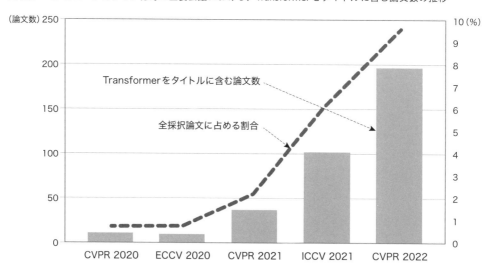

注10　ECCV は偶数年、ICCV は奇数年開催の隔年開催。

　2021年には、**基盤モデル（Foundation Model）**[Bommasani21]という概念がBommasaniらによって提案されました[藤井22]。Bommasaniらの論文中で基盤モデルは、「大規模データで学習し、さまざまなタスクに適応可能なモデル」として紹介されています（図1.14）。本章で紹介した、BERT[Devlin19]やGPT-3[Brown20]、CLIP[Radford21]が基盤モデルの実例として挙げられています。いずれのモデルも、事前学習モデルを目的タスクでさらに学習するファインチューニングや追加学習を必要としないZero-shotの設定などによって、さまざまなタスクで高い性能を発揮することが示されています。したがって、基盤モデルはその名の通り、汎用的なAIを実現するための基盤となるモデルと考えることができます。例として紹介したBERTやGPT-3、CLIPなどのモデルでは、前述の通りTransformerをベースとしたネットワークが構築されています。実際Bommasaniらの論文では、基盤モデルを強力にした要因の1つとしてTransformerを挙げており[注11]、TransformerがAI研究の発展に大きな影響を及ぼしていることが伺えます。

図1.14：基盤モデルのイメージ（[Bommasani21]より引用）

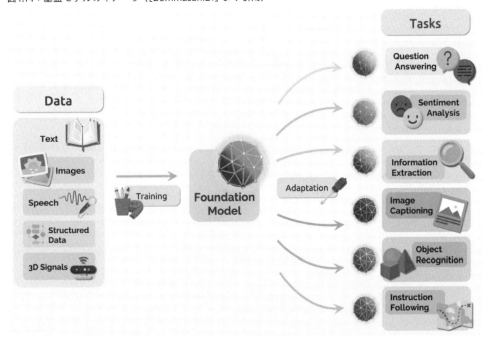

　2022年の執筆時点でも、コンピュータビジョンにおけるTransformerの研究は盛んに行われています。機械学習分野の主要国際会議であるICLRでは、画像生成でおなじみのGANs（Generative Adversarial Nets）[Goodfellow14]のモデルにTransformerを採用したViTGAN[Lee22]を提案した論文が2022年に採択されました。また、自然言語処理の分野でモデルの

注11 詳しい説明は、元論文[Bommasani21]や日本語の解説[藤井22]を参照してください。

軽量化を試みたように、モバイル端末でも利用可能な ViT である MobileViT[Mehta22] という
モデルも提案されています。他にも、BERT と同様の事前学習を画像に対して試みた
BEiT[Bao22] も 2022 年の ICLR において採択されています。CVPR においても、2022 年には
Transformer という単語をタイトルに含んでいる論文は 197 本採択されています。2021 年の
ICCV では 102 本であったことから、その勢いは留まることなく増えていることがわかります。

参考文献

[Alberti19] Chris Alberti, Jeffrey Ling, et al. "Fusion of Detected Objects in Text for Visual Question Answering" EMNLP/IJCNLP, pages 2131-2140, 2019.

[Anderson18a] Peter Anderson, Xiaodong He, et al. "Bottom-Up and Top-Down Attention for Image Captioning and Visual Question Answering" CVPR, pages 6077-6086, 2018.

[Anderson18b] Peter Anderson, Qi Wu, et al. "Vision-and-Language Navigation: Interpreting Visually-Grounded Navigation Instructions in Real Environments" CVPR, pages 3674-3683, 2018.

[Antol15] Stanislaw Antol, Aishwarya Agrawal, et al. "VQA: Visual Question Answering" ICCV, pages 2425-2433, 2015.

[Arnab21] Anurag Arnab, Mostafa Dehghani, et al. "ViViT: A Video Vision Transformer" ICCV, pages 6836-6846, 2021.

[Bao22] Hangbo Bao, Li Dong, et al. "BEiT: BERT Pre-Training of Image Transformers" ICLR, 2022.

[Beltagy20] Iz Beltagy, Matthew E. Peters, Arman Cohan "Longformer: The Long-Document Transformer" arXiv:2004.05150, 2020.

[Bertasius21] Gedas Bertasius, Heng Wang, Lorenzo Torresani "Is Space-Time Attention All You Need for Video Understanding?" ICML, pages 813-824, 2021.

[Bommasani21] Rishi Bommasani, Drew A. Hudson, et al. "On the Opportunities and Risks of Foundation Models" arXiv:2108.07258, 2021.

[Brown20] Tom Brown, Benjamin Mann, et al. "Language Models are Few-Shot Learners" NeurIPS, pages 1877-1901, 2020.

[Carion20] Nicolas Carion, Francisco Massa, et al. "End-to-End Object Detection with Transformers" ECCV, pages 213-229, 2020.

[Chen20a] Mark Chen, Alec Radford, et al. "Generative Pretraining From Pixels" ICML, pages 1691-1703, 2020.

[Chen20b] Yen-Chun Chen, Linjie Li, et al. "UNITER: UNiversal Image-TExt Representation Learning" ECCV, pages 104-120, 2020.

[Chen21a] Kevin Chen, Junshen K. Chen, et al. "Topological Planning With Transformers for Vision-and-Language Navigation" CVPR, pages 11276-11286, 2021.

[Chen21b] Xin Chen, Bin Yan, et al. Huchuan Lu "Transformer Tracking" CVPR, pages 8126-8135, 2021.

[Chen21c] Zhiyang Chen, Yousong Zhu, et al. "DPT: Deformable Patch-based Transformer for Visual Recognition" ACM Multimedia, pages 2899-2907, 2021.

[Chen22] Feilong Chen, Duzhen Zhang, et al. "VLP: A Survey on Vision-Language Pre-training" arXiv:2202.09061, 2022.

[Cho14] Kyunghyun Cho, Bart van Merriënboer, et al. "Learning Phrase Representations using RNN Encoder–Decoder for Statistical Machine Translation" EMNLP, pages 1724-1732, 2014.

[Cho20] Jaemin Cho, Jiasen Lu, Dustin Schwenk, et al. "X-LXMERT: Paint, Caption and Answer Questions with Multi-Modal Transformers" EMNLP, pages 8785-8805, 2020.

[Clark19] Kevin Clark, Minh-Thang Luong, et al. "ELECTRA: Pre-training Text Encoders as Discriminators Rather Than Generators" ICLR, 2020.

[Dai19] Zihang Dai, Zhilin Yang, et al. "Transformer-XL: Attentive Language Models beyond a Fixed-Length Context" ACL, pages 2978-2988, 2019.

[Das17] Abhishek Das, Satwik Kottur, et al. "Visual Dialog" CVPR, pages 326-335, 2017.

[Deng09] Jia Deng, Wei Dong, et al. "ImageNet: A large-scale hierarchical image database" CVPR, pages 248-255, 2009.

[Devlin19] Jacob Devlin, Ming-Wei Chang, et al. "BERT: Pre-training of Deep Bidirectional Transformers for Language Understanding" NAACL, pages 4171-4186, 2019.

[Ding21] Henghui Ding, Chang Liu, et al. "Vision-Language Transformer and Query Generation for Referring Segmentation" ICCV, pages 16321-16330, 2021.

[Dosovitskiy21] Alexey Dosovitskiy, Lucas Beyer, et al. "An Image is Worth 16x16 Words: Transformers for Image Recognition at Scale" ICLR, 2021.

[Girdhar21] Rohit Girdhar, Kristen Grauman "Anticipative Video Transformer" ICCV, pages 13505-13515, 2021.

[Goodfellow14] Ian Goodfellow, Jean Pouget-Abadie, et al. "Generative Adversarial Nets" NIPS, pages 2672-2680, 2014.

[Guhur21] Pierre-Louis Guhur, Makarand Tapaswi, et al. "Airbert: In-Domain Pretraining for Vision-and-Language Navigation" ICCV, pages 1634-1643, 2021.

[He16] Kaiming He, Xiangyu Zhang, et al. "Deep Residual Learning for Image Recognition" CVPR, pages 770-778, 2016.

[Hochreiter97] Sepp Hochreiter, Jürgen Schmidhuber "Long Short-Term Memory" Neural Computation, Vol. 9(8), pages 1735-1780, 1997.

[Huang17] Gao Huang, Zhuang Liu, et al. "Densely Connected Convolutional Networks" CVPR, pages 4700-4708, 2017.

[Jiao20] Xiaoqi Jiao, Yichun Yin, et al. "TinyBERT: Distilling BERT for Natural Language Understanding" EMNLP, pages 4163-4174, 2020.

[Khan21] Salman Khan, Muzammal Naseer, et al. "Transformers in Vision: A Survey" arXiv:2101.01169, 2021.

[Kitaev20] Nikita Kitaev, Lukasz Kaiser, Anselm Levskaya "Reformer: The Efficient Transformer" ICLR, 2020.

[Kim14] Yoon Kim "Convolutional Neural Networks for Sentence Classification" EMNLP, pages 1746-1751, 2014.

[Krishna17] Ranjay Krishna, Yuke Zhu, et al. "Visual Genome: Connecting Language and Vision Using Crowdsourced Dense Image Annotations" International Journal of Computer Vision Vol.123, pages 32-73, 2017.

[Krizhevsky12] Alex Krizhevsky, Ilya Sutskever, Geoffrey E. Hinton "ImageNet Classification with Deep Convolutional Neural Networks" NIPS, pages 1097-1105, 2012.

[Lee22] Kwonjoon Lee, Huiwen Chang, et al. "ViTGAN: Training GANs with Vision Transformers" ICLR, 2022.

[Li19] Liunian Harold Li, Mark Yatskar, et al. "VisualBERT: A Simple and Performant Baseline for Vision and Language" arXiv:1908.03557, 2019.

[Li20a] Linjie Li, Yen-Chun Chen, et al. "HERO: Hierarchical Encoder for Video+Language Omni-representation Pre-training" EMNLP, pages 2046-2065, 2020.

[Li20b] Xiujun Li, Xi Yin, et al. "Oscar: Object-Semantics Aligned Pre-training for Vision-Language Tasks" ECCV, pages 121-137, 2020.

[Li20c] Yikuan Li, Hanyin Wang, Yuan Luo "A Comparison of Pre-trained Vision-and-Language Models for Multimodal Representation Learning across Medical Images and Reports" BIBM, pages 1999-2004, 2020.

[Li21a] Ke Li, Shijie Wang, et al. "Pose Recognition With Cascade Transformers" CVPR, pages 1944-1953, 2021.

[Li21b] Yulin Li, Jianfeng He, et al. "Diverse Part Discovery: Occluded Person Re-Identification With Part-Aware Transformer" CVPR, pages 2898-2907, 2021.

[Li21c] Zhaoshuo Li, Xingtong Liu, et al. "Revisiting Stereo Depth Estimation From a Sequence-to-Sequence Perspective With Transformers" ICCV, pages 6197-6206, 2021.

[Lin14] Tsung-Yi Lin, Michael Maire, et al. "Microsoft COCO: Common Objects in Context" ECCV, pages 740-755, 2014.

[Liu19] Yinhan Liu, Myle Ott, et al. "RoBERTa: A Robustly Optimized BERT Pretraining Approach" arXiv:1907.11692, 2019.

[Liu21a] Ze Liu, Yutong Lin, et al. "Swin Transformer: Hierarchical Vision Transformer Using Shifted Windows" ICCV, pages 10012-10022, 2021.

[Liu21b] Ze Liu, Jia Ning, et al. "Video Swin Transformer" arXiv:2106.13230 ,2021.

[Liu22] Ze Liu, Han Hu, et al. "Swin Transformer V2: Scaling Up Capacity and Resolution" CVPR, pages 12009-12019, 2022.

[Lu19] Jiasen Lu, Dhruv Batra, et al. "ViLBERT: Pretraining Task-Agnostic Visiolinguistic Representations for Vision-and-Language Tasks" NeurIPS, pages 13-23, 2019.

[Lu21] Yichao Lu, Himanshu Rai, et al. "Context-Aware Scene Graph Generation With Seq2Seq Transformers" ICCV, pages 15931-15941, 2021.

[Majumdar20] Arjun Majumdar, Ayush Shrivastava, et al. " Improving Vision-and-Language Navigation with Image-Text Pairs from the Web" ECCV, pages 259-274, 2020.

[Mathew21] Minesh Mathew, Dimosthenis Karatzas, C.V. Jawahar "DocVQA: A Dataset for VQA on Document Images" Proceedings of the WACV, pages 2200-2209, 2021.

[Mehta22] Sachin Mehta, Mohammad Rastegari "MobileViT: Light-weight, General-purpose, and Mobile-friendly Vision Transformer" ICLR, 2022.

[MetaAI20] Meta AI "Data-efficient image Transformers: A promising new technique for image classification" https://ai.facebook.com/blog/data-efficient-image-transformers-a-promising-new-technique-for-image-classification

[Misra21] Ishan Misra, Rohit Girdhar, Armand Joulin "An End-to-End Transformer Model for 3D Object Detection" ICCV, pages 2906-2917, 2021.

[Moon21] Jong Hak Moon, Hyungyung Lee, et al. "Multi-modal Understanding and Generation for Medical Images and Text via Vision-Language Pre-Training" arXiv:2105.11333, 2021.

[Murahari20] Vishvak Murahari, Dhruv Batra, et al. " Large-scale Pretraining for Visual Dialog: A Simple State-of-the-Art Baseline" ECCV, pages 336-352, 2020.

[Nakashima21] Kodai Nakashima, Hirokatsu Kataoka, et al. "Can Vision Transformers Learn without Natural Images?" arXiv:2103.13023, 2021.

[Nayak19] Pandu Nayak "Understanding searches better than ever before" https://blog.google/products/search/search-language-understanding-bert/

[OpenAI20] OpenAI blog "Image GPT" https://openai.com/blog/image-gpt/

[OpenAI21a] OpenAI blog "CLIP: Connecting Text and Images" https://openai.com/blog/clip/

[OpenAI21b] OpenAI blog "DALL·E: Creating Images from Text" https://openai.com/blog/dall-e/

[Pashevich21] Alexander Pashevich, Cordelia Schmid, Chen Sun "Episodic Transformer for Vision-and-Language Navigation" ICCV, pages 15942-15952, 2021.

[Patashnik21] Or Patashnik, Zongze Wu, et al. "StyleCLIP: Text-Driven Manipulation of StyleGAN Imagery" ICCV, pages 2085-2094, 2021.

[Peng21] Zhiliang Peng, Wei Huang, et al. "Conformer: Local Features Coupling Global Representations for Visual Recognition" ICCV, pages 367-376, 2021.

[Qiu21] Yue Qiu, Shintaro Yamamoto, et al. "Describing and Localizing Multiple Changes with Transformers" ICCV, pages 1971-1980, 2021.

[Radford18] Alec Radford, Karthik Narasimhan, et al. "Improving Language Understanding by Generative Pre-Training" 2018.

[Radford19] Alec Radford, Jeffrey Wu, et al. "Language Models are Unsupervised Multitask Learners" 2019.

[Radford21] Alec Radford, Jong Wook Kim, et al. "Learning Transferable Visual Models From Natural Language Supervision" ICML, pages 8748-8763, 2021.

[Raffel20] Colin Raffel, Noam Shazeer, et al. "Exploring the Limits of Transfer Learning with a Unified Text-to-Text Transformer" Journal of Machine Learning Research, Vol. 21(140), pages 1-67, 2020.

[Ramesh21] Aditya Ramesh, Mikhail Pavlov, et al. "Zero-Shot Text-to-Image Generation" arXiv:2102.12092, 2021.

[Sharma18] Piyush Sharma, Nan Ding, et al. "Conceptual Captions: A Cleaned, Hypernymed, Image Alt-text Dataset For Automatic Image Captioning" ACL, pages 2556-2565, 2018.

[Simonyan14] Karen Simonyan, Andrew Zisserman "Very Deep Convolutional Networks for Large-Scale Image Recognition" arXiv:1409.1556, 2014.

[Stefanini21] Matteo Stefanini, Marcella Cornia, et al. "From Show to Tell: A Survey on Deep Learning-based Image Captioning" arXiv:2107.06912, 2021.

[Su20] Weijie Su, Xizhou Zhu, et al. "VL-BERT: Pre-training of Generic Visual-Linguistic Representations" ICLR, 2020.

[Subramanian20] Sanjay Subramanian, Lucy Lu Wang, et al. "MedICaT: A Dataset of Medical Images, Captions, and Textual References" EMNLP, pages 2112-2120, 2020.

[Sun19a] Chi Sun, Luyao Huang, Xipeng Qiu "Utilizing BERT for Aspect-Based Sentiment Analysis via Constructing Auxiliary Sentence" NAACL, pages 380-385, 2019.

[Sun19b] Chen Sun, Austin Myers, et al. "VideoBERT: A Joint Model for Video and Language Representation Learning" ICCV, pages 7464-7473, 2019.

[Sun20] Zhiqing Sun, Hongkun Yu, et al. "MobileBERT: a Compact Task-Agnostic BERT for Resource-Limited Devices" ACL, pages 2158-2170, 2020.

[Szegedy15] Christian Szegedy, Wei Liu, et al. "Going Deeper With Convolutions" CVPR, pages 1-9, 2015.

[Tan19] Hao Tan, Mohit Bansal "LXMERT: Learning Cross-Modality Encoder Representations from Transformers" EMNLP-IJCNLP, pages 5100-5111, 2019.

[Touvron20] Hugo Touvron, Matthieu Cord, et al. "Training data-efficient image transformers & distillation through attention" arXiv:2012.12877, 2020.

[Vaswani17] Ashish Vaswani, Noam Shazeer, et al. "Attention is All you Need" NIPS, pages 5998-6008, 2017.

[Wang18] Alex Wang, Amanpreet Singh, et al. "GLUE: A Multi-Task Benchmark and Analysis Platform for Natural Language Understanding" EMNLP, pages 335-355, 2018.

[Wang20] Sinong Wang, Belinda Z. Li, et al. "Linformer: Self-Attention with Linear Complexity" arXiv:2006.04768, 2020.

[Wang21a] Dan Wang, Xinrui Cui, et al. "Multi-View 3D Reconstruction With Transformers" ICCV, pages 5722-5731, 2021.

[Wang21b] Ning Wang, Wengang Zhou, et al. "Transformer Meets Tracker: Exploiting Temporal Context for Robust Visual Tracking" CVPR, pages 1571-1580, 2021.

[Wang22] Can Wang, Menglei Chai, et al. "CLIP-NeRF: Text-and-Image Driven Manipulation of Neural Radiance Fields" arXiv preprint 2022.

[Wei22a] Tianyi Wei, Dongdong Chen, et al. "HairCLIP: Design Your Hair by Text and Reference Image" arXiv preprint, 2022.

[Wei22b] Yimin Wei, Hao Liu, et al. "Spatial-Temporal Transformer for 3D Point Cloud Sequences" WACV, pages 1171-1180, 2022.

[Wu21] Haiping Wu, Bin Xiao, et al. "CvT: Introducing Convolutions to Vision Transformers" ICCV, pages 22-31, 2021.

[Xie17] Saining Xie, Ross Girshick, et al. "Aggregated Residual Transformations for Deep Neural Networks" CVPR, pages 1492-1500, 2017.

[Xie21] Enze Xie, Wenhai Wang, et al. "SegFormer: Simple and Efficient Design for Semantic Segmentation with Transformers" NeurIPS, 2021.

[Xu19] Hu Xu, Bing Liu, et al. "BERT Post-Training for Review Reading Comprehension and Aspect-based Sentiment Analysis" NAACL, pages 2324-2335, 2019.

[Xu20] Yiheng Xu, Minghao Li, et al. "LayoutLM: Pre-training of Text and Layout for Document Image Understanding" Proceedings of the 26th ACM SIGKDD International Conference on Knowledge Discovery & Data Mining, pages 1192-1200, 2020.

[Xu21a] Haiyang Xu, Ming Yan, et al. "E2E-VLP: End-to-End Vision-Language Pre-training Enhanced by Visual Learning" ACL-IJCNLP, pages 503-513, 2021.

[Xu21b] Yang Xu, Yiheng Xu, et al. "LayoutLMv2: Multi-modal Pre-training for Visually-rich Document Understanding" ACL-IJCNLP, pages 2579-2591, 2021.

[Yang19] Zhilin Yang, Zihang Dai, et al. "XLNet: Generalized Autoregressive Pretraining for Language Understanding" NeurIPS, pages 5753-5763, 2019.

[Yang21] Jianwei Yang, Chunyuan Li, et al. "Focal Attention for Long-Range Interactions in Vision Transformers" NeurIPS 34, 2021.

[Yue21] Xiaoyu Yue, Shuyang Sun, et al. "Vision Transformer With Progressive Sampling" ICCV, pages 387-396, 2021.

[Zhao21] Hengshuang Zhao, Li Jiang, et al. "Point Transformer" ICCV, pages 16259-16268, 2021.

[Zhou20] Luowei Zhou, Hamid Palangi, et al. "Unified Vision-Language Pre-Training for Image Captioning and

VQA" AAAI, pages 13041-13049, 2020.

[Zhu20] Linchao Zhu, Yi Yang "ActBERT: Learning Global-Local Video-Text Representations" CVPR, pages 8746-8755, 2020.

[Zhuge21] Mingchen Zhuge, Dehong Gao, et al. "Kaleido-BERT: Vision-Language Pre-Training on Fashion Domain" CVPR, pages 12647-12657, 2021.

[川村21] 川村秀憲 "掲示板でAIが気づかれずに人間の相談に乗っていた!?言語モデル「GTP-3」とは" 日刊工業新聞, 2021.

[藤井22] 藤井亮宏 "イマドキノ　基盤モデル" コンピュータビジョン最前線 Summer 2022, 共立出版, pages 9-32, 2022.

第 **2** 章

Vision Transformerの
基礎と実装

本章では、現在のコンピュータビジョン分野においてデファクトスタンダードとなりつつある ViT（Vision Transformer）について解説していきます。ViT は、自然言語処理分野にて大きな成果を上げていた Transformer を、画像などのコンピュータビジョン分野に応用したモデルです。本章では、入力画像のパッチの考え方から Self-Attention、ViT の全体像まで、PyTorch による実装を交えて解説していきます。

徳永匡臣

2-1 準備

　ViT（Vision Transformer）[Dosovitskiy21] は、いまやコンピュータビジョン分野では欠かせない存在となりました。本章の目標は、ViTのしくみを理解し、自ら実装できるようになることです。そのため、本章ではViTの各要素を、「図および文章による説明」、「数式による説明」、「実装コードによる説明」という流れで解説します。このようにViTをあらゆる視点から見ることで、ViTへの理解をより一層深めることができます。図や文章による解説が理解しにくいと感じる場合には、数式や実装コードを丁寧に読んでみてください。

　本章の実装コードは以下のURLで公開しています。

　　https://github.com/ghmagazine/vit_book

　ViTのしくみの理解を目的としているため、ViTの実装コードを記載しています。学習や推論のコードがわからない場合は、PyTorchのチュートリアル[注1]を参照してください。同様に、機械学習の基礎的な知識について、詳細に解説していない箇所もありますので、ご自身に合った資料や書籍[注2]などとあわせて読み進めていただくことをおすすめします。

　実装コードにはPyTorchを用いています。読者の中には、PyTorchを初めて扱う方や最新のPyTorchの内容を押さえていない方もいらっしゃると思います。そのため、本節では実装コードを読むために必要な torch.nn.Module クラス（以下、nn.Module クラス）について簡単に解説します。PyTorchについて習熟されている方は、2-2節まで読み飛ばしていただいてかまいません。

　例として、図2.1のような2層の線形層（Linear）[注3] で構成されるシンプルな MLP（Multi-layer Perceptron：多層パーセプトロン）をPyTorchで作ってみましょう[注4]。

注1　https://pytorch.org/tutorials/beginner/basics/quickstart_tutorial.html
注2　深層学習を学び始める方には「ゼロから作る Deep Learning」（オライリージャパン, 2016）がおすすめです。また、PyTorchを学びたい方には「つくりながら学ぶ! PyTorch による発展ディープラーニング」（マイナビ出版, 2019）がおすすめです。
注3　この線形層は、全結合層（Fully Connected Layer）のことを指しています。PyTorchでは、全結合層はLinear クラスとして定義されるため、本章では線形層という表現を用います。
注4　PyTorchやPythonの環境構築については詳細にふれません。PyTorchについては、pip ($pip install torch) などを利用してインストールしておいてください。

図2.1：シンプルな MLP

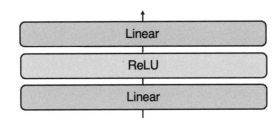

まず、必要なモジュールをインポートします。

ch2/example.py

```
import torch
import torch.nn as nn
```

nn.Module クラスとは、言ってしまえば、**自分だけのカスタムのモジュール（層、または複数の層）が作成できる便利なクラス**です。nn.Module は PyTorch の根幹を構成するクラスなので、PyTorch の実装において頻出します。

nn.Module では、次の2つを定義しなければなりません。

① モジュールの部品（__init__() メソッド）
② 順伝搬の挙動（forward メソッド）

①はモジュールの中で用いる層などの部品を指しています。今回は図2.1の MLP を作るので、2つの線形層と活性化関数 ReLU (Rectified Linear Unit) を定義します。②は、①で定義した3つの層をどの順番で用いるかを定義します。図2.1の通り、線形層 → ReLU → 線形層の順番にします。nn.Module による実装では、①は __init__() メソッド、②は forward() メソッドで定義します。つまり、nn.Module で定義する必要があるのは、部品を書く __init__() と部品を使う順番を書く forward() の2つだけです。図2.1の MLP を SimpleMlp クラスとして実装したコードを以下に掲載します。

ch2/example.py

```
class SimpleMlp(nn.Module):
    def __init__(self,
        vec_length:int=16,
        hidden_unit_1:int=8,
        hidden_unit_2:int=2):
        """
        引数:
```

```
        vec_length: 入力ベクトルの長さ
        hidden_unit_1: 1つ目の線形層のニューロン数
        hidden_unit_2: 2つ目の線形層のニューロン数
    """
    # 継承しているnn.Moduleの__init__()メソッドの呼び出し
    super(SimpleMlp, self).__init__()

    # 1つ目の線形層
    self.layer1 = nn.Linear(vec_length, hidden_unit_1)
    # 活性化関数のReLU
    self.relu = nn.ReLU()
    # 2つ目の線形層
    self.layer2 = nn.Linear(hidden_unit_1, hidden_unit_2)

def forward(self, x: torch.Tensor) -> torch.Tensor:
    """順伝搬は、線形層→ReLU→線形層の順番
    引数:
        x: 入力。(B, D_in)
            B: バッチサイズ、 D_in: ベクトルの長さ
    返り値:
        out: 出力。(B, D_out)
            B: バッチサイズ、 D_out: ベクトルの長さ
    """
    # 1つ目の線形層
    out = self.layer1(x)
    # ReLU
    out = self.relu(out)
    # 2つ目の線形層
    out = self.layer2(out)
    return out
```

　作成したMLPが実際に動くかどうか確認してみましょう。このとき、入力ベクトルの長さを16、1層目の線形層のニューロン数を8、2層目の線形層のニューロン数を2とします。入力はtorch.randn関数を用いて定義します。torch.randn関数[注5]は、その引数で指定した形状のテンソルを返してくれる関数です。

ch2/example.py

```
vec_length = 16 # 入力ベクトルの長さ
hidden_unit_1 = 8 # 1つ目の線形層のニューロン数
hidden_unit_2 = 2 # 2つ目の線形層のニューロン数

batch_size = 4 # バッチサイズ。入力ベクトルの数

# 入力ベクトル。xの形状: (4, 16)
```

注5　torch.randn関数から返ってくるテンソルの各要素は、標準正規分布に従うランダムな値です。

```
x = torch.randn(batch_size, vec_length)
# MLPを定義
net = SimpleMlp(vec_length, hidden_unit_1, hidden_unit_2)
# MLPで順伝搬
out = net(x)
# MLPの出力outの形状が(4, 2)であることを確認
print(out.shape)
```

　nn.Module クラスについて、簡単に解説しました。本章で扱う実装コードの中では nn.Module の他に nn.Linear（線形層、全結合層）や nn.Dropout（ドロップアウト層）などを使用しています。これらのように名前から何を指しているかが明らかなものに関しては解説を省略します。各層の挙動を詳しく知りたい場合は、適宜 PyTorch の公式ドキュメント[注6]を参照してください。また、本章では ViT の仕組みを理解するために実装を用意しているため、公式の実装（JAX）[注7]とは書き方が少し異なる箇所もあります。入力のタイプや形状を確認する assert 文などの実装は行いません。

2-2 ｜ ViTの全体像

　2017 年に Transformer[Vaswani17] が登場して以降、自然言語処理分野のさまざまなベンチマークにおいて BERT[Devlin19] や GPT[Radford18] などの Transformer をもとにしたモデルが高い性能を示しています。その一方で、コンピュータビジョン分野においては、長らく ResNet[He16] や EfficientNet[Tan19] をはじめとした CNN（Convolutional Neural Network：畳み込みニューラルネットワーク）ベースのモデルが主流でした。ところが、2020 年 10 月にコンピュータビジョン分野においても大きな変化が訪れます。それが、Transformer ベースのモデルである **ViT**[Dosovitskiy21] の登場です。ViT は、畳み込み（Convolution）の代わりに Self-Attention（2-4 節で解説）を用いることで、画像分類タスクで多くの SoTA（State-of-the-Art）[注8]を達成しました。ViT の登場以降、ViT を改良したさまざまなモデルが数多くのベンチマークで SoTA を更新し続けています。

　ViT は、いまやコンピュータビジョン分野に欠かせない存在となっています。ViT の全体像を見てみましょう（図2.2）。ここでは、例として画像分類タスクを扱います。画像分類タスクとは、与えられた画像に対して、そのラベルを予測するタスクです。図2.2では、ViT によっ

注6　https://pytorch.org/docs/stable/index.html
注7　https://github.com/google-research/vision_transformer
注8　最高性能という意味です。

て画像分類をして、"図書館"というクラスが検出されたことを表しています（画像はカリフォルニアにある図書館です）。図2.2では、ViTが大きく以下の3つの部分で構成されていることを表しています。

- **Input Layer**（2-3節で解説）
- **Encoder**（2-5節で解説）
- **MLP Head**（2-6-1項で解説）

図2.2：ViTの全体像

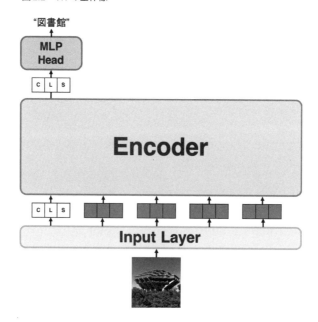

　入力された画像は、まずInput Layerでパッチ（Patch）と呼ばれるものに分割されます。Input Layerからの出力は、クラストークンおよび各パッチに対応するベクトルです。図中のCLSは、2-3-3項で解説するクラストークンと呼ばれるものを指しています。これらは続けてEncoderに入力されます。Encoderの中では、入力されたクラストークンおよび各パッチに対してさらに計算が行われます。このとき、重要となる処理がSelf-Attentionなのです。Encoderの出力はクラストークンのみです。そしてMLP Headはクラス分類器の役割を持ちます。入力としてEncoderからクラストークンを受け取り、入力画像に対するラベルを予測します。

　Encoderの中をもう少し説明します。Encoderは図2.3のように、**Encoder Block**と呼ばれるブロックが多段に重ねられています。繰り返しになりますが、Encoderへの入力は、Input Layerで獲得したクラストークン、および各パッチに対応するベクトルです。その一方で、Encoderの出力はクラストークンのみで、残りの入力ベクトルは最後のEncoder Blockで捨て

られます。このクラストークンが最後のMLP Headへの入力となり、最終的に画像分類などの
分類タスクを行います。

図2.3：Encoderの概略図

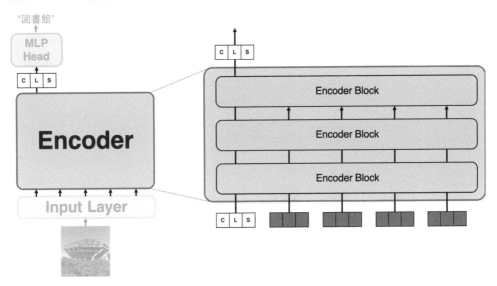

　Encoder内のEncoder Blockの中身を簡単に表したものが図2.4です。Encoder BlockはSelf-
Attention、およびMLP（2-5-3項で解説）で構成されています。Self-AttentionはViTにおける
重要な処理のため、2-4節で解説します。Encoder Blockの中身の詳細については2-5節で解説
します。それでは早速、ViTの入力画像に処理を加えるInput Layerについて見ていきましょう。

図2.4：Encoder Blockの概略図

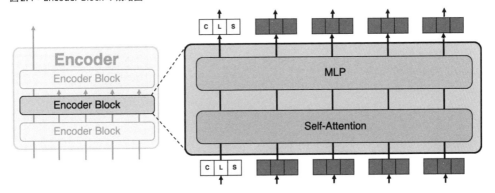

2-3 | Input Layer

本節では、Input Layer で Encoder への入力がどのように作られているかを解説します。Input Layer（入力層）の全体像を図2.5に示します。図2.5にあるように、Input Layer では、入力画像に対して次の4つの処理を施します。本節ではこれらの4つについて順番に解説していきます。

① パッチに分割
② 埋め込み
③ クラストークン
④ 位置埋め込み

図2.5：ViT への入力

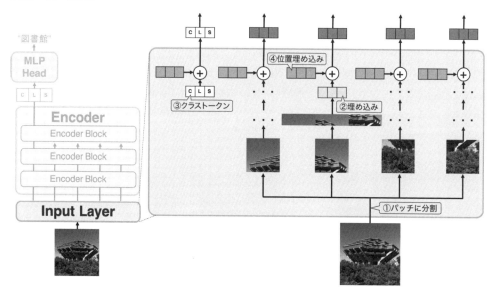

2-3-1 パッチに分割

ViT は、自然言語処理分野で広く用いられている Transformer[注9] をベースとしたモデルです。自然言語処理分野における Transformer への入力を示したのが図 2.6 です。例えば、「My name is Omiita」という文を入力する場合、文は単語（正確にはトークンと呼ばれますが、わかりやすさのため以下では単語と呼びます）に分割されます。ここで各単語に対応するベクトルを罫線を用いて表します。便宜上、図中ではそれぞれ長さ 3 のベクトルとして表現しています。これらのベクトルは埋め込み層（次項で解説）によって、単語からベクトルに変換されたものです。詳細にはふれませんが、Word2vec[Mikolov13] のように、1 つの単語に 1 つのベクトルが紐づくイメージと同様です。

図 2.6：Transformer に文を入力する例[注10]

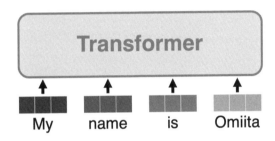

一方、ViT の場合はどうでしょうか。ViT への入力は文ではなく画像ですし、画像には「単語」のようなものがありません。そこで、ViT では入力画像を**パッチ（Patch）**に分割します。図 2.7 では、入力画像を 2×2[注11] のパッチに分割した例を示しています。つまり、パッチの数 $N_p = 4$ です。このパッチこそが自然言語処理分野における「単語」に対応します[注12]。図書館の画像のサイズは、高さ（height）$H = 32$ ピクセル、幅（width）$W = 32$ ピクセルであり、チャンネル数（channel）$C = 3$（＝カラー画像）です[注13]。また、1 つのパッチの高さおよび幅をいずれも P とすると、図 2.7 では 2×2 のパッチに分けているので、$P = 16$ ピクセルです。ここで画像を分割するパッチの数 N_p はハイパーパラメータで、その値は自由に設定できます。原論文では、224×224 の大きさの画像を 16×16 個や 14×14 個のパッチに分割しています。

注9 正確には Transformer[Vaswani17] は Encoder-Decoder アーキテクチャであり、ViT はそのうち Encoder 部分をベースにしています。

注10 Omiita（オミータ）とは筆者のペンネームです。https://twitter.com/omiita_atiimo

注11 ×は次元を表現する際に用いる記号です。掛け算は・を用います。

注12 ViT が提案された論文のタイトル"AN IMAGE IS WORTH 16X16 WORDS: TRANSFORMERS FOR IMAGE RECOGNITION AT SCALE" にある「AN IMAGE IS WORTH 16X16 WORDS」という部分を直訳すると、「1 枚の画像は 16x16 個の単語に値する」となります。これは、論文中で 1 枚の画像を 256（＝ 16 × 16）個のパッチの集まりとして扱っていることを指しています。

注13 例で示している画像は 32×32 よりも解像度が高いですが、簡単のためここでは 32×32 として扱います。

図2.7：画像をパッチに分割する例

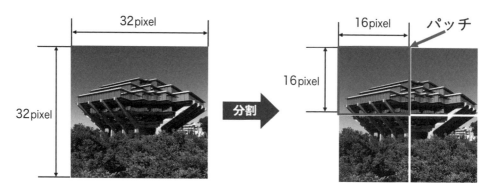

ここまでを踏まえて、画像を ViT に入力した例を図2.8に示します。図2.6の自然言語における Transformer の例と比較すると、ViT への入力がパッチになっていることがわかります。しかし、図2.6の各単語はベクトルであったのに対し、図2.8のパッチは3階のテンソル（高さ、幅、チャンネル数）のままです。そのため、パッチを単語のようにベクトルに変換する必要があります。これは3階のテンソルのパッチをベクトルに"ぺしゃんこ"にしてあげればいいだけです。この"ぺしゃんこ"処理を **flatten** と呼びます。

図2.8：ViT に画像を入力する例

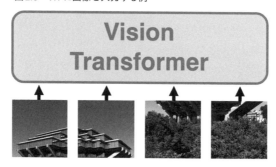

図2.9は、1つのパッチに対して flatten 処理を適用したイメージです。図2.9ではわかりやすさを優先し、厳密にピクセル単位で flatten をしているわけではありませんが、flatten によって1つのパッチが3階テンソルからベクトルに変換されていることが伝わるかと思います。

図2.9：入力画像にflatten処理を適用する例

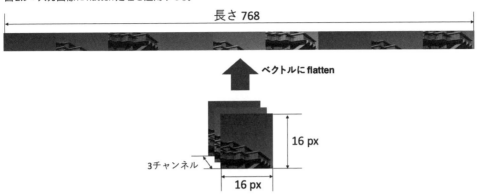

ここまでの処理はInput Layerにおける図2.10の処理（①パッチに分割）に対応します。入力画像をパッチに分割しflattenすることで、各パッチをベクトルに変換できました。しかし、これらのベクトルの各要素はRGBの値を0〜255の範囲で表す整数値[注14]です。次項では、各パッチのベクトルをより意味のあるベクトルに変換するための埋め込み処理を解説します。

図2.10：入力画像をパッチに分割しflatten処理を適用

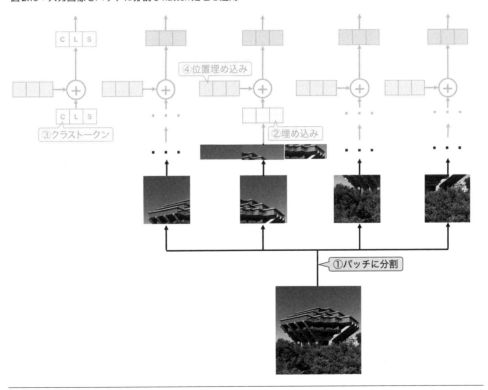

注14　正規化されていれば実数になります。

▍2-3-2 パッチの埋め込み

埋め込み（**Embedding**）とは、画像や動画、テキストなどのデータをベクトルで表現することです。前項で説明したflatten処理されたパッチのベクトルに埋め込みを行います。元のパッチのベクトルよりも「より良いベクトル」を得るための処理が埋め込みです。ただ、「より良いベクトル」とは一体何を指すのでしょうか。本項では、この「より良いベクトル」についての直感的な理解を目指します。わかりやすさのために、まずは自然言語処理における単語を例に解説していきます。

そもそもニューラルネットワークは、入力として数値しか受け付けません。ニューラルネットワークに単語を入力するためには、単語を数値で表す必要があります。

単語を数値で表す一番単純な方法は、One-hotベクトル化でしょう。例えば、「犬」、「猫」、「トイプードル」という単語があったとします。3つの単語があるので、長さ3のベクトルを用意します。このベクトルの1つ目の要素が「犬であるかどうか」を表しているとします。犬であれば1となり、犬でなければ0となります。同様に2つ目の要素を猫かどうか、3つ目の要素をトイプードルかどうかを表しているとします。そうすると、「犬」、「猫」、「トイプードル」という単語はそれぞれ$[1, 0, 0]$、$[0, 1, 0]$、$[0, 0, 1]$というOne-hotベクトルで表わせます。これによって単語を数値で表すことができました（図2.11）。

図2.11：単語のOne-hotベクトル

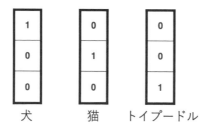

このままでも良いのですが、「犬」、「猫」、「トイプードル」の関係を考えると、「犬」と「猫」よりも「犬」と「トイプードル」の方が似たような意味を持っているはずです。しかし、One-hotベクトルではこのような関係は捨てられています。実際に、ベクトル同士の類似度を測る**内積**という処理をOne-hotベクトルに適用してみましょう（図2.12）。

内積とは、2つのベクトルの各要素を掛け算して、足し合わせる処理です。2つのベクトル間の内積が正であればそれらは似ており、負であればあまり似ていないことを意味します。内積については2-4-3項で詳しくふれますが、ここでは内積によってベクトル同士の類似度が測れることを覚えておいてください。図2.12を見ると、One-hotベクトル同士の内積はいずれも0になってしまい、単語間の関係をうまく表現できていないことがわかります。それでは、単語間の関係をうまく表現できるベクトルとはどのようなものでしょうか。

図2.12：One-hotベクトルの内積

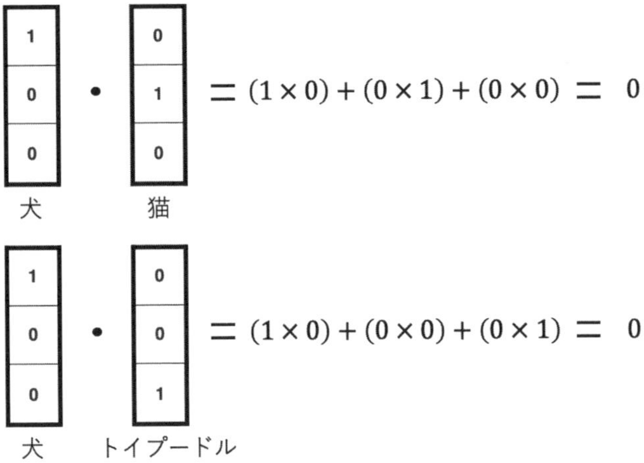

$$\begin{bmatrix} 1 \\ 0 \\ 0 \end{bmatrix} \cdot \begin{bmatrix} 0 \\ 1 \\ 0 \end{bmatrix} = (1 \times 0) + (0 \times 1) + (0 \times 0) = 0$$

犬　　　　猫

$$\begin{bmatrix} 1 \\ 0 \\ 0 \end{bmatrix} \cdot \begin{bmatrix} 0 \\ 0 \\ 1 \end{bmatrix} = (1 \times 0) + (0 \times 0) + (0 \times 1) = 0$$

犬　　トイプードル

　例えば、図2.13のようなベクトルを考えます[注15]。ベクトル同士の内積を計算すると、犬と猫が負であるのに対し、犬とトイプードルが正となっています。つまり、犬と猫は似ていないが、犬とトイプードルは似ているということを意味し、単語間の関係性を少なからず表現できていそうです。

図2.13：より良いベクトルの内積

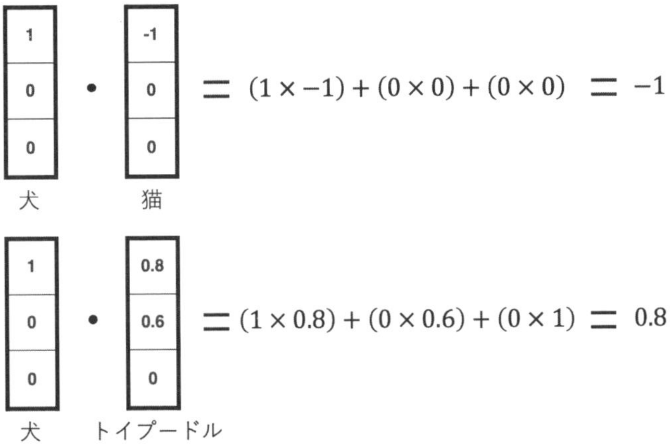

$$\begin{bmatrix} 1 \\ 0 \\ 0 \end{bmatrix} \cdot \begin{bmatrix} -1 \\ 0 \\ 0 \end{bmatrix} = (1 \times -1) + (0 \times 0) + (0 \times 0) = -1$$

犬　　　　猫

$$\begin{bmatrix} 1 \\ 0 \\ 0 \end{bmatrix} \cdot \begin{bmatrix} 0.8 \\ 0.6 \\ 0 \end{bmatrix} = (1 \times 0.8) + (0 \times 0.6) + (0 \times 1) = 0.8$$

犬　　トイプードル

　単語が3つだけであれば、人間が意図をもってベクトルの数値を設定できるかもしれませんが、例えば単語が10,000個あったらどうでしょうか。また、単語間の関係は、類似度だけに限りません。例えば、王様、女王、男、女という単語の間には「**王様 − 男 ＋ 女 ＝ 女王**」という関係

注15　これらのベクトルはもはやOne-hotベクトルではないので、先ほど設けた「1つ目の要素が犬かどうかを表している」などの特性は有していません。

が成り立つでしょう。このような関係も含めて各単語のベクトルを成り立たせるには、どのように数値を設定すればよいでしょうか。このように、膨大な単語数や単語間の複雑な関係性を考えると、もはや人間がより良いベクトルを設定することは不可能です。したがって、より良いベクトルの獲得は線形層をはじめとしたニューラルネットワークにまかせてしまいます。

　ここで、本項の冒頭で挙げた疑問「より良いベクトル」とは、上記のニューラルネットワークの学習によって得られる**最終的な損失（クロスエントロピー損失など）を小さくするようなベクトル**のことを指します。そして、より良いベクトルを獲得するために用いる線形層などを**埋め込み層**と呼びます。

　前項（2-3-1）で獲得した各パッチのベクトルは、入力画像をパッチに分割しflattenしただけなので、その要素はただの0〜255の整数値でした。図2.14のように、各パッチのベクトルに「②埋め込み」を行うことで、有益な情報を持つベクトルに変換できます。ViTでは、1層の線形層によって埋め込みを行います。

図2.14：パッチの埋め込み

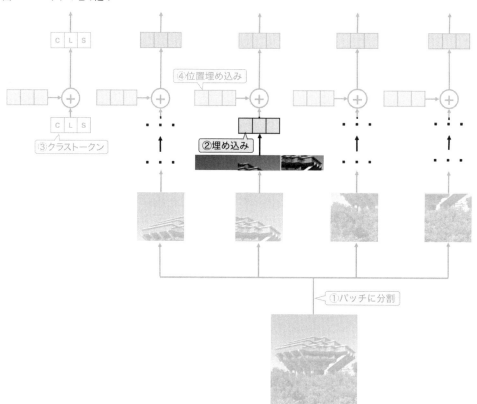

■ 2-3-3 クラストークン

　続いて、**クラストークン**（**Class Token**）についてです。クラストークンは、**画像全体の情報を凝縮したベクトル**と捉えることができます。クラストークンと前項で説明した各パッチに対するすべてのベクトルがEncoderへ入力されますが、Encoderからの出力はクラストークンのみです。そして、クラス分類器の役割を持つと前述したMLP Headには、このクラストークンだけを入力し、画像分類などの分類タスクを行います。少し不思議かもしれませんが、ViTによる画像分類ではクラストークンのみを用います。クラストークンには、後述するSelf-Attentionによって画像全体の情報が凝縮されています。

　クラストークンは、パッチの埋め込み（前項で得られたより良いベクトル）と同じ長さのベクトルで、それ自体が学習可能なパラメータです。標準正規分布に従った乱数をクラストークンの初期値とします。図2.15のように、すべてのパッチの埋め込みの先頭に「③クラストークン」を新たに結合して、Encoderに入力します。

図2.15：クラストークンをパッチの埋め込みの先頭に結合

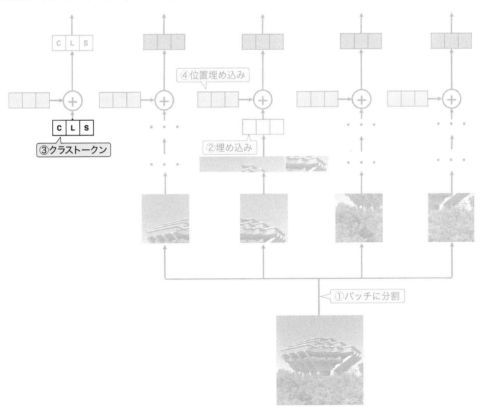

▊ 2-3-4　位置埋め込み

　最後に、**位置埋め込み**（**Positional Embedding**）についてです。この処理を ViT が必要とする理由は、**Self-Attention だけでは、パッチの位置情報を学ぶことができない**という弱点があるためです。Self-Attention は ViT で多用されている処理です。また、パッチの位置情報とは、パッチが画像内のどこに位置するかを示す情報のことです。「④位置埋め込み」をクラストークン、およびパッチの埋め込みそれぞれに加算することで、ViT にパッチの位置情報を伝えることができます（図 2.16）[注16]。

図 2.16：位置埋め込みを加算

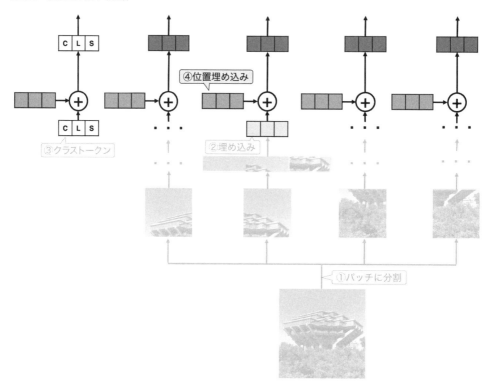

　クラストークン同様、位置埋め込みも学習可能なパラメータであり、初期値は標準正規分布に従った乱数をとります。位置埋め込みの値は、損失（クラス分類ならクロスエントロピー損失など）を小さくするように最適な値が学習されます。

　ここまで解説してきたパッチへの分割、埋め込み、クラストークンそして位置埋め込みが Input Layer の全体像です。続いては、これらを数式で表現して理解を深めましょう。

[注16] クラストークンにも位置埋め込みを加算するのは、ViT 以前から存在する BERT[Devlin19] も同様です。

▌2-3-5　Input Layerへの入力の数式表現

Input Layerの流れを数式で表します。まずは「入力画像」と「flattenした入力画像」です。入力画像を$\mathbf{x}$、パッチに分割しflattenした入力画像を$\mathbf{x_p}$とします。$\mathbf{x}$は高さH、幅W、チャンネル数Cの3次元テンソルでした。一方で$\mathbf{x_p}$は、N_p個の長さ$P^2 \cdot C$のベクトルで表現されていました。そのため、それぞれ実数の集合を表す$\mathbb{R}$を用いると以下のように書けます。本節以降では、入力として$\mathbf{x}$および$\mathbf{x_p}$を用いて説明していきます。

$$\mathbf{x} \in \mathbb{R}^{H \times W \times C} \tag{1}$$

$$\mathbf{x}_p \in \mathbb{R}^{N_p \times (P^2 \cdot C)} \tag{2}$$

続いてパッチの埋め込みについてです。埋め込んだ後のベクトルの長さをDとすると、埋め込み層として用いる線形層の重みは$\mathbf{E} \in \mathbb{R}^{(P^2 \cdot C) \times D}$という形状を持ちます[注17]。「$\mathbf{x_p}$の埋め込み」は次の式で表せます。ここで$\mathbf{x}_p^i \in \mathbb{R}^{(P^2 \cdot C)}$は、$i$個目のパッチのベクトル、；（セミコロン）はパッチ方向での結合を表しています。また、$\mathbf{x}_p^i \mathbf{E} \in \mathbb{R}^D$は$i$個目のパッチのベクトルを埋め込んだ、長さ$D$のベクトルとなります。

$$[\mathbf{x}_p^1 \mathbf{E};\ \mathbf{x}_p^2 \mathbf{E};\ \cdots\ ;\ \mathbf{x}_p^{N_p} \mathbf{E}] \in \mathbb{R}^{N_p \times D} \tag{3}$$

長さDのベクトルであるクラストークンを$\mathbf{x}_{\mathrm{class}} \in \mathbb{R}^D$とすると、式(3)はさらに以下の式で表せます。式(3)の先頭にクラストークンを結合しただけです。

$$[\mathbf{x}_{\mathrm{class}};\ \mathbf{x}_p^1 \mathbf{E};\ \mathbf{x}_p^2 \mathbf{E};\ \cdots\ ;\ \mathbf{x}_p^{N_p} \mathbf{E}] \in \mathbb{R}^{(N_p+1) \times D} \tag{4}$$

前項（2-3-4項）で学んだように位置埋め込みは、クラストークンと各パッチのそれぞれに存在します。つまり位置埋め込みとして長さDのベクトルが$(N_p + 1)$個あるので、位置埋め込みは$\mathbf{E}_{\mathrm{pos}} \in \mathbb{R}^{(N_p+1) \times D}$の形状を持ちます。この位置埋め込み$\mathbf{E}_{\mathrm{pos}}$を式(4)に加算します。最終的に、Encoderへの入力$\mathbf{z}_0$は次のように表せ、1枚の画像$\mathbf{x}$はInput Layerによって$(N_p + 1) \times D$の行列に変換されることがわかります。また次項以降は、クラストークンと埋め込んだパッチの数をまとめて**トークン数**と呼び、トークン数を$N(= N_p + 1)$として表すことにします。

$$\mathbf{z}_0 = [\mathbf{x}_{\mathrm{class}};\ \mathbf{x}_p^1 \mathbf{E};\ \mathbf{x}_p^2 \mathbf{E};\ \cdots\ ;\ \mathbf{x}_p^{N_p} \mathbf{E}] + \mathbf{E}_{\mathrm{pos}} \tag{5}$$
$$,\mathbf{z}_0 \in \mathbb{R}^{(N_p+1) \times D}$$

[注17] 重みはWを用いて表すことが多いですが、入力に対する埋め込み（Embedding）の重みは$\mathbf{E}$で表されることがあります。原論文でも入力画像に対する埋め込みの重みは$\mathbf{E}$で表現されているため、ここでもそれに従います。

▌2-3-6　Input Layerの実装

　本節で学んだInput LayerをPyTorchで実装してみましょう。VitInputLayerクラスとして実装します。forwardメソッドの入力のx変数は入力画像 **x** に対応しており、出力のz_0変数はEncoderへの入力となる $\mathbf{z}_0$ に対応しています。実装で用いるtransposeメソッドは、転置を意味し、軸の入れ替えを行うメソッドです。また、本章では実装をなるべくシンプルにするため、入力画像は正方形であると仮定しています。

　注意したいのは、2-3-1項および2-3-2項での流れは、入力画像をパッチに分割し、flattenして、埋め込むという順番でしたが、実装コードではパッチの分割および埋め込みを一括で行っている点です。実装コードでは、**入力画像のパッチの分割、および埋め込みをまとめて行って、最後にflatten**をしています。このように実装する理由は、PyTorchで用意されている畳み込み層nn.Conv2dを使えば、「パッチへの分割」と「埋め込み」が1行でまとめてできるためです。畳み込み層のカーネルサイズ、およびストライドをいずれもパッチと同じ大きさに設定するだけです。この解説でわかりにくい場合は、実際に画像と畳み込みのカーネルを絵に描き、カーネルサイズおよびストライドをパッチサイズにした際の畳み込みの挙動を図示すると理解しやすくなります。頭の体操も兼ねてやってみてください。

ch2/vit.py

```python
import torch
import torch.nn as nn

class VitInputLayer(nn.Module):
    def __init__(self,
        in_channels:int=3,
        emb_dim:int=384,
        num_patch_row:int=2,
        image_size:int=32
        ):
        """
        引数:
            in_channels: 入力画像のチャンネル数
            emb_dim: 埋め込み後のベクトルの長さ
            num_patch_row: 高さ方向のパッチの数。例は2x2であるため、2をデフォルト値とした
            image_size: 入力画像の1辺の大きさ。入力画像の高さと幅は同じであると仮定
        """
        super(VitInputLayer, self).__init__()
        self.in_channels=in_channels
        self.emb_dim = emb_dim
        self.num_patch_row = num_patch_row
        self.image_size = image_size

        # パッチの数
```

```
    ## 例: 入力画像を2x2のパッチに分ける場合、num_patchは4
    self.num_patch = self.num_patch_row**2

    # パッチの大きさ
    ## 例: 入力画像の1辺の大きさが32の場合、patch_sizeは16
    self.patch_size = int(self.image_size // self.num_patch_row)

    # 入力画像のパッチへの分割 & パッチの埋め込みを一気に行う層
    self.patch_emb_layer = nn.Conv2d(
        in_channels=self.in_channels,
        out_channels=self.emb_dim,
        kernel_size=self.patch_size,
        stride=self.patch_size
    )

    # クラストークン
    self.cls_token = nn.Parameter(
        torch.randn(1, 1, emb_dim)
    )

    # 位置埋め込み
    ## クラストークンが先頭に結合されているため、
    ## 長さemb_dimの位置埋め込みベクトルを(パッチ数+1)個用意
    self.pos_emb = nn.Parameter(
        torch.randn(1, self.num_patch+1, emb_dim)
    )


def forward(self, x: torch.Tensor) -> torch.Tensor:
    """
    引数:
        x: 入力画像。形状は、(B, C, H, W)。[式(1)]
            B: バッチサイズ、C:チャンネル数、H:高さ、W:幅

    返り値:
        z_0: ViTへの入力。形状は、(B, N, D)。
            B:バッチサイズ、N:トークン数、D:埋め込みベクトルの長さ
    """

    # パッチの埋め込み & flatten [式(3)]
    ## パッチの埋め込み (B, C, H, W) -> (B, D, H/P, W/P)
    ## ここで、Pはパッチ1辺の大きさ
    z_0 = self.patch_emb_layer(x)

    ## パッチのflatten (B, D, H/P, W/P) -> (B, D, Np)
    ## ここで、Npはパッチの数(=H*W/P^2)
    z_0 = z_0.flatten(2)
```

```
##  軸の入れ替え (B, D, Np) -> (B, Np, D)
z_0 = z_0.transpose(1, 2)

# パッチの埋め込みの先頭にクラストークンを結合 [式(4)]
## (B, Np, D) -> (B, N, D)
## N = (Np + 1)であることに留意
## また、cls_tokenの形状は(1,1,D)であるため、
## repeatメソッドによって(B,1,D)に変換してからパッチの埋め込みとの結合を行う
z_0 = torch.cat(
    [self.cls_token.repeat(repeats=(x.size(0),1,1)), z_0], dim=1)

# 位置埋め込みの加算 [式(5)]
## (B, N, D) -> (B, N, D)
z_0 = z_0 + self.pos_emb

return z_0
```

最後に、実装したVitInputLayerへの入力が正常に出力されるかを確認しておきましょう。torch.randn関数で擬似的に入力画像を定義し、VitInputLayerに入れてみます。このとき、バッチサイズは2とし、画像は高さ32ピクセル、幅32ピクセルのカラー画像 (チャンネル数3) としました。

ch2/vit.py

```
import torch
batch_size, channel, height, width= 2, 3, 32, 32
x = torch.randn(batch_size, channel, height, width)
input_layer = VitInputLayer(num_patch_row=2)
z_0=input_layer(x)

# (2, 5, 384)(=(B, N, D))になっていることを確認。
print(z_0.shape)
```

2-4 | Self-Attention

Encoderは、Input Layerで獲得したベクトルを入力にとり、クラストークンを出力するのでした。EncoderにはSelf-Attention (自己注意) という機構が用いられています。このSelf-Attentionは、Encoder Block、ひいてはViTの肝とも言える重要な役割を持ちます。本節では、Self-Attentionについてじっくり解説していきます。Self-Attentionの説明のために、ベクトルの入出力を示す図に対して図2.17のように2つの変更を加えます (描き方が異なるだけで、入

出力自体はこれまでと何も変わりません)。1つは、入出力を行列の形で表す点です。これまでは説明のため Self-Attention への入力として、図 2.17 の左側のようにパッチを横に並べていました。入出力は式 (5) にもあるように行列なので、図 2.17 の右側のように行列として描き直せます。2つ目は、ベクトルを長方形で表す点です。これまではベクトルを罫線を用いてマス目のように表していましたが、本節では横長の長方形として表します。わかりやすさのため図 2.17 の右側では、行列の各行に対応するパッチを描いています。

図 2.17：Self-Attention の入出力を行列で表現

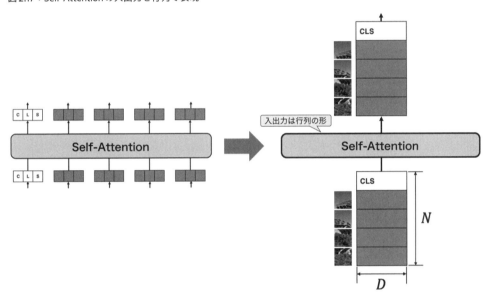

　それでは Self-Attention について解説していきます。Self-Attention に関する記事や論文などを初めて読んだ方にとっては、複雑なしくみに思えてしまうかもしれませんが、「Self-Attention の気持ち」は、実はかなり単純です。まずは Self-Attention を直感的に理解できるような解説を試みます。

▌2-4-1　Self-Attention の気持ち

　筆者独自の Self-Attention についての解釈を紹介すると、Self-Attention は「**自分に似た人たちを集めて、より良い自分になる**」と説明できます。ここでいう「自分」とはひとつひとつのパッチのことです。まだよくわかりませんね。ひとまず、Self-Attention を使うことで、**パッチがより良いパッチに変換されるのだな**と思ってください。筆者なりの解釈をもとに、4コマ漫画を作成しました (図 2.18)。これが Self-Attention への理解につながります。

図 2.18：Self-Attention の気持ち

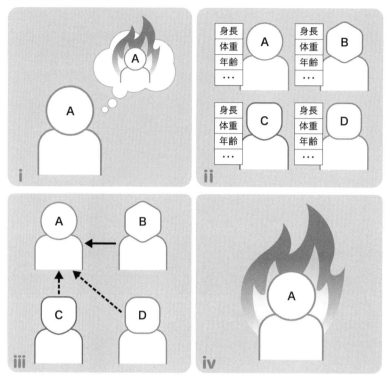

　あるところに、自分のことが大好きなAさんがいました。より良い自分になりたいと思うA さんは、ある日「より良い自分というのは、**自分に似た人たち**を自分に合体させる（取り入れる）ことで得られるのではないか」と思いつきます（ⅰ）。

　そこでAさんは、友達B、C、Dを連れてきます。Aさんは自分に似ている人を探すために、みんなに身長、体重、年齢、筋肉量など**それぞれの人の情報**を聞きます（ii）。

　Aさんは、この情報をもとに**自分とどれだけ似ているか（＝類似度）**を分析します。その結果、Aさんは、Bとはよく似ているけど、CとDとはあまり似ていないことがわかりました。ここで、やや奇妙に見えますが、AさんはA自身ともどれだけ似ているかを分析します（iii）。

　最後にAさんは、**類似度の割合に合わせて、すべてを合体**させます。Aさんは自分自身が好きなので、自分との類似度の割合に合わせてすべてを合体させているのですね。具体的には、Aさんとの類似度が高いA自身とBの割合を濃くする一方で、CとDの割合を薄くして合体させることに決めました。この合体のおかげでAさんはより良い自分になることができました。BもCもDも同じ方法でより良い自分になりました（iv）。

　この例え話が理解できれば、その時点でSelf-Attentionのしくみをほぼ理解できています。この物語のii〜ivコマとSelf-Attentionのしくみは、それぞれ次のように対応します。

　　ⅱコマ：情報の抽出

　　ⅲコマ：Aとの類似度の測定

　　ⅳコマ：類似度に基づいた合体

　ここで、**登場人物たちをそれぞれ画像のパッチに置き換えたのが、ViTにおけるSelf-Attentionのしくみです**。実際のSelf-Attentionでは、各パッチが別のパッチの特徴を自分との類似度に合わせて取り込みます。これは以下のように説明できます。

- 情報の抽出は①**埋め込み**によって実現する
- 類似度の測定は、埋め込みによって得られたベクトル同士の②**内積**によって計算する
- 合体は、内積の値を係数にした③**加重和**によって求める

　Self-Attentionの全体像を図2.19に示します。上記の①～③の番号は本節の解説の順序です。

図2.19：Self-Attentionの全体像

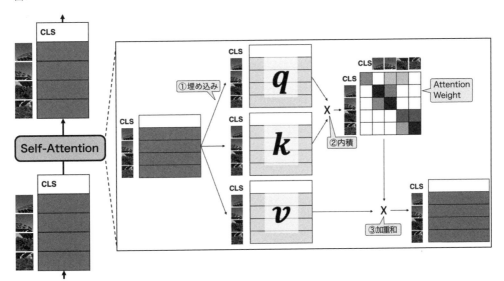

　以降では埋め込み、内積、加重和について解説し、Self-Attentionを完成させていきます。まずは埋め込みから解説していきます。

▌ 2-4-2 Self-Attention の埋め込み

2-3-2項で解説した通り、埋め込みによってあるベクトルをより良いベクトルに変換することができました。Self-Attentionにおいても埋め込みによって情報の抽出を行い、埋め込み層として1層の線形層を用います（図2.20）。このとき、線形層を3つ用意し、それぞれの線形層で埋め込んだあとの各ベクトルをそれぞれクエリ **q**（query）、キー **k**（key）、バリュー **v**（value）と呼びます。クエリもキーもバリューもまったく同じベクトルから埋め込んだ結果ですが、それぞれ異なる線形層を用いて埋め込まれているため、異なる値をとっています。そして、クエリとキーの内積（次項）を求め、バリューは加重和（2-4-4項）に用います。

図2.20：Self-Attention における埋め込み

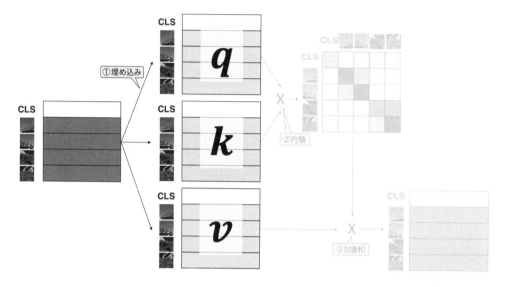

このクエリ、キー、バリューに分ける表現は、動画ストリーミングサイトにおける動画検索[注18]を考えるとわかりやすいです。クエリは検索キーワード、キーは動画のタイトルや説明文、バリューは動画自体を指しています。検索キーワードから動画を検索する際は、検索キーワードと動画のタイトルの一致度を見るはずです。Self-Attentionでも同様にクエリとキーの類似度を計算し、その類似度をもとにバリューの加重和を行います。キーとバリューがペアのようになっていると考えると、キーがバリューの代表値だと捉えることもできます。

注18 動画検索を用いたアナロジーについての説明は Stack Exchange でのやりとりを参考にしてください。https://stats.stackexchange.com/a/424127

■ 2-4-3 Self-Attention の内積

続いて、Self-Attentionにおける②内積について解説していきます（図2.21）。前項でもふれましたが、Self-Attentionの内積には**q**と**k**を用い、**q**と**k**の行列積で計算します。詳しくは後述しますが、この行列積によって得られた行列は**Attention Weight**と呼ばれます。Self-Attentionにおける内積を理解するために、まずは内積の復習をします。

図2.21：Self-Attentionにおける内積

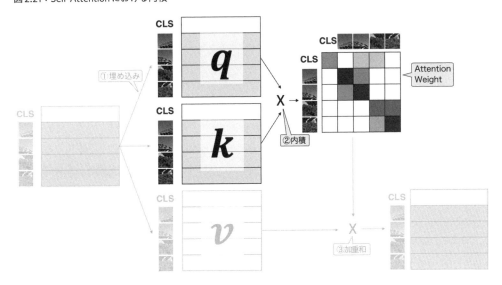

内積とはベクトル同士の各要素を乗算し、それらを足し合わせる処理です。図2.22は[0.80, 0.60]と[0.31, 0.95]の内積の例です。まず、各ベクトルの1つ目の要素である0.80と0.31を乗算し0.248、2つ目の要素である0.60と0.95を乗算し0.57を得ます。その後、それらを足し合わせるので$0.248 + 0.57 = 0.818$が内積の結果です。

図2.22：内積の復習1

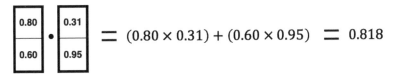

図2.23で別の例を取り上げます。[0.80, 0.60]と[0.70, 0.71]の内積を計算すると、その結果は0.986です。先ほどの例で求めた[0.80, 0.60]と[0.31, 0.95]の内積よりも大きい値となりました。このことから言えるのは、[0.80, 0.60]は、[0.31, 0.95]よりも[0.70, 0.71]に似て

いるということです。実は内積というのはベクトル同士の似ている度、つまり**類似度**（っぽいもの）を表しています。このことを視覚的にも確認してみます。

図2.23：内積の復習2

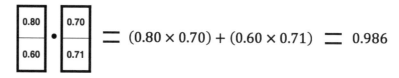

ベクトルは「向き」と「大きさ」で構成されています。ここまでの3つのベクトルを二次元座標にプロットすると、図2.24左のような矢印になります。内積の結果と同じように、星印の$[0.80, 0.60]$が$[0.31, 0.95]$よりも$[0.70, 0.71]$に似ていることがわかります。一方で、$[0.31, 0.95]$に似ているベクトルはどこに描くことができるでしょうか。図2.24右には、$[0.80, 0.60]$の代わりに、$[0.20, 0.98]$に星印を用いてプロットしています。視覚的には、$[0.20, 0.98]$は$[0.70, 0.71]$よりも$[0.31, 0.95]$に似ています。実際に内積を計算してみても、$[0.20, 0.98]$と$[0.31, 0.95]$の内積は0.993、$[0.20, 0.98]$と$[0.70, 0.71]$の内積は0.836であり、$[0.20, 0.98]$と$[0.31, 0.95]$の類似度の方が高いことがわかります。

図2.24：ベクトルのプロット

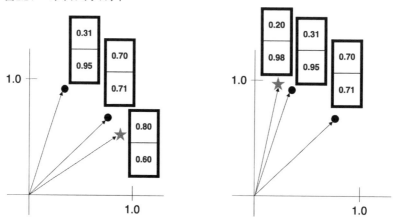

実は、ここまでの内積の計算は行列の積によって一気に求めることができます。図2.25はその例を示しており、わかりやすさのため、これまでの解説に用いたベクトルを太線で囲っています。1つ目の行列は、さきほど星印を用いてプロットした$[0.80, 0.60]$と$[0.20, 0.98]$を行方向に持っています。一方で2つ目の行列は、さきほど丸印を用いてプロットした$[0.31, 0.95]$と$[0.70, 0.71]$を列方向に持っています。内積を計算したいベクトルを、1つ目の行列は**行**方向に、2つ目の行列は**列**方向に持っていることを覚えておいてください。これらの

行列積の計算途中の様子を見ると、各要素でまさにベクトルの内積を行っていることがわかります。そのため、行列積の結果は内積の結果と同じです。ベクトル同士の内積が行列積で一気に計算できることは、とても便利なのでぜひ覚えておいてください。

図2.25：内積を行列積で計算した例

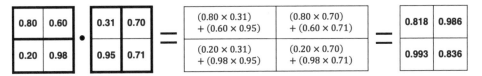

最後に内積（行列積）の結果をソフトマックス（Softmax）関数[注19]にわたすことで、行方向の和を1にします（図2.26）。例えば行列の1行目である$[0.818, 0.986]$にソフトマックス関数を適用した結果を見ると、$\mathrm{softmax}([0.818, 0.986]) = [0.4581, 0.5419]$となり、行方向の和が1となっていることがわかります。これがまさに次項で解説する加重和の係数です。

図2.26：ソフトマックス関数を適用した例

このように、内積によってベクトル同士の類似度が計算できました。Self-Attentionでもパッチ（のベクトル）同士の類似度を内積によって得ます。

図2.27：クエリとキーの行列積

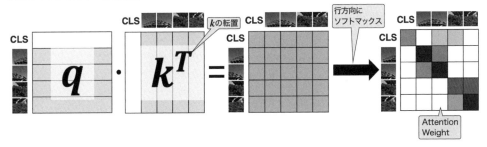

具体的には、パッチ同士の類似度を計算するために、前述したクエリとキーの行列積を行います。このとき、図2.27のようにキーの行列を転置します。これは、図2.25にて説明したとおり、行列積の2つ目の行列（図2.27のキー）において内積させたいベクトルを**列**方向に持

注19 長さlのベクトル**a**へのソフトマックス関数は、次のように表すことができます。$\mathrm{softmax}(\mathbf{a})_i = \exp(a_i) / \sum_{j=1}^{l} \exp(a_j)$

たせるためです。この行列積の行方向にソフトマックス関数を適用することで加重和の係数を得ます。加重和の係数がまとめられた行列は**Attention Weight**と呼ばれます。Attention Weightの各要素はパッチのベクトル間の内積なので、パッチ同士の特徴が似ているとAttention Weightの該当の要素の値は大きくなります。図2.27のAttention Weightの表現は、黒い箇所がパッチ同士の関係が濃く（1に近い値）、白い箇所は関係が薄い（0に近い値）ことを示しています。Attention Weightは、すべてのパッチ間の内積が示されていることから、Self-Attentionによって**すべてのパッチ間の関係**（類似度）を計算できることがわかります。次項ではこのAttention Weightに基づいて、バリューを加重和していきます。

2-4-4　Self-Attentionの加重和

　最後に加重和です。図2.28に示すように内積の結果をもとにバリューを③加重和します。筆者はバリューのことを「出力を作るための材料」だと捉えています。Attention Weight（クエリとキーの行列積）をもとに必要な材料（バリュー）を必要な分だけ足し算していくイメージです。このようにSelf-Attentionでは1つのパッチのベクトルを計算するのに、すべてのパッチのベクトルを用います。つまり、Self-Attentionにおいて1つのパッチは画像全体を考慮して計算されている、ということです。そのため、Self-Attentionは**大域的**（**グローバル**）に画像の特徴量を学習できる[注20]と言われています。加重和もAttention Weightとバリューの行列積で実装できます。この加重和をもってSelf-Attentionの完成です。

図2.28：Self-Attentionにおける加重和

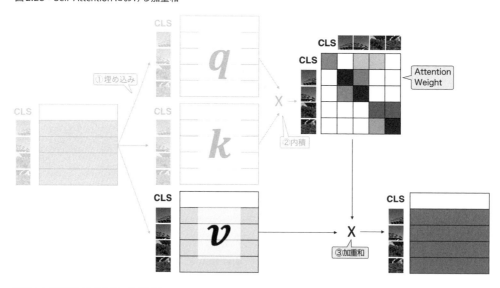

[注20]　一方で畳み込みは、小さいサイズのカーネルで特徴量を学習するため、局所的（ローカル）に画像の特徴量を学習できると言われます。

　ここまで学んだことをまとめておきましょう。Self-Attentionによって、パッチがより良いパッチに変換されるのでした。より良いパッチに変換するためにSelf-Attentionでは、①埋め込み、②内積、③加重和の3つを用いています。①埋め込みでは、入力をクエリ、キー、バリューの3つに変換します。続いて、クエリとキーの②内積によってパッチ同士の類似度を計算します。最後に、その類似度に基づいて、バリューの③加重和を行うことによってより良いパッチが完成します。次項ではSelf-Attentionに少し工夫を加えることでパワーアップさせたMulti-Head Self-Attentionの説明をします。

2-4-5　Multi-Head Self-Attention

　Self-Attentionによって、各パッチの関係を学習できることがわかりました。Self-Attentionにおいては、パッチ同士の関係は1つのAttention Weightが保持しています。このAttention Weightが複数あれば、各パッチ間の関係を、Attention Weightの個数だけ学習できます。直感的にもパッチ間の関係を1つだけ捉えるよりも、複数の関係を捉えた方がニューラルネットワークがより効率的に学習されそうなことがわかります。Self-Attentionに複数のAttention Weightを持たせるために導入されたのが**MHSA**（**Multi-Head Self-Attention**）です。ViTでもこのMHSAが用いられています。

　Self-Attentionでは、1つのパッチからそれぞれ1つのクエリ、キー、バリューしか埋め込みませんでした。そのため、クエリとキーの内積であるAttention Weightは1つだけでした。複数のAttention Weightを持たせたいのであれば、1つのパッチから複数個のクエリ、キー、バリューを埋め込めば良さそうです。MHSAでは、1つのパッチから複数個のクエリ、キー、バリューを埋め込むことで、複数のAttention Weightを作ります。Attention Weightを作る数はハイパーパラメータで設定し、「ヘッドの数」と呼ばれます。MHSAにおけるAttention Weightの概要を図2.29に示します。

図2.29：MHSA における Attention Weight

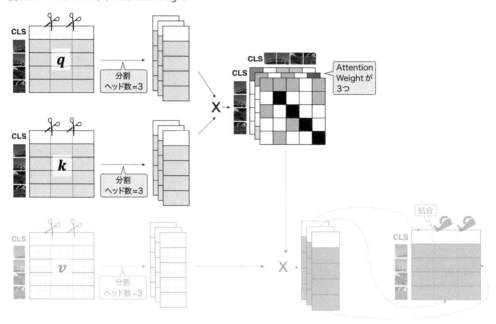

　埋め込みによって、クエリ$\mathbf{q}$、キー$\mathbf{k}$、バリュー$\mathbf{v}$を得るのは Self-Attention と同様です。Attention Weight の計算に用いるクエリとキーをヘッドの数の分だけ分割します。今回は3つに分割します。

　MHSA の実装では、図2.29 にもある通り、クエリ$\mathbf{q}$のひとつひとつのベクトルを1/3の長さに分割することで、3つのクエリを得ます。同様の処理をキーおよびバリューに対しても行います。そのため、MHSA の埋め込みステップにおいては、Self-Attention における埋め込みステップに「獲得したクエリなどをヘッドの数だけ分割する」という操作が加わります（1つのヘッドにおけるクエリなどの長さは分割されることで短くなります）。あとは各ヘッドでクエリとキーの行列積を計算することで、各ヘッドの Attention Weight を得ます。今回はヘッドが3つなので、Attention Weight も3つ獲得できています。これらの3つの Attention Weight はそれぞれ異なるクエリとキーからできているため、Attention Weight が学習している関係も異なります。繰り返しになりますが、このように異なる関係を得られることが MHSA の強みです。

　最後に、図2.30 に示すように Attention Weight による加重和を行います。このとき、バリューも3つに分割しているので、それぞれに対応した Attention Weight で加重和を行います。加重和を行ったあともパッチのベクトルは3つに分割されたままなので、あとはこれらをベクトル方向に結合し直してあげれば、入力と同じ形状に戻ります。こうして MHSA が完成しました。

図2.30：MHSA における Attention Weight

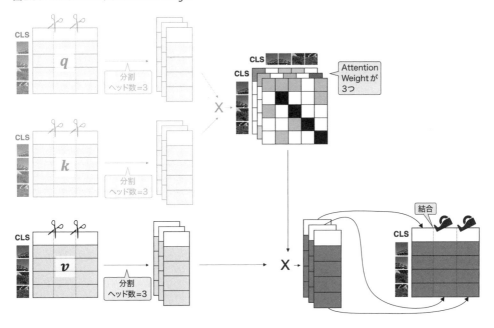

2-4-6 Multi-Head Self-Attention の数式表現

　ここまで Self-Attention に関して、図や4コマ漫画などを用いて解説をしてきましたが、数式でも Self-Attention、および MHSA を整理しておきます。ここまでの解説を理解していれば、数式も理解できると思います。

　Self-Attention は埋め込み、内積、加重和の3ステップで構成されていました。まずは埋め込みについて式で表します。本項では、Self-Attention への入力を $\mathbf{z}$ とします。$\mathbf{z}$ は、Encoder への入力 $\mathbf{z}_0$ と同じく長さ D のベクトルを N 個持つので、$\mathbf{z} \in \mathbb{R}^{N \times D}$ です。$\mathbf{z}$ を $\mathbf{q}$、$\mathbf{k}$、$\mathbf{v}$ の3つに埋め込むので、3つの線形層 $\mathbf{W}^q \in \mathbb{R}^{D \times D_h}$、$\mathbf{W}^k \in \mathbb{R}^{D \times D_h}$、$\mathbf{W}^v \in \mathbb{R}^{D \times D_h}$ を用意します。$\mathbf{W}^q$、$\mathbf{W}^k$、$\mathbf{W}^v$ によって、$\mathbf{z}$ に含まれる長さ D のベクトルが長さ D_h のベクトルに埋め込まれるということです。h は hidden の頭文字からとってきています[注21]。つまり、埋め込みによって得られる $\mathbf{q}$、$\mathbf{k}$、$\mathbf{v}$ は以下の式で表すことができます。

$$\begin{aligned}
\mathbf{q} &= \mathbf{z}\mathbf{W}^q, & \mathbf{q} &\in \mathbb{R}^{N \times D_h} \\
\mathbf{k} &= \mathbf{z}\mathbf{W}^k, & \mathbf{k} &\in \mathbb{R}^{N \times D_h} \\
\mathbf{v} &= \mathbf{z}\mathbf{W}^v, & \mathbf{v} &\in \mathbb{R}^{N \times D_h}
\end{aligned} \tag{6}$$

　続いて内積です。内積は $\mathbf{q}$ と $\mathbf{k}$ の行列積で一気に行うことができました。また、内積の結果

注21　ニューラルネットなどで獲得したベクトルは隠れベクトル（Hidden Vector）とも呼ばれるためです。

にはソフトマックス関数を適用します。ソフトマックス関数は、内積の和を1にするために用いるのでした。ここで思い出して欲しいのが、内積を行列積で一気に行うには、内積したいベクトル（クラストークンやパッチのベクトルのこと）を1つ目の行列では行方向に、2つ目の行列では列方向に持っていなければならないということです。$\mathbf{q}$、$\mathbf{k}$、$\mathbf{v}$ を考えると、いずれもクラストークンやパッチのベクトルを図2.20などに示すように行方向に持っています。そのため、$\mathbf{q}$ と $\mathbf{k}$ の行列積では $\mathbf{k}$ を転置（$\mathbf{k}^T$ と表す）しています[注22]。内積によって得られる Attention Weight を A とすると以下の式で表せます。この式を見ると、$\mathbf{q}\mathbf{k}^T$ が $\sqrt{D_h}$ で除算されています。Self-Attention の説明をシンプルにするために、ここまで $\sqrt{D_h}$ を登場させませんでしたが、$\sqrt{D_h}$ による除算を行うことで $\mathbf{q}\mathbf{k}^T$ の要素の値が大きくなりすぎないようにしています。

$$A = \mathrm{softmax}\left(\frac{\mathbf{q}\mathbf{k}^T}{\sqrt{D_h}}\right), \ A \in \mathbb{R}^{N \times N} \tag{7}$$

内積の計算方法を考えると、$\mathbf{q}\mathbf{k}^T$ の要素の値が大きくなることは理解しやすいでしょう。i 番目の行ベクトルを $\mathbf{q}_i$、$\mathbf{q}_i$ の j 番目の値（スカラー）を q_{ij} とすると、内積は $\mathbf{q}_i \cdot \mathbf{k}_i = q_{i1}k_{i1} + q_{i2}k_{i2} + \ldots + q_{iD_h}k_{iD_h} = \sum_{j=1}^{D_h} q_{ij}k_{ij}$ です。このように、内積は $\sum_{j=1}^{D_h} q_{ij}k_{ij}$ なので、ベクトルの長さ D_h が大きくなると内積がかなり大きくなってしまうことがわかります。これを防ぐために $\mathbf{q}\mathbf{k}^T$ を $\sqrt{D_h}$ で割っているのですね。

それでは加重和についてです。これは A と $\mathbf{v}$ の行列積を行うだけでした。そして、この加重和によって Self-Attention が完成するので、Self-Attention（$\mathbf{SA}$）の式を書いていきます。この式で表される Self-Attention は、内積（Dot Product）を $\sqrt{D_h}$ で割っているので、Scaled Dot-Product Attention とも呼ばれます。

$$\begin{aligned} \mathrm{SA}(\mathbf{z}) &= A\mathbf{v} \\ &= \mathrm{softmax}\left(\frac{\mathbf{q}\mathbf{k}^T}{\sqrt{D_h}}\right)\mathbf{v}, \quad \mathrm{SA}(\mathbf{z}) \in \mathbb{R}^{N \times D_h} \end{aligned} \tag{8}$$

続いて MHSA です。MHSA は、Self-Attention を複数のヘッドに分割したものでした。ヘッドの数を k、i 番目のヘッドの Self-Attention を $\mathrm{SA}_i(\mathbf{z})$ とします。上記から $\mathrm{SA}_i(\mathbf{z}) \in \mathbb{R}^{N \times D_h}$ は明らかです。まずは、k 個の $\mathrm{SA}_i(\mathbf{z})$ の結合を式で表すと、以下の式になります。

$$[\mathrm{SA}_1(\mathbf{z}); \mathrm{SA}_2(\mathbf{z}); \ldots ; \mathrm{SA}_k(\mathbf{z})] \in \mathbb{R}^{N \times kD_h} \tag{9}$$

通常、MHSA では入力と出力の次元は変わりません。ただし、入力が $\mathbf{z} \in \mathbb{R}^{N \times D}$ であるのに対し、式(9)は $\mathbb{R}^{N \times kD_h}$ となっています。2-4-5項では説明を省いていましたが、式(9)を入力の次元 $\mathbb{R}^{N \times D}$ に戻すために $\mathbf{W}^o \in \mathbb{R}^{kD_h \times D}$ の重みを持つ線形層をもう1つ用意します。これ

注22　そもそも $\mathbf{k}$ を転置せずに行列積を行う $\mathbf{q}\mathbf{k}$ という式は、$\mathbf{q}$ および $\mathbf{k}$ の次元が合わないため成り立ちません。

によりMHSAは以下の式となります。

$$\mathrm{MHSA}(\mathbf{z}) = [\mathrm{SA}_1(\mathbf{z}); \mathrm{SA}_2(\mathbf{z}); \dots; \mathrm{SA}_k(\mathbf{z})]\mathbf{W}^o \qquad (10)$$
$$, \mathrm{MHSA}(\mathbf{z}) \in \mathbb{R}^{N \times D}$$

通常 $D_h = D/k$ なので、実は式(9)の段階で次元が $\mathbb{R}^{N \times D}$ となっていることが多いです（つまり、$\mathrm{SA}_i(\mathbf{z}) \in \mathbb{R}^{N \times \frac{D}{k}}$)。2-4-5項の図も $D_h = D/3$ となっています。これでMHSAも完成しました。

それでは最後にMHSAをPyTorchでも実装してみましょう。

▌ 2-4-7 Multi-Head Self-Attention の実装

MHSA を `MultiHeadSelfAttention` クラスとして実装します。

実装で用いる view() メソッドや reshape() メソッドは、テンソルの形状を操作できる関数です。また、@は行列積を表しています。それでは式(8)と式(10)をもとにMHSAを実装しましょう。

ch2/vit.py

```python
import torch
import torch.nn as nn
import torch.nn.functional as F

class MultiHeadSelfAttention(nn.Module):
    def __init__(self,
        emb_dim:int=384,
        head:int=3,
        dropout:float=0.
    ):
        """
        引数:
            emb_dim: 埋め込み後のベクトルの長さ
            head: ヘッドの数
            dropout: ドロップアウト率
        """

        super(MultiHeadSelfAttention, self).__init__()
        self.head = head
        self.emb_dim = emb_dim
        self.head_dim = emb_dim // head
        self.sqrt_dh = self.head_dim**0.5 # D_hの二乗根。qk^Tを割るための係数

        # 入力をq,k,vに埋め込むための線形層。[式(6)]
        self.w_q = nn.Linear(emb_dim, emb_dim, bias=False)
        self.w_k = nn.Linear(emb_dim, emb_dim, bias=False)
        self.w_v = nn.Linear(emb_dim, emb_dim, bias=False)
```

```python
        # 式(7)にはないが、実装ではドロップアウト層も用いる
        self.attn_drop = nn.Dropout(dropout)

        # MHSAの結果を出力に埋め込むための線形層。[式(10)]
        ## 式(10)にはないが、実装ではドロップアウト層も用いる
        self.w_o = nn.Sequential(
            nn.Linear(emb_dim, emb_dim),
            nn.Dropout(dropout)
        )

    def forward(self, z: torch.Tensor) -> torch.Tensor:
        """
        引数:
            z: MHSAへの入力。形状は、(B, N, D)。
                B: バッチサイズ、N:トークンの数、D:ベクトルの長さ

        返り値:
            out: MHSAの出力。形状は、(B, N, D)。[式(10)]
                B:バッチサイズ、N:トークンの数、D:埋め込みベクトルの長さ
        """
        batch_size, num_patch, _ = z.size()

        # 埋め込み [式(6)]
        ## (B, N, D) -> (B, N, D)
        q = self.w_q(z)
        k = self.w_k(z)
        v = self.w_v(z)

        # q,k,vをヘッドに分ける [式(10)]
        ## まずベクトルをヘッドの個数(h)に分ける
        ## (B, N, D) -> (B, N, h, D//h)
        q = q.view(batch_size, num_patch, self.head, self.head_dim)
        k = k.view(batch_size, num_patch, self.head, self.head_dim)
        v = v.view(batch_size, num_patch, self.head, self.head_dim)
        ## Self-Attentionができるように、
        ## (バッチサイズ、ヘッド、トークン数、パッチのベクトル)の形に変更する
        ## (B, N, h, D//h) -> (B, h, N, D//h)
        q = q.transpose(1,2)
        k = k.transpose(1,2)
        v = v.transpose(1,2)

        # 内積 [式(7)]
        ## (B, h, N, D//h) -> (B, h, D//h, N)
        k_T = k.transpose(2, 3)
        ## (B, h, N, D//h) x (B, h, D//h, N) -> (B, h, N, N)
        dots = (q @ k_T) / self.sqrt_dh
        ## 列方向にソフトマックス関数
```

```
attn = F.softmax(dots, dim=-1)
## ドロップアウト
attn = self.attn_drop(attn)

# 加重和 [式(8)]
## (B, h, N, N) x (B, h, N, D//h) -> (B, h, N, D//h)
out = attn @ v
## (B, h, N, D//h) -> (B, N, h, D//h)
out = out.transpose(1, 2)
## (B, N, h, D//h) -> (B, N, D)
out = out.reshape(batch_size, num_patch, self.emb_dim)

# 出力層 [式(10)]
## (B, N, D) -> (B, N, D)
out = self.w_o(out)
return out
```

　最後に、実装した`MultiHeadSelfAttention`への入力が正常に出力されるかを確認しておきましょう。入力は2-3節で獲得した`VitInputLayer`の出力`z_0`を用いましょう。

ch2/vit.py

```
mhsa = MultiHeadSelfAttention()
out = mhsa(z_0) #z_0は2-2節のz_0=input_layer(x)で、形状は(B, N, D)

# (2, 5, 384)(=(B, N, D))になっていることを確認
print(out.shape)
```

2-5 | Encoder

▌ 2-5-1　Encoder Block

　本節では、ViTのメインパートとも言える**Encoder Block**を作成していきます。Encoder Block は LayerNorm、Multi-Head Self-Attention、MLPの3つで構成されています（図2.31）。LayerNorm とは、Layer Normalization[Ba16] のことを指します。図2.31を確認すると、スキップコネクション （Skip Connection）が2箇所あることが確認できます。MHSA については前節で解説したので、 Layer Normalization および MLP について解説したのちに、PyTorch で Encoder Block を実装します。

図2.31：Encoder Block の概略図（図は [Dosovitskiy21] を参考に筆者が作成）

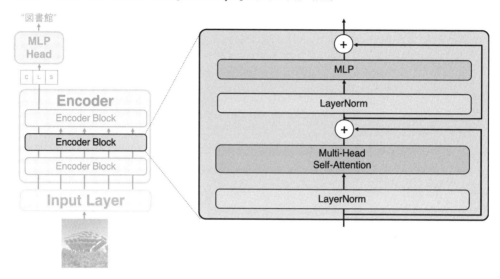

2-5-2 Layer Normalization

Layer Normalization は [Ba16] で提案された正規化手法です。Layer Normalization で1つのデータを正規化する場合、正規化にはそのデータ自身が持つ値の平均と標準偏差を用います（図2.32）。

図2.32：Encoder Block における Layer Normalization（図は [Dosovitskiy21] を参考に筆者が作成）

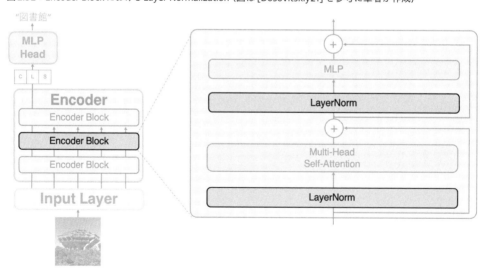

有名な正規化手法に Batch Normalization がありますが、この手法では平均および標準偏差の

計算がバッチ全体に及びます。そのため、データごとにトークン数の異なる時系列データ（例えば1文の単語数）にはBatch Normalizationは有効ではありませんでした。Layer Normalizationはこの問題を解決するために提案されました。あるデータ $\mathbf{a} \in \mathbb{R}^K$ に対するLayer Normalizationを $\mathbf{LN(a)}$ とすると、その操作は次式で表せます。ここで、$\mathbf{a}$ の i 番目の要素を a_i とすると、平均は $\mu = \frac{1}{n} \sum_{i=1}^{K} a_i$、標準偏差は $\sigma = \sqrt{\frac{1}{K} \sum_{i=1}^{K} (a_i - \mu)^2}$ です。ϵ は分母がゼロになることを防ぐための微小な値です。また、β_i と γ_i は $\mathbf{a}$ の i 番目の要素に対する学習可能なパラメータ（スカラー）です。

$$\mathbf{LN(a)}_i = \gamma_i \frac{a_i - \mu}{\sqrt{\sigma^2 + \epsilon}} + \beta_i \qquad (11)$$

Layer Normalizationでは他のデータをまったく考慮していないため、他の入力のトークン数とは関係がありません。そのため、1文の単語数のようにトークン数がバラバラな自然言語処理ではLayer Normalizationがよく用いられています。機械翻訳モデルとして提案された元々のTrasnformerもLayer Normaliztionを用いているためなのか、ViTでもそのままLayer Normalizationが用いられています。本項以降、Layer NormalizationをLayerNormと呼びます。

2-5-3　MLP

Encoder BlockにおけるMLPは図2.33の通り、2層の線形層を用いて構成されます。1つ目の線形層の後に活性化関数としてGELU[Dan16]を用いています。一方で、2つ目の線形層には活性化関数を用いません。ちなみに、GELU[Dan16]はTransformer系のモデルによく用いられる活性化関数で、GPT[Radford18]やBERT[Devlin19]でもReLUではなくGELU[Dan16]が用いられています。Dropout[Srivastava14]は学習時に一部のニューロンをランダムに無視するものでした。

図2.33：Encoder Block内のMLPのアーキテクチャ（図は [Dosovitskiy21] を参考に筆者が作成）

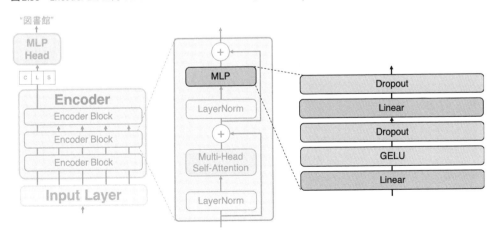

■ 2-5-4　Encoder Blockの数式表現

Encoder Blockも数式で表しておきましょう。先頭からl個目のEncoder Blockについて定式化します。ViTがL個のEncoder Blockで構成されている場合、lは1からLの整数をとります。まずはEncoder Blockの前半部分であるLayerNormとMHSAですが、これらの出力$\mathbf{z}'_l$は次のように書けます。ここでLayerNormは$\mathrm{LN}(\cdot)$で表します。スキップコネクションも忘れずに書いておきます。

$$\mathbf{z}'_l = \mathrm{MHSA}(\mathrm{LN}(\mathbf{z}_{l-1})) + \mathbf{z}_{l-1} \tag{12}$$

続いてEncoder Blockの後半部分であるLayerNormとMLPについても同様に定式します。ここでもスキップコネクションを忘れないようにしましょう。これによって、l個目のEncoder Blockの出力$\mathbf{z}_l \in \mathbb{R}^{N \times D}$を式で表すことができました。

$$\mathbf{z}_l = \mathrm{MLP}(\mathrm{LN}(\mathbf{z}'_l)) + \mathbf{z}'_l \tag{13}$$

■ 2-5-5　Encoder Blockの実装

Encoder Blockを`VitEncoderBlock`クラスとして実装します。`__init__()`メソッドでは、LayerNorm、MHSA、MLPを定義します。それでは式(12)と式(13)をもとにEncoder Blockを実装していきましょう。

ch2/vit.py

```python
import torch.nn as nn

class VitEncoderBlock(nn.Module):
    def __init__(
        self,
        emb_dim:int=384,
        head:int=8,
        hidden_dim:int=384*4,
        dropout: float=0.
    ):
        """
        引数:
            emb_dim: 埋め込み後のベクトルの長さ
            head: ヘッドの数
            hidden_dim: Encoder BlockのMLPにおける中間層のベクトルの長さ
            原論文に従ってemb_dimの4倍をデフォルト値としている
            dropout: ドロップアウト率
        """
        super(VitEncoderBlock, self).__init__()
        # 1つ目のLayer Normalization [2-5-2項]
```

```python
        self.ln1 = nn.LayerNorm(emb_dim)
        # MHSA [2-4-7項]
        self.msa = MultiHeadSelfAttention(
            emb_dim=emb_dim,
            head=head,
            dropout = dropout,
        )
        # 2つ目のLayer Normalization [2-5-2項]
        self.ln2 = nn.LayerNorm(emb_dim)
        # MLP [2-5-3項]
        self.mlp = nn.Sequential(
            nn.Linear(emb_dim, hidden_dim),
            nn.GELU(),
            nn.Dropout(dropout),
            nn.Linear(hidden_dim, emb_dim),
            nn.Dropout(dropout)
        )


    def forward(self, z: torch.Tensor) -> torch.Tensor:
        """
        引数:
            z: Encoder Blockへの入力。形状は、(B, N, D)
                B: バッチサイズ、N:トークンの数、D:ベクトルの長さ

        返り値:
            out: Encoder Blockへの出力。形状は、(B, N, D)。[式(10)]
                B:バッチサイズ、N:トークンの数、D:埋め込みベクトルの長さ
        """
        # Encoder Blockの前半部分 [式(12)]
        out = self.msa(self.ln1(z)) + z
        # Encoder Blockの後半部分 [式(13)]
        out = self.mlp(self.ln2(out)) + out
        return out
```

最後に、実装した`MultiHeadSelfAttention`への入力が正常に出力されるかを確認しておきましょう。入力には再び2-3節で獲得した`VitInputLayer`の出力`z_0`を用います。

ch2/vit.py

```python
vit_enc = VitEncoderBlock()
z_1 = vit_enc(z_0) #z_0は2-2節のz_0=input_layer(x)で、形状は(B, N, D)

# (2, 5, 384)(=(B, N, D))になっていることを確認
print(z_1.shape)
```

2-6 │ ViTの実装

2-6-1　MLP Head

　本節ではここまでのまとめとして、ViTの組み立てを行っていきます。ViTの組み立ての前に、まずは、ViTの最後の構成要素である**MLP Head**について説明します。MLP Headは、クラス分類を行う分類器です。分類器自体はシンプルで、LayerNormおよび線形層の2つのみです（図2.34）。画像分類タスクでは、MLP Headの出力するベクトルの長さはクラス数と同じになります。

図2.34：MLP Headのアーキテクチャ

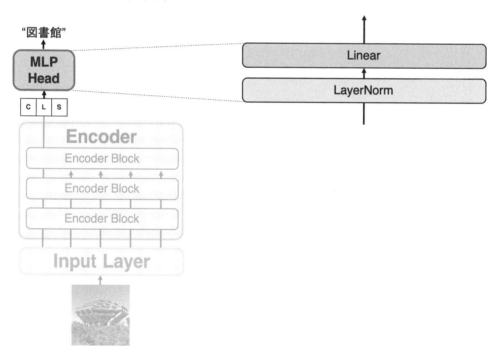

2-6-2　ViTの数式

　復習も兼ねて、ViT全体の流れを数式で表します。まずは、Input Layerについてです。Input Layerは、まず入力画像$\mathbf{x} \in \mathbb{R}^{C \times H \times W}$をパッチに分割し$\mathbf{x}_p \in \mathbb{R}^{N_p \times (P^2 \cdot C)}$を獲得します。ここで$N_p$はパッチの数、$P$はパッチの大きさです。その後、$\mathbf{x}_p$を線形層$\mathbf{E} \in \mathbb{R}^{(P^2 \cdot C) \times D}$で埋め込みます。

この先頭にクラストークン$\mathbf{x}_{\mathrm{class}} \in \mathbb{R}^D$を結合し、最後に位置埋め込み$\mathbf{E}_{\mathrm{pos}} \in \mathbb{R}^{N \times D}$を加算します。これにより Input Layer の出力である$\mathbf{z}_0 \in \mathbb{R}^{N \times D}$が獲得できます。ここで$N(=N_p+1)$はトークン数です。

$$\mathbf{z}_0 = [\mathbf{x}_{\mathrm{class}} ; \mathbf{x}_p^1 \mathbf{E}; \mathbf{x}_p^2 \mathbf{E}; \cdots ; \mathbf{x}_p^N \mathbf{E}] + \mathbf{E}_{\mathrm{pos}} \tag{14}$$

続いて、Encoder についてです。ここで、Encoder はL個の Encoder Block で構成されているとします。Encoder Block は大きく、前半部分の Multi-Head Self-Attention（$\mathbf{MHSA}(\cdot)$）と後半部分の MLP（$\mathbf{MLP}(\cdot)$）の2つに分けられました。第l個目の Encoder Block の出力$\mathbf{z}_l \in \mathbb{R}^{N \times D}$は LayerNorm $\mathbf{LN}(\cdot)$を用いて次の式のように書けます。

$$\mathbf{z}_l' = \mathrm{MHSA}(\mathrm{LN}(\mathbf{z}_{l-1})) + \mathbf{z}_{l-1}, \qquad l = 1, \dots, L \tag{15}$$
$$\mathbf{z}_l = \mathrm{MLP}(\mathrm{LN}(\mathbf{z}_l')) + \mathbf{z}_l', \qquad l = 1, \dots, L \tag{16}$$

最後に MLP Head です。Encoder の出力（第L個目の Encoder Block の出力）$\mathbf{z}_L \in \mathbb{R}^{N \times D}$のうち、MLP Head への入力はクラストークン$\mathbf{z}_L^0 \in \mathbb{R}^D$のみでした。線形層の重みは$\mathbf{W}^y \in \mathbb{R}^{D \times M}$となります。$M$はクラス数です。これによって ViT の出力である$\mathbf{y} \in \mathbb{R}^M$まで獲得できました。

$$\mathbf{y} = \mathrm{LN}(\mathbf{z}_L^0) \mathbf{W}^y \tag{17}$$

2-6-3 ViTの実装

それでは ViT を PyTorch で書いていきましょう。Vit クラスを定義していきます。ここまで解説してきたように ViT は大きく、次の3つで構成されていました（図2.35）。

- Input Layer
- Encoder
- MLP Head

図2.35：ViTの全体像（再掲）

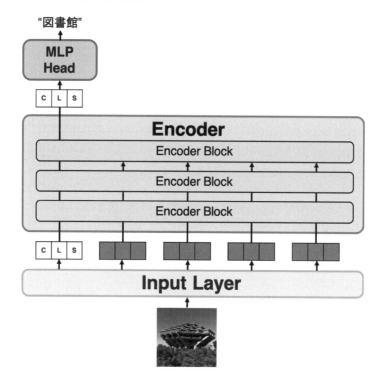

　そのため、__init__()メソッドではこれら3つを定義しています。Input Layerは、2-3節で定義したVitInputLayerクラスを呼ぶだけです。Encoderはnum_blocks個のVitEncoderBlockを持つリストをnn.Sequentialクラス内に内包表記を用いて書いています。MLP Headは2-6-1項の図の通りに定義するだけです。forward()メソッドでは入力をこれら3つに順番に通すだけですが、MLP Headへの入力はクラストークンのみなので、cls_token=out[:,0]としてクラストークンを抜き出す点に注意してください。犬や猫などのクラスを10個持つCIFAR-10データセットを想定し、クラス数をnum_classes=10としました[注23]。

```python
import torch.nn as nn

class Vit(nn.Module):
    def __init__(self,
        in_channels:int=3,
        num_classes:int=10,
        emb_dim:int=384,
        num_patch_row:int=2,
        image_size:int=32,
        num_blocks:int=7,
        head:int=8,
        hidden_dim:int=384*4,
        dropout:float=0.
        ):
        """
        引数:
            in_channels: 入力画像のチャンネル数
            num_classes: 画像分類のクラス数
            emb_dim: 埋め込み後のベクトルの長さ
            num_patch_row: 1辺のパッチの数
            image_size: 入力画像の1辺の大きさ。入力画像の高さと幅は同じであると仮定
            num_blocks: Encoder Blockの数
            head: ヘッドの数
            hidden_dim: Encoder BlockのMLPにおける中間層のベクトルの長さ
            dropout: ドロップアウト率
        """
        super(Vit, self).__init__()

        # Input Layer [2-3節]
        self.input_layer = VitInputLayer(
            in_channels,
            emb_dim,
            num_patch_row,
            image_size)

        # Encoder。Encoder Blockの多段。[2-5節]
        self.encoder = nn.Sequential(*[
            VitEncoderBlock(
                emb_dim=emb_dim,
                head=head,
                hidden_dim=hidden_dim,
                dropout = dropout
            )
            for _ in range(num_blocks)])

        # MLP Head [2-6-1項]
        self.mlp_head = nn.Sequential(
```

2

69

```python
        nn.LayerNorm(emb_dim),
        nn.Linear(emb_dim, num_classes)
    )

def forward(self, x: torch.Tensor) -> torch.Tensor:
    """
    引数:
        x: ViTへの入力画像。形状は、(B, C, H, W)
            B: バッチサイズ、C:チャンネル数、H:高さ、W:幅
    返り値:
        out: ViTの出力。形状は、(B, M)。[式(10)]
            B:バッチサイズ、M:クラス数
    """
    # Input Layer [式(14)]
    ## (B, C, H, W) -> (B, N, D)
    ## N: トークン数(=パッチの数+1), D: ベクトルの長さ
    out = self.input_layer(x)
    # Encoder [式(15)、式(16)]
    ## (B, N, D) -> (B, N, D)
    out = self.encoder(out)
    # クラストークンのみ抜き出す
    ## (B, N, D) -> (B, D)
    cls_token = out[:,0]
    # MLP Head [式(17)]
    ## (B, D) -> (B, M)
    pred = self.mlp_head(cls_token)
    return pred
```

　最後に、実装したViTへの入力が正常に出力されるかを確認しておきましょう。再び`torch.randn`で擬似的に入力画像を定義し、ViTに入力してみます。これが無事に通れば、ViTの実装は終わりです。今回作成したViTを学習させたい場合は、PyTorchのチュートリアル[注24]などに学習コードが記載されていますので、そちらを参照してください。

ch2/`vit.py`

```python
import torch
num_classes = 10
batch_size, channel, height, width= 2, 3, 32, 32
x = torch.randn(batch_size, channel, height, width)
vit = Vit(in_channels=channel, num_classes=num_classes)
pred = vit(x)

# (2, 10)(=(B, M))になっていることを確認
print(pred.shape)
```

注24 https://pytorch.org/tutorials/beginner/basics/quickstart_tutorial.html

　本章では、Vision Transformerの全体像について、図、数式、コードという3つの観点から解説しました。ViTは、Input Layer、Encoder、MLP Headの大きく3つの部分で構成されており、特にEncoderのMulti-Head Self-Attentionが重要な役割を担っていることを解説しました。MHSAによって、すべてのパッチ間の関係を捉えることで、ViTは画像全体を大域的に学習できることがわかりました。次章以降は、ViTを用いた実験やViTをさらに発展させたモデルを紹介していきます。

参考文献

[Ba16] Jimmy Lei Ba, Jamie Ryan Kiros, Geoffrey E. Hinton "Layer Normalization" arXiv:1607.06450, 2016.

[Dan16] Dan Hendrycks, Kevin Gimpel "Gaussian Error Linear Units (GELUs)" arXiv:1606.08415, 2016.

[Devlin19] Jacob Devlin, Ming-Wei Chang, et al. "BERT: Pre-training of Deep Bidirectional Transformers for Language Understanding" NAACL, pages 4171-4186, 2019.

[Dosovitskiy21] Alexey Dosovitskiy, Lucas Beyer, et al. "An Image is Worth 16x16 Words: Transformers for Image Recognition at Scale" ICLR, 2021.

[He16] Kaiming He, Xiangyu Zhang, et al. "Deep Residual Learning for Image Recognition" CVPR, pages 770-778, 2016.

[Mikolov13] Tomas Mikolov, Kai Chen, et al. "Efficient Estimation of Word Representations in Vector Space" ICLR, 2013.

[Radford18] Alec Radford, Karthik Narasimhan, et al. "Improving Language Understanding by Generative Pre-Training" 2018.

[Srivastava14] Nitish Srivastava, Geoffrey Hinton, et al. "Dropout: A Simple Way to Prevent Neural Networks from Overfitting" JMLR, 2014.

[Tan19] Mingxing Tan, Quoc Le "EfficientNet: Rethinking Model Scaling for Convolutional Neural Networks" ICML, pages 6105-6114, 2020.

[Vaswani17] Ashish Vaswani, Noam Shazeer, et al. "Attention is All you Need" NIPS, pages 5998-6008, 2017.

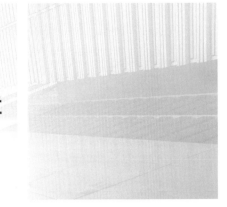

第 **3** 章

実験と可視化による Vision Transformer の探求

本章では、PyTorch を使って 2 章で学んだ ViT（Vision Transformer）の実験をします。実験では、事前学習による精度変化、CNN モデルとの精度比較、データ拡張による精度変化、位置埋め込みの可視化、判断根拠の可視化の 5 つの観点から調査を行い、ViT の特性を深掘りします。最後に、既存研究で行われている分析結果から CNN と ViT が捉えているモノの違いについて考察します。

箕浦大晃

3-1 実験の概要

　本章では、2章で学んだ ViT の実験をします。実験では、画像認識で一般的に用いられるデータセットを用いて、ViT と既存手法の精度比較を行います。ここでは、データセットごとに各モデルの性能差がどれだけあるかを分析します。また、ViT は膨大なデータで学習することによって、CNN の性能を凌駕することが知られていますが、そのようなデータは一般公開されていません。そこで、データ拡張によってデータのバリエーションを増やすことで、どれだけ性能が向上するかについて調査します。データ拡張にはいくつかの方法があり、どの方法が ViT に有効なのかについても本章で分析します。さらに、学習後の位置埋め込み (Positional Embedding) を可視化することで、学習に用いるデータセットが位置情報へのような影響を与えるのかを分析します。そして ViT が画像をどのように認識したかについて Self-Attention の Attention Weight（注意重み）を用いることで可視化し、分析します。

▌ 3-1-1 実験環境

　本章の実験環境は以下の通りです。

- Ubuntu 16.04 LTS
- CUDA 10.1
- GPU V100 32GB
- CPU Xeon E5-2698 v4 2.20GHz
- Python 3.7.4
- numpy 1.19.5

- matplotlib 3.4.3
- Pillow 7.0.0
- opencv 4.5.3.56
- PyTorch 1.7.1
- Torchvision 0.8.2
- timm 0.6.2

3-2 使用するデータセット

　ViT の実験では、以下の4つの一般物体認識のデータセットを用います。

- CIFAR-10
- CIFAR-100[Krizhevsky09] [注1]

注1　https://www.cs.toronto.edu/~kriz/cifar.html

- ImageNet-1k[Deng09]^{注2}
- Fractal DataBase-1k（FractalDB-1k）[Kataoka20]^{注3}

　CIFAR-10 の画像例を図 3.1、CIFAR-100 の画像例を図 3.2、ImageNet-1k の画像例を図 3.3、Fractal DataBase-1k（FractalDB-1k）の画像例を図 3.4 に示します。**CIFAR-10**、**CIFAR-100** は犬や自動車など一般的な物体がそれぞれ10 クラス、100 クラス含まれているデータセットです。**ImageNet-1k** は 1,000 クラスの画像を有しており、約 128 万枚の学習用データと 5 万枚の検証用データ、そして 10 万枚のテストデータが含まれています。これら 3 つのデータセットはすべて自然画像が含まれています。しかし、CIFAR-10、CIFAR-100、そして ImageNet-1k は、著作権や倫理関係の問題を残しているため商用利用できません。対照的に、**FractalDB-1k** はアルゴリズムに従って自動生成できるフラクタル画像で構成されており、著作権や倫理関係の問題を回避できます。また、画像とラベルをアルゴリズムに基づいて自動生成するため画像収集とラベル付けにかかるコスト問題を解決できます。上記のデータセットのクラス数、学習用データ数および検証用データ数を表 3.1 に示します^{注4}。

図 3.1：CIFAR-10 の画像例

注2　https://image-net.org/
注3　https://hirokatsukataoka16.github.io/Pretraining-without-Natural-Images/
注4　FractalDB-1k は検証用データは用意されていません。

図 3.2：CIFAR-100 の画像例

図 3.3：ImageNet-1k の画像例

図3.4：FractalDB-1kの画像例

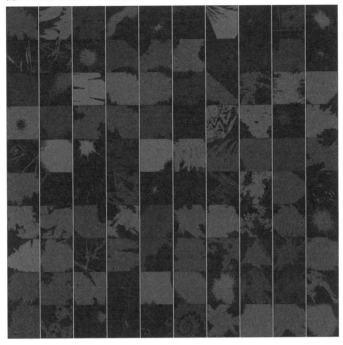

表3.1：各データセットのクラス数とサンプル数

データセット	クラス数	学習用データ数	検証用データ数
CIFAR-10	10	50,000	10,000
CIFAR-100	100	50,000	10,000
ImageNet-1k	1,000	1,281,167	50,000
FractalDB-1k	1,000	1,000,000	ー

3-3 実験条件

前節で紹介したデータセットを用いてモデルの学習を行います。使用するモデルは以下です。

- CNNモデル

  ResNet-50

  ResNet-101[He16] 注5

注5　後の数字（50、101）は、畳み込み層の深さを表します。

- ViT モデル
  ViT-4T
  ViT-4S[注6]
  ViT-16T
  ViT-16S[注7]

　ViT モデルのみ、上記データセットのうち、ImageNet-1k と FractalDB-1k で事前学習を行い、それぞれのデータセットへ転移学習を行います。図3.5のように、ViT の転移学習は MLP Head のみクラス数に応じて取り替え、モデル全体を再学習します。

　データセットの画像サイズは、ImageNet-1k と FractalDB-1k で 224×224、CIFAR-10、CIFAR-100 で 32×32 です。ただし、CIFAR-10、CIFAR-100 を転移学習する際は、画像サイズを 224×224 にリサイズします。続いて、学習データ数を増やすためにデータ拡張して学習します。学習時の ImageNet-1k と FractalDB-1k では、画像をランダムに切り抜いた後にリサイズを行う RandomResizedCrop、画像をランダムに左右反転を行う RandomHorizontalFlip、標準化を行う Normalize を用います。Normalize は ImageNet の RGB の平均と標準偏差を指し、平均を [0.485, 0.456, 0.406]、標準偏差を [0.229, 0.224, 0.225] で設定します。FractalDB-1k では平均と標準偏差のどちらも [0.5, 0.5, 0.5] で設定します。評価時は画像を 256×256 にリサイズし、224×224 サイズでセンタークロップします。学習時の CIFAR-10、CIFAR-100 では、画像を 0 埋め（0 パディング）した後に画像を 32×32 サイズにランダムに切り取る RandomCrop、そして RandomHorizontalFlip を用います。転移学習時では、画像を 0 埋めした後に画像を 224×224 にリサイズ、そして RandomHorizontalFlip を行います。

　ViT モデルは教師ラベルを Label Smoothing[注8] でソフトラベル（soft label）[注9] に変換する他、以下のような設定で学習を行います。

- エポック数：300
- バッチサイズ：512
- 最適化手法：AdamW
- Weight decay[注10]：0.05
- 初期学習率：0.0005

注6　数字はパッチのサイズ（4×4）を表しています。T と S は Tiny と Small モデルを表し、それぞれモデルサイズが異なります。具体的には ViT-4T は層数：12、ヘッド数：3、埋め込みの次元数：192、ViT-4S は層数：12、ヘッド数：6、埋め込みの次元数：384 です。また、両モデルで Stochastic Depth[Huang16] を 0.1 に設定しました。こちらのモデルは CIFAR-10、CIFAR-100 をフルスクラッチ学習する場合のみ用いました。

注7　数字はパッチサイズ（16×16）を表しています。こちらのモデルは全データセットで用いました。

注8　正解のクラス値を少し割り引き、減らした値をすべてのクラスに均等に分割する正則化手法です。

注9　例えば、教師ラベルが [0, 0, 1, 0] のような One-hot ベクトルなのに対し、ソフトラベルは [0.1, 0.2, 0.6, 0.1] のような割合で示したものです。

注10　過学習を防ぐために重みを減衰する手法です。

- 最大学習率

    ViT-16T：$0.0005 \times$ バッチサイズ $\times 1/512$

    ViT-16S：$0.0005 \times$ バッチサイズ $\times 1/256$

- cosine decay（学習率スケジューリング）
- Warmup epochs：5（学習初期は線形に学習率を増加させ、5エポック以降は徐々に学習率を減少させる）

図3.6にViT-16Sの学習率の推移を示します。

図3.5：ViTの転移学習の方法。この例ではImageNet-1kで事前学習してCIFAR-10に転移学習している

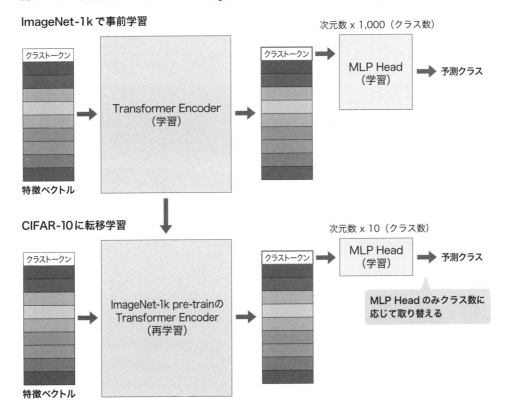

図3.6：ViT-16S の学習率の推移

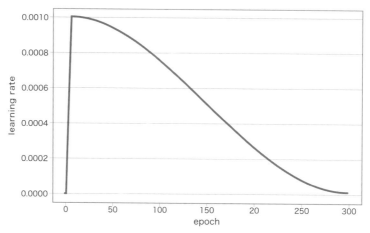

3-4 ┃ 既存手法との比較

　ViT と既存手法との精度比較の結果を表3.2 に示します。以下ではデータセットごとに解説します。

▌ 3-4-1　CIFAR-10 における比較

　まず、CIFAR-10 では、ResNet モデルの認識精度は ResNet-50 と ResNet-101 ともに約94.0%であることがわかります。対照的に、ViT-4T と ViT-4S の認識精度はそれぞれ82.2%、80.5%を示し、ResNet モデルより13pt ほど低いことがわかります。ViT-16T と ViT-16S の認識精度はそれぞれ67.2%、64.3%を示し、パッチサイズを大きくすると性能低下を招いていることがわかります。これは、CIFAR-10 の画像サイズが 32×32 であることが影響していると考えられます。16×16 で分割するとパッチ数は4、4×4 で分割するとパッチ数は64となり、16倍もパッチ数が異なります。そのため、画像サイズの小さいデータセットを大きなパッチで分割すると、画像特徴を過度に失い、性能低下を招いたのではないかと考えられます。ImageNet-1k やFractalDB-1k で事前学習した各 ViT モデルを CIFAR-10 に転移学習すると、ImageNet-1k で認識精度は約96.0%、FractalDB-1k は約95.0%を示し、フルスクラッチで学習したモデルより15ptほど性能向上していることがわかります。これは、これらのデータセットで事前学習することで、良い画像特徴量を抽出するモデルになったためと考えられます。

3-4-2 CIFAR-100 における比較

次に、CIFAR-100では、ResNetモデルの認識精度はResNet-50とResNet-101ともに約75.0%を示し、ViT-4Tは50.9%、ViT-4Sは42.6%であることがわかります。ViT-16TとViT-16Sで認識精度はそれぞれ35.9%、34.0%を示し、CIFAR-10と同様に性能低下していることがわかります。これはCIFAR-100の画像サイズ32×32であり、CIFAR-10同様に画像特徴を過度に失ったためと考えられます。ImageNet-1kで事前学習したモデルをCIFAR-100に転移学習すると、Tinyモデルで認識精度は81.9%、Smallモデルでは84.4%です。FractalDB-1kで事前学習したViTモデルでは、Tinyモデルで認識精度は77.6%、Smallモデルで78.1%です。どちらのモデルもフルスクラッチで学習するより大幅に性能向上していることがわかります。こちらもCIFAR-10と同様の理由で性能が向上したと考えられます。

3-4-3 ImageNet-1k における比較

ImageNet-1kでは、ResNet-50とResNet-101の認識精度はそれぞれ76.2%、77.3%を示し、ViT-16Sは70.8%、とViT-16Sは68.9%であることがわかります。FractalDB-1kで事前学習したViTモデルをImageNet-1kに転移学習すると、ViT-16Tの認識精度は69.3%、ViT-16Sは68.9%です。前述の通り、CIFAR-10、CIFAR-100をフルスクラッチ学習した場合、ViTモデルはResNetモデルの性能に及びませんでした。しかし、ImageNet-1kやFractalDB-1kで事前学習して転移学習すると、フルスクラッチ学習したResNetモデルの性能を上回ることができます。ところがImageNet-1kの場合、ViTモデルのフルスクラッチ学習と転移学習のどちらもResNetモデルの性能には及びません。原論文でも示されているように、ViTは帰納バイアスが弱く生じ、データ数が膨大でないと性能が上がりません。そのため、知識の蒸留[Touvron21]や畳み込み[Wu21]を組み合わせるなどの方法が提案されています。詳しくは6章で紹介します。

表3.2：ImageNet-1kにおける各手法の精度比較（単位は%）。左からデータセット、事前学習に使用したデータセット、各ResNetモデル、各ViTモデルを表す

Dataset	Pre-train	ResNet-50	ResNet-101	ViT-4T	ViT-4S	ViT-16T	ViT-16S
CIFAR-10	—	94.2	94.3	82.2	80.5	67.2	64.3
	ImageNet-1k	—	—	—	—	96.1	96.8
	FractalDB-1k	—	—	—	—	94.6	95.6
CIFAR-100	—	75.0	74.7	50.9	42.6	35.9	34.0
	ImageNet-1k	—	—	—	—	81.9	84.4
	FractalDB-1k	—	—	—	—	77.6	78.1
ImageNet-1k	—	76.2	77.3	—	—	70.8	68.9
	FractalDB-1k	—	—	—	—	69.3	68.9

3-5 | データ拡張における比較

　ViT の認識性能を高くするには、膨大な画像とラベルを保有するデータセット [Sun17] で学習する必要があります。しかし、前節で述べたように、このようなデータセットは著作権や倫理的な問題を含んでいるため、公開されていません。そこで、**DeiT**（**Data-efficient Image Transformers**）[Touvron21] では疑似的にデータをかさ増しすることで学習用データ数を補う**データ拡張**（**Data Augmentation**）を採用しています。DeiT の提案以降の文献は、DeiT で設定されたデータ拡張をデファクトスタンダードに用いています。本節では、DeiT で設定されたデータ拡張を用いて、ViT-16T モデルにおけるデータ拡張の効果を評価します。

　本節で用いるデータ拡張を以下に挙げます。まず、学習データを自動最適化させるデータ拡張を 2 つ紹介します。

- **AutoAugment**[Cubuk19]：回転・反転・色変換などの画像変換の種類とその強度を学習中に自動最適化させるデータ拡張。強化学習で最適なデータ拡張を選択する方法を採用している[注11]。実験では、ImageNet-1k 用に最適化されたデータ拡張を用いる
- **RandAugment**[Cubuk20]：ランダムにいくつかのデータ拡張を選択するデータ拡張。選択するデータ拡張数を K（K = 14）、選択したデータ拡張の強度を M（Magnitudes）として、最適な K と M の組み合わせをグリッドサーチで見つける。実験では、ImageNet-1k 用に最適化されたデータ拡張を用いる

　次に、コンピュータビジョン分野で一般的に用いられている 6 つのデータ拡張方法を以下に挙げます。図 3.7 はこれらのデータ拡張のサンプル例です。

- **RandomResizedCrop**：画像をランダムに切り抜いた後に 224×224 の画像にリサイズする
- **RandomHorizontalFlip**：画像をランダムに左右反転する。実験では、ランダムに左右反転させる確率を 50% とする
- **ColorJitter**：ランダムに明るさ、コントラスト、彩度、色相を変化させる。実験では、使用確率を 40% とする
- **Random Erasing**[Zhong20]：ランダムに選択した領域を除去する。実験では、使用確率を 25% とする
- **Mixup**[Zhang18]：2 つの画像データと教師ラベルを mix して新たな学習サンプルを作成するデータ拡張。mix する割合をベータ分布の alpha 値で決定し、実験では

注11　最適なデータ拡張となるパラメータを探索するコストが非常に大きいことが欠点です（NVIDIA Tesla P100 で、1 台あたり 15,000 時間の計算コストがかかります）。

alpha 値を 0.8 とする

- **CutMix**[Yun19]：入力画像の一部を mix させる対象に置換させて学習サンプルを作成するデータ拡張。mix する割合をベータ分布の alpha 値で決定し、実験では alpha 値を 1.0 とする

　Mixup と CutMix は、2つの画像の間に位置するような画像を補うことで、決定境界が滑らかになるため、汎化性能が向上すると考えられています。

図3.7：異なるデータ拡張の例。Mixup と CutMix は Alpha Blending^{注12} によって、新しい画像とラベルのペアを生成する

入力画像：Cat

RandomResizedCrop
画像をランダムに切り抜き、リサイズ

RandomHorizontalFlip
画像をランダム左右反転

ColorJitter
画像をランダムに彩度や明るさ、コントラストを変化

Mixさせる対象：Dog

Random Erasing
ランダムに選択した領域を除去

Mixup
Cat:0.6, Dog:0.4
2つの画像と教師ラベルを mix し新たな学習サンプルを作成

CutMix
Cat:0.6, Dog:0.4
画像の一部を mix させる対象に置換させ学習サンプルを作成

　表3.3 に ImageNet-1k を用いた ViT-16T モデルにおける異なるデータ拡張の精度結果を示します。一般的に ImageNet-1k の学習では、RandomResizedCrop と RandomHorizontalFlip が用いられるため、すべての実験でこの2つのデータ拡張を適用しています。モデルには ViT-16T を使用し、表3.2 で示した `RandomResizedCrop` と `RandomHorizontalFlip` のみを使用した70.8%の精度をベースラインとして比較します。

　表3.3 を見ると、AutoAugment と RandAugment を使用せず、すべてのデータ拡張を用いた

注12 2つの画像を重ね合わせ、各画素に設定された透過度（alpha 値）に基づいて合成することです。

場合の認識精度は 71.8% です。ベースラインと比較して 1.0pt の精度向上が見られることから、データ拡張は効果的であることがわかります。その中で最も認識精度に貢献しているのが CutMix です。CutMix を用いないときの認識精度は 71.0% を示し、すべてのデータ拡張を用いたときと比較して 0.8pt の精度低下が確認できます。

　AutoAugment を用いる場合、すべてのデータ拡張を含めると、認識精度は本実験で最も高い 73.8% を示し、ベースラインと比較して 3.0pt の精度向上が見られます。AutoAugment を用いた場合においても、CutMix を使わない場合には認識性能が 71.8% と 2.0pt の精度低下が確認できます。

　RandAugment を用いる場合、すべてのデータ拡張を含めると認識精度は 72.3% を示し、ベースラインと比較して 1.5pt の精度向上が見られます。AutoAugment と RandAugment で比較すると、多くの条件において AutoAugment を用いた場合の認識精度が約 1.0pt 高いことから、ViT-16T モデルでは AutoAugment との相性が良いと言えます。また、RandAugment においても、CutMix を使わないときの認識性能は 71.4% を示し、0.9pt の精度低下が確認できます。このことから、ViT-16T モデルは CutMix によりモデルの汎化性能を向上させていると考えられます。上記の通り ViT には CutMix が重要であると考えられますが、ViT が入力画像を固定パッチに分解するときに、2 つの画像が mix された領域を含むパッチが作成され、ノイズとして学習を妨げる可能性があります。そのため、パッチ内に 2 つの画像の mix 領域を含めない MixToken [Jiang21] という方法が提案されています。図 3.8 に CutMix と MixToken の違いを示します。

　Random Erasing を用いない場合、AutoAugment と RandAugment を用いた条件のそれぞれで、すべてのデータ拡張を含めた条件と比較して認識精度が同程度または向上していることがわかります。これは、Random Erasing が認識に重要となる物体の位置をマスクして、学習プロセスにノイズを発生させたためではないかと考えられます。ViT は入力画像を固定パッチに分解する際、Random Erasing によってパッチ内にマスクと画像が混在、またはパッチそのものがマスクされます。その結果、Random Erasing を使うことでモデルの性能低下を招いたのではないかと考えられます。

表3.3：ImageNet-1k を用いた ViT-16T における異なるデータ拡張の精度比較（単位は%）。チェックマークとハイフンはそれぞれデータ拡張の有無を表す

with AutoAugment/ RandAugment	Random Resized Crop	Random Horizontal Flip	Mixup	CutMix	Color Jitter	Random Erasing	ViT-16T
	✓	✓	—	—	—	—	70.8
	✓	✓	✓	✓	✓	✓	71.8
—	✓	✓	—	✓	✓	✓	71.5
	✓	✓	✓	—	✓	✓	71.0
	✓	✓	✓	✓	—	✓	71.6
	✓	✓	✓	✓	✓	—	71.8
	✓	✓	✓	✓	✓	✓	73.8
	✓	✓	—	✓	✓	✓	73.1
AutoAugment	✓	✓	✓	—	✓	✓	71.8
	✓	✓	✓	✓	—	✓	73.2
	✓	✓	✓	✓	✓	—	73.0
	✓	✓	✓	✓	✓	✓	72.3
	✓	✓	—	✓	✓	✓	72.3
RandAugment	✓	✓	✓	—	✓	✓	71.4
	✓	✓	✓	✓	—	✓	72.3
	✓	✓	✓	✓	✓	—	72.6

図3.8：CutMix（左）と MixToken（右）の比較（[Jiang21] より引用）

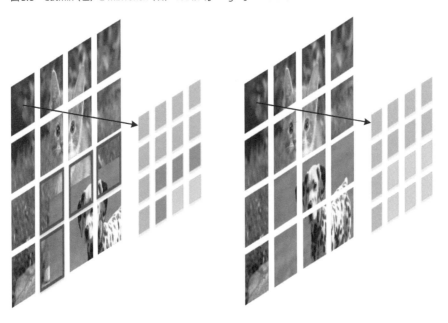

3-6 | 位置埋め込みの可視化

　ViT では、**位置埋め込み**（**Positional Embedding**）と呼ばれる学習可能なパラメータを位置情報として各パッチ特徴量に付与します。では、学習後の埋め込みは、学習に用いたデータセットによってどのような違いがあるでしょうか。本節では、学習後の位置埋め込みを可視化して比較することで、データセットによる傾向を調査します。

　位置埋め込みはパッチ間のコサイン類似度を求めることで可視化できます。具体的には、パッチは 2 × 2 以上の行と列をなしており、ある行と列のパッチの位置埋め込みと、他すべてのパッチの位置埋め込み間のコサイン類似度を計算します。これはつまり、異なるパッチ間の位置埋め込みがどれだけ似ているかを表し、類似度が高いほど異なるパッチ同士が近い距離にあることを意味します。位置埋め込みの可視化のためのプログラムは以下のようになります。

ch3/position_embedding.py

```python
# 必要なモジュールをインポート
import math
import matplotlib.pyplot as plt
import torch
import torch.nn.functional as F
# ViTモデルを読み込む
model = ViT_model
# 学習済みモデルを読み込む
checkpoint = torch.load('/path/to/pre-trained.pth')
checkpoint_model = checkpoint['model']
model.load_state_dict(checkpoint_model)
# モデルから位置埋め込みを読み込む
# N:パッチ数+クラストークン、D:次元数
pos_embed = model.state_dict()['pos_embed'] # shape:(1, N, D)
H_and_W = int(math.sqrt(pos_embed.shape[1]-1)) # クラストークン分を引いて平方根をとる
# パッチ間のコサイン類似度を求め可視化
fig = plt.figure(figsize=(10, 10))
for i in range(1, pos_embed.shape[1]):
    sim = F.cosine_similarity(pos_embed[0, i:i+1], pos_embed[0, 1:], dim=1)
    sim = sim.reshape((H_and_W, H_and_W)).detach().cpu().numpy()
    ax = fig.add_subplot(H_and_W, H_and_W, i)
    ax.imshow(sim)
plt.savefig("./position_embedding.pdf")
```

　位置埋め込みを可視化した結果を図3.9に示します（図3.9と同じ画像を以下にアップしています。https://github.com/ghmagazine/vit_book/blob/main/ch3/position_embedding.png）。各モデルに位置埋め込みは14 × 14個あり、ひとつひとつがパッチの位置する場所を表します。左上のパッチであれば左上のパッチとそれ以外のパッチとのコサイン類似度の結果、中央のパッ

チであれば中央のパッチとそれ以外のパッチとのコサイン類似度の結果を表します。また、自身のパッチ間でコサイン類似度の計算も行うため，基準とする自身のパッチ位置の類似度は必ず1（明るく）となります。図3.9より明るい部分が多いほど、周辺のパッチと近い距離感にあることを示しています。反対に、薄暗い部分が多いほど、周囲のパッチと距離感があることを示しています。つまり、明るい部分が小さくはっきりしているほど位置を正確に表していることを示しています。結果を見ると、同じ行と列にあるパッチは類似した位置情報が埋め込まれていることがわかります。ImageNet-1kとFractalDB-1kをフルスクラッチ学習した場合、ViT-16Tでは、各マスの全体がぼやっと明るくなっていることから、大まかな位置情報を捉えていることがわかります。対照的にViT-16Sでは、ImageNet-1kでは各マスで細かな位置情報を捉えていることがわかりますが、FractalDB-1kではViT-16Tと大きな変化は見られません。では、FractalDB-1kで事前学習してImageNet-1kに転移学習した場合の位置埋め込みを見てみます。ViT-16TとViT-16Sともにフルスクラッチ学習した場合と比べて、より細かな位置情報を捉えていることがわかります。約128万枚とデータ数が少ないImageNet-1kのみで学習すると大まかな位置情報を、FractalDB-1kとImageNet-1kで合計200万枚の画像数で学習すると、細かな位置情報を捉えていることから、学習された位置埋め込みのパターンがデータセットごとや学習方法によって異なることがわかります。また、モデルによっても違いが出ることがわかります[注13]。

図3.9：位置埋め込みの可視化。左からImageNet-1kで学習、FractalDB-1kで学習、FractalDB-1kで事前学習してImageNet-1kに転移学習した場合の各ViTモデルの位置埋め込みの可視化結果

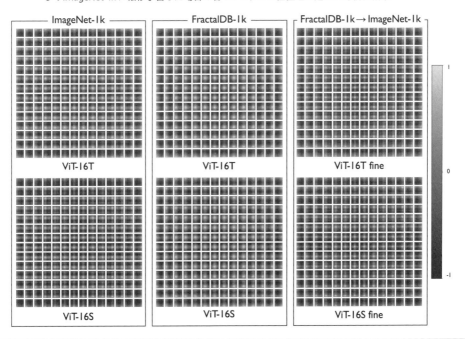

注13　ちなみに、原論文でもデータ数やモデルの違いによって位置埋め込みが異なり、本実験と似たような傾向がみられています。

3-7 | ViT における判断根拠の可視化

　ViT には Self-Attention と呼ばれるパッチ間の対応関係を獲得する機構があるため、Self-Attention を活用して ViT が画像のどのパッチに注目してクラス識別を行ったか、つまり判断根拠（Attention Map）を示すことができます。しかし、ブラックボックスモデルであり、ViT のような複数のヘッド（head）を持つモデルの判断根拠の可視化は難しく、そもそも何を判断根拠とするかについてはさまざまな議論があります [Jain19]。本章では、判断根拠の可視化を取り上げるにあたって、入力から得られる Attention Weight のみから可視化する Attention Rollout と、Attention Rollout の問題点を改善しモデルの予測値に対する勾配を利用する Transformer Explainability の 2 つを取り上げます。

　ViT は Attention Map を可視化するために、Self-Attention のクエリとキー間のベクトルを内積計算して得られる Attention Weight を利用します。この内積計算は、それぞれのベクトル全体で計算し、ソフトマックス関数を用いるため、Attention Weight は 1 つ（少数）のみのピークを持ちます。その結果、小さな関係性がつぶれてなくなり、ネットワーク全体の表現力が落ちてしまう可能性があります。そのピークが複数あればネットワークの表現力向上につながる可能性があることから、複数の Self-Attention（Multi-Head Attention）で Attention Weight を求めています。これにより、1 つのネットワークだけでアンサンブル効果を期待できます。$\{\mathbf{x}_n\}_{n=1}^{N+1}$ をクラストークンを含む各パッチ特徴量として、クエリとキーを以下のように求めます。

$$Q_h = \phi_q(\{\mathbf{x}_n\}_{n=1}^{N+1}) \in \mathbb{R}^{(N+1)\times d}$$
$$K_h = \phi_k(\{\mathbf{x}_n\}_{n=1}^{N+1}) \in \mathbb{R}^{(N+1)\times d}$$

　ここで、N はパッチ数、d はクエリの次元数、h はヘッドのインデックス、$\phi.(\cdot)$ は全結合層、クエリとキーのベクトルをそれぞれひとまとまりの行列として Q, K と表します。クエリとキー間の内積をクエリの次元数で正規化し、その値をソフトマックス関数に入力して、ヘッドの Attention Weight $A_h \in \mathbb{R}^{(N+1)\times(N+1)}$ を算出します。

$$A_h = \mathrm{Softmax}(\frac{Q_h K_h^{\mathrm{T}}}{\sqrt{d}})$$

　この A_h について、ヘッドごとかつ層ごとに算出すると、Attention Weight $\mathbf{A} = \{\{A_h^1\}_{h=1}^{H}, \ldots, \{A_h^b\}_{h=1}^{H}\}$（$b$ は層のインデックス）が求まります。この Attention Weight を用いて Attention Map を可視化する代表的な方法に **Attention Rollout**[Abnar20] があります。Attention Rollout による Attention Map の可視化方法の概略図を図 3.10 に示し、この図にそって解説していきます。

図3.10：Attention RolloutによるAttention Map（注意重み）の可視化方法の概略図

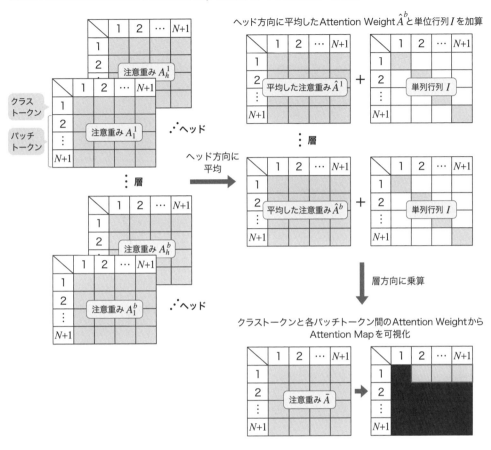

Attention Rolloutでは、最初にヘッドごとのAttention Weightを平均します。

$$\hat{A}^b = \frac{1}{H} \sum_{h=1}^{H} A_h^b$$

続いて、単位行列 $I \in \mathbb{R}^{(N+1) \times (N+1)}$ を $\hat{A}^b$ と加算した後、層ごとに乗算します。

$$\hat{A}^b = \hat{A}^b + I$$
$$\bar{A} = \prod_b \hat{A}^b$$

Attention Rolloutで得た全体のAttention Weight $\bar{A}$ はクラストークンを含むパッチ数 $(N+1) \times (N+1)$ の行列になっています。この行列から、クラストークンと各パッチトーク

ン間との Attention Weight をマップ化したものが Attention Map です。Attention Rollout をプログラム化すると以下のようになります。

ch3/attention_rollout.py

```python
# 必要なモジュールをインポート
import cv2
import numpy as np
import matplotlib.pyplot as plt
import torch
from PIL import Image

# Attention Weightを取得するための関数
def extract(pre_model, target, inputs):
    feature = None
    def forward_hook(module, inputs, outputs):
        # 順伝搬の出力を features というグローバル変数に記録する
        global blocks
        blocks = outputs.detach()
    # コールバック関数を登録する
    handle = target.register_forward_hook(forward_hook)
    # 推論する
    pre_model.eval()
    pre_model(inputs)
    # コールバック関数を解除する
    handle.remove()
    return blocks


# ViTモデルを読み込む
model = ViT_model
# 学習済みモデルを読み込む
checkpoint = torch.load('/path/to/pre-trained.pth')
checkpoint_model = checkpoint['model']
model.load_state_dict(checkpoint_model)
# ブロックごと(Transformer Encoderのlayer)のAttention Weightを取得
# L:層数, H:ヘッド数、N:パッチ数+クラストークン
attention_weight = []

# 画像をリサイズしてセンタークロップ
normalize = transforms.Normalize(mean=[0.485, 0.456, 0.406], std=[0.229, 0.224, 0.225])
transform = transforms.Compose([
    transforms.Resize(256),
    transforms.CenterCrop(224),
    transforms.ToTensor(),
    normalize,
])
# 画像ファイルを読み込み
image = Image.open('/path/to/image')
```

```
x = transform(image) # shape :(1, 3, 224, 224)

for i in range(len(model.blocks)):
    target_module = model.blocks[i].attn.attn_drop
    features = extract(model, target_module, x) # shape: (1, H, N, N)
    attention_weight.append([features.to('cpu').detach().numpy().copy()])
attention_weight = np.squeeze(np.concatenate(attention_weight), axis=1) # shape: (L, H, N, N)
# ヘッド方向に平均
mean_head = np.mean(attention_weight, axis=1) # shape: (L, N, N)
# NxNの単位行列を加算
mean_head = mean_head + np.eye(mean_head.shape[1])
# 正規化
mean_head = mean_head / mean_head.sum(axis=(1, 2))[:, np.newaxis, np.newaxis]
# 層方向に乗算
v = mean_head[-1]
for n in range(1, len(mean_head)):
    v = np.matmul(v, mean_head[-1 - n])
# クラストークンと各パッチトークン間とのAttention Weightから、
# 入力画像サイズまで正規化しながらリサイズしてAttention Mapを生成
mask = v[0, 1:].reshape(14, 14)
attention_map = cv2.resize(mask / mask.max(), (ori_img.shape[2], ori_img.shape[3]))[..., ↗
np.newaxis]

# Attention Mapを表示
plt.imshow(attention_map)
plt.savefig('./attention_rollout.pdf')
```

　Attention Rollout を用いて各学習方法に ViT の Attention Map を可視化した結果を図3.11 に示します。まず、ラベル Oystercatcher の Attention Map は全モデルで認識物体に注視していることがわかります。また、全モデルのクラスの信頼度は約99.9%と高い信頼度で推論していることがわかります。次に、ラベル Irish terrier の Attention Map も全モデルで認識物体に注視していることがわかります。しかし、各モデルのクラスの信頼度を見ると、ViT-16T は誤分類していることがわかります。Lakeland terrier と Saluki ともに大きな括りでは「犬」で、Top-1 と Top-2 の信頼度に差があまりないことから、このモデルではクラスの判断が難しいと言えます。最後に、ラベル Bookshop の Attention Map では、全モデルのクラスの信頼度としては Persian cat が最も高いのですが、誤分類していることがわかります。ImageNet-1k フルスクラッチ学習の ViT-16T と FractalDB-1k 事前学習の ViT-16S の Attention Map は、前方の猫に注視して、かつ推論したクラスの信頼度も高いことがわかります。一方で、残り2つのモデルの Attention Map は猫に注視しておらず、推論したクラスの信頼度もそこまで高くないことがわかります。このように、画像に正解となり得るラベルが複数あるような曖昧なデータでは、誤識別が発生し、誤識別した物体にモデルが注視する傾向があるとわかります。実際、我々人間が教師ラベル Bookshop のこの画像を見ても猫が写っていると判断するでしょう。モデルが誤識別する

理由は、ImageNet-1kにこのようなデータが複数あるうえ、完全なデータとラベルが付与されておらず、ノイズを含んで学習するためだと考えられます。実際に、ImageNet-1kには検証データに約6%のノイズが含まれていることが知られています [Northcutt21]。このような画像に含まれる曖昧なラベルを学習するために、自然言語に含まれる表現から画像表現を学習する自然言語とコンピュータビジョンをクロスモーダルしたCLIP[Radford21]が提案されています。CLIPの詳細は5章で紹介しています。

図3.11：Attention Rolloutによる可視化結果。左から入力画像、ImageNet-1kをフルスクラッチ学習したViTのAttention Map、FractalDB-1kで事前学習してImageNet-1kに転移学習したViTのAttention Map。各Attention Mapの下にはモデルが推論したクラスの信頼度（%）とクラスラベルをTop-3まで示している

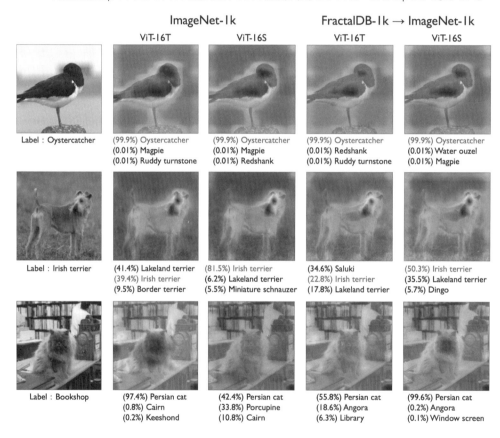

Attention Rolloutにより、認識物体に注視するようなAttention Mapが得られていることがわかりました。一方で、この方法はAttention Weightをヘッド方向に平均して層方向に乗算することで、認識物体と関係のないパッチが強調されることがあります。図3.11を例に挙げると、各可視化結果の角（四隅）に強調されたAttention Mapが確認できます。また、画像内に複数の物体が映る条件では、異なるクラスを強調するAttention Mapを得ることができません。

Transformer Explainability[Chefer21] では、Grad-CAM[Selvaraju17] のようにモデルの予測値に対する勾配を求め、Attention Weight に重み付けすることで、上記の問題を解決しています。Transformer Explainability をプログラム化すると以下のようになります[注14]。ここでは、ViT-16Tモデルを例にしています。

ch3/transformer_explainability.py

```python
# 必要なモジュールをインポート
import cv2
import numpy as np
from PIL import Image
import matplotlib.pyplot as plt
import torch
import torchvision.transforms as transforms
from baselines.ViT.ViT_LRP import vit_tiny_16_224 as vit_LRP
from baselines.ViT.ViT_explanation_generator import LRP_VIS

# 画像上のマスクからヒートマップを作成
def show_cam_on_image(img, mask):
    heatmap = cv2.applyColorMap(np.uint8(255 * mask), cv2.COLORMAP_JET)
    heatmap = np.float32(heatmap) / 255
    cam = heatmap + np.float32(img)
    cam = cam / np.max(cam)
    return cam

# ViTモデルを読み込む
model = vit_LRP('/path/to/pre-trained.pth')
model.eval()
# モデルの勾配を求める
attribution_generator = LRP_VIS(model)

# Attention Weightを取得するための関数
def generate_visualization(original_image, class_index=None):
    # モデルの勾配とAttention RolloutからAttention Weightを求める
    # N:パッチ数 (196)
    transformer_attribution = attribution_generator.generate_LRP(original_image.unsqueeze(0).
cuda(), method="transformer_attribution", index=class_index).detach()  # shape: (1, N)
    # 14x14にリサイズしてバイリニア補間しながらAttention Mapを可視化
    transformer_attribution = transformer_attribution.reshape(1, 1, 14, 14)
    transformer_attribution = torch.nn.functional.interpolate(transformer_attribution, scale_↗
factor=16, mode='bilinear')
    transformer_attribution = transformer_attribution.reshape(224, 224).cuda().data.cpu().↗
numpy()
    transformer_attribution = (transformer_attribution - transformer_attribution.min()) / ↗
(transformer_attribution.max() - transformer_attribution.min())
```

注14 https://github.com/hila-chefer/Transformer-Explainability

```
    image_transformer_attribution = original_image.permute(1, 2, 0).data.cpu().numpy()
    image_transformer_attribution = (image_transformer_attribution - image_transformer_⏎
attribution.min()) / (image_transformer_attribution.max() - image_transformer_attribution.min())
    vis = show_cam_on_image(image_transformer_attribution, transformer_attribution)
    vis = np.uint8(255 * vis)
    vis = cv2.cvtColor(np.array(vis), cv2.COLOR_RGB2BGR)
    return vis


# 画像をリサイズしてセンタークロップ
transform = transforms.Compose([transforms.Resize(256), transforms.CenterCrop(224), transforms.⏎
ToTensor()])
# 画像ファイルを読み込み、猫と犬のAttention Mapを可視化
image = Image.open('/path/to/image')
dog_cat_image = transform(image)
# 予測クラス:'Tiger cat' (クラス番号: 282)
cat = generate_visualization(dog_cat_image)
# class_indexを変えることで、任意の対象クラスのAttention Mapを可視化可能
# 'Bull mastiff' (クラス番号: 243)のAttention Mapを可視化したい場合には、class_indexを243にする
dog = generate_visualization(dog_cat_image, class_index=243)
```

　Attention Rollout と Transformer Explainability を用いて、各学習方法に Attention Map を可視化した結果を図3.12に示します。図3.12を確認すると、Attention Rollout では異なるクラスを強調する Attention Map を得ることができていません。Transformer Explainability を用いると、勾配計算に用いるクラスによって各モデルが異なる対象を強調する Attention Map を得ていることがわかります。

図3.12：Transformer Explainability と Attention Rollout による可視化結果の例。画像ごとに2つの異なるクラスの結果を示す。(a) は Bull mastiff と Tiger cat の可視化結果例、(b) は Tusker と Zebra の可視化結果例。(a)(b) とも上2段が ImageNet を用いてフルスクラッチ学習した ViT の Attention Map、下2段が FractalDB-1k で事前学習した ViT の Attention Map

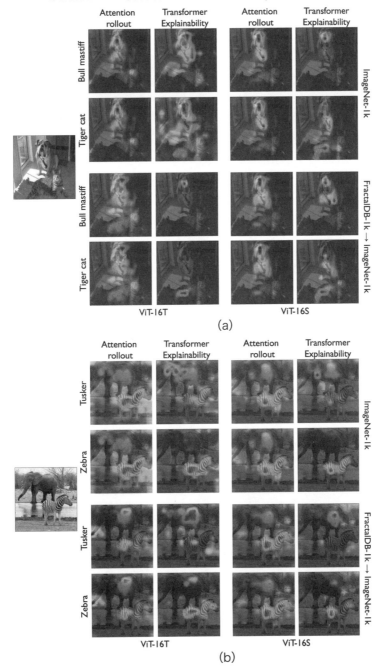

3-8 | ViTが捉えているモノ

　CNNやTransformerは何を頼りに画像を認識しているのでしょうか。これらの疑問について多数の研究がされている中、CNNは画像の局所的（ローカル）な特徴、具体的には物体のテクスチャを頼りに画像認識していること[Baker18, Geirhos19]、反対にTransformerが画像の大域的（グローバル）な特徴、具体的には物体の形状を頼りに画像認識していること[Tuli21]が判明しています。これを表す簡単な例を図3.13に示します。

　(a)のサンプルは猫の画像に象のテクスチャを変換したサンプル、(b)のサンプルは車の画像にボトルのテクスチャを変換したサンプルです。私たち人間は(a)や(b)のサンプルを見て、「何か模様のようなものが見えているけど、猫や車の画像かな？」と認識できるでしょう。これは私達が物体の形状を捉えて認識しているためです。これらのサンプルをCNNに見せると、それぞれ象、ボトルと認識します。これはCNNが物体のテクスチャを頼りに画像認識していることが考えられます。一方で、Transformerは人間のように物体の形状を頼りに猫や車と認識します。

　CNN、Transformer、人が、何を頼りに画像の認識を行ったかを調査した結果を図3.14に示します。図3.14の縦軸は異なる物体カテゴリを示し、上の横軸は形状を頼りにモデルが判断した割合、下の横軸はテクスチャを頼りにモデルが判断した割合を示しています。各モデルはひし形や三角形で表現され、縦軸にまたがる線は各モデルが形状またはテクスチャを判断した割合の平均を示しています。各点が左側に寄っているモデルほど、形状を頼りに認識していることを表しています。図3.14を見ると、人間は形状を頼りに物体を認識していることがわかります。Transformerベースのモデルの縦軸にまたがる線が形状を判断した割合の半分を超えることから、人間と同じく形状を頼りに物体を認識していることがわかります。反対にCNNベースのモデルはテクスチャを頼りに物体を認識していることがわかります。

図3.13：画像に映る物体のテクスチャを変換した画像サンプル例。(a)は猫の画像に象のテクスチャを変換、(b)は車の画像にボトルのテクスチャを変換させた例。テクスチャ変換にStyle Transfer Network[Gatys16]を利用

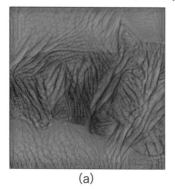

(a)　　　　　　　　　　　　(b)

図3.14：異なる物体カテゴリの認識に対する各モデルの形状、またはテクスチャベースの判断の割合。文献 [Tuli21] より引用

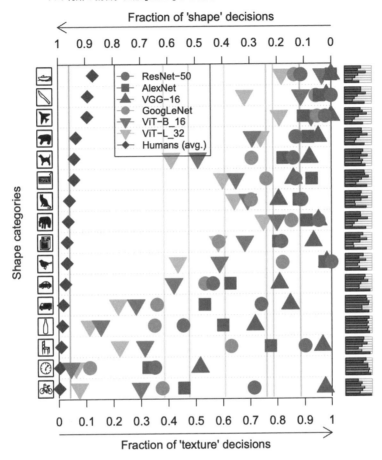

参考文献

[Abnar20] Samira Abnar, Willem Zuidema "Quantifying Attention Flow in Transformers" ACL, pages 4190-4197, 2020.

[Baker18] Nicholas Baker, Hongjing Lu, et al. "Deep convolutional networks do not classify based on global object shape" PLoS computational biology, 2018.

[Chefer21] Hila Chefer, Shir Gur, Lior Wolf "Transformer Interpretability Beyond Attention Visualization" CVPR, pages 782-791, 2021.

[Cubuk19] Ekin D. Cubuk, Barret Zoph, et al. "AutoAugment: Learning Augmentation Policies from Data" CVPR, pages 113-123, 2019.

[Cubuk20] Ekin D. Cubuk, Barret Zoph, et al. "RandAugment: Practical automated data augmentation with a reduced search space" CVPR , 2020.

[Deng09] Jia Deng, Wei Dong, et al. "ImageNet: A large-scale image database" CVPR, pages 248-255, 2009.

[Geirhos19] Robert Geirhos, Patricia Rubisch, et al. "ImageNet-trained CNNs are biased towards texture;

increasing shape bias improves accuracy and robustness" ICLR, 2019.

[Gatys16] Leon A. Gatys, Alexander S. Ecker, Matthias Bethge "Image Style Transfer Using Convolutional Neural Networks" CVPR, pages 2414-2423, 2016.

[He16] Kaiming He, Xiangyu Zhang, et al. "Deep Residual Learning for Image Recognition" CVPR, pages 770-778, 2016.

[Huang16] Gao Huang, Yu Sun, et al. "Deep Networks with Stochastic Depth" ECCV, pages 646-661, 2016.

[Jain19] Sarthak Jain, Byron C. Wallace "Attention is not Explanation" NAACL, 2019.

[Jiang21] Zihang Jiang, Qibin Hou, et al. "All Tokens Matter: Token Labeling for Training Better Vision Transformers" NeurIPS, 2021.

[Liu21] Ze Liu, Yutong Lin, et al. "Swin Transformer: Hierarchical Vision Transformer Using Shifted Windows" ICCV, pages 10012-10022, 2021.

[Northcutt21] Curtis G Northcutt, Anish Athalye, Jonas Mueller "Pervasive Label Errors in Test Sets Destabilize Machine Learning Benchmarks" NeurIPS, 2021.

[Kataoka20] Hirokatsu Kataoka, Kazushige Okayasu, et al. "Pre-training without Natural Images" ACCV, 2020.

[Krizhevsky09] Alex Krizhevsky "Learning multiple layers of features from tiny images" Technical report, 2009.

[Radford21] Alec Radford, Jong Wook Kim, et al. "Learning transferable visual models from natural language supervision" ICML, pages 8748-8763, 2021.

[Selvaraju17] Ramprasaath R. Selvaraju, Michael Cogswell, et al. "Grad-CAM: Visual Explanations From Deep Networks via Gradient-Based Localization" ICCV, pages 618-626, 2017.

[Sun17] Chen Sun, Abhinav Shrivastava, et al. "Revisiting Unreasonable Effectiveness of Data in Deep Learning Era" ICCV, pages 843-852, 2017.

[Touvron21] Hugo Touvron, Matthieu Cord, et al. "Training data-efficient image transformers & distillation through attention" ICML, pages 10347-10357, 2021.

[Tuli21] Shikhar Tuli, Ishita Dasgupta, et al. "Are Convolutional Neural Networks or Transformers more like human vision?" CogSci, 2021.

[Wu21] Haiping Wu, Bin Xiao, et al. "CvT: Introducing Convolutions to Vision Transformers" ICCV, pages 22-31, 2021.

[Yun19] Sangdoo Yun, Dongyoon Han, et al. "CutMix: Regularization Strategy to Train Strong Classifiers With Localizable Features" ICCV, pages 6023-6032, 2019.

[Zhang18] Hongyi Zhang, Moustapha Cisse, et al. "Cmixup: Beyond Empirical Risk Minimization" ICLR, 2018.

[Zhong20] Zhun Zhong, Liang Zheng, et al. "Random Erasing Data Augmentation" AAAI, 2020.

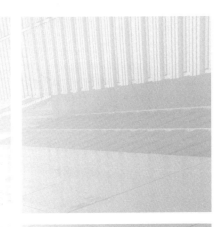

第 **4** 章

コンピュータビジョンタスクへの応用

コンピュータビジョンは AI（Artificial Intelligence）の一大分野となり、2022 年の執筆時点で、コンピュータビジョンのトップ会議である CVPR（IEEE/CVF Conference on Computer Vision and Pattern Recognition）が Nature Communications や Cell などを超えて学術雑誌の世界ランキング4位に位置付けられるなど、注目の研究分野です。

本章では、コンピュータビジョン分野で行われている研究のタスクと、各タスクへの Transformer の応用を紹介します。コンピュータビジョン分野やこの分野における Transformer の応用について、本章が網羅的な理解の助けとなれば幸いです。

邱玥（QIU YUE）

4-1 ┃ コンピュータビジョンのサブタスク

　コンピュータビジョンとは、コンピュータが画像、動画像、3次元データ（例：3次元点群データ）などの視覚情報をいかに適切に理解するかに関する研究分野です。近年のAI（Artificial Intelligence）関連技術の発展や社会的活用が進むにつれ、コンピュータビジョン分野にも注目が集まっています。

　また、コンピュータビジョンというのは、人間の目および視覚情報を処理する脳領域に相当する部分の研究分野でもあります。つまり、AI技術の最も基本かつ重要な分野であることを意味します。さらに、その基礎的な性質から、さまざまな実環境において重要な役割を果たします。例えば、家庭用ロボットや産業用ロボットの開発において鍵となるのは、自己ナビゲーションや環境の的確な認識であり、コンピュータビジョン技術がこれらの場面でコアな位置付けとなることは明らかです。他にも、自動運転システムや医療診断支援システム、介護ロボットなど、さまざまな場面でコンピュータビジョン関連技術が不可欠です。

　その重要性から、コンピュータビジョン関連の技術は長年さまざまな研究がされてきました。深層学習およびGPU（Graphics Processing Unit）が広く使われる以前のコンピュータビジョン分野では、2次元画像データを扱うHOG（Histogram of Oriented Gradients）[Navneet05] やSIFT（Scale-Invariant Feature Transform）[Lowe99]、3次元データを扱うVisual SLAM [Christian13][注1]、SfM（Structure from Motion）[Westoby12] などの研究が注目を浴びていました。2012年には、深層学習モデルのAlexNet[Krizhevsky12] が大規模画像データセットImageNet[Deng09] を対象とした画像認識のコンペティションILSVRCで優勝しました。これを機に深層学習ブームが始まり、深層学習を取り入れることでコンピュータビジョン分野も急劇な成長を遂げました。コンピュータビジョンの3つの主要な会議（CVPR、ICCV、ECCV）は、それぞれ数千以上の論文投稿数を越え、たくさんの研究者が集まる研究分野になりました。さらに、CVPRはNature CommunicationsやCellなどの伝統的な難関ジャーナルよりも高いIF（Impact Factor）を獲得し、2022年では世界で4番目の被引用数を数える出版物となりました。

注1　カメラで撮影した動画から、カメラの各々のフレームにおける自己位置推定と環境地図作成を同時に行う技術です。

4-2 | 画像認識への応用

4-2-1 画像認識とは

画像認識（Image Recognition）は、画像内に含まれる物体のクラス（種別）を推定するタスクです（図4.1）。通常は、一定枚数の画像で構成されるデータセットを対象に、物体クラスを推定する精度を競うのが画像認識タスクの主な評価基準です。最もシンプルなタスクとして、画像から犬か猫かといったクラスを推定する**2クラス分類**が挙げられます。一見簡単そうに見えるタスクですが、犬と猫の2クラスの場合であっても、さまざまな犬種や猫種があり、同じ種類でもたくさんの異なる個体が存在します。さらに、撮影する角度が変化すると、画像内に映るアピアランス（見た目）も変化していきます。このため、コンピュータによる画像認識はとても挑戦的なタスクと言えます。

図4.1：画像認識の例（犬画像の識別）

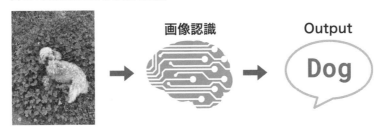

その一方で、画像認識はさまざまな実環境アプリケーションの最も基礎的な処理を担っており、アプリケーションの性能に影響を与える重要なタスクです。例えば、顔画像から人物を特定する人物識別タスクは画像認識の1つのサブタスク[注2]となり、さまざまなセキュリティに関するアプリケーションに応用されます。いかに高精度な画像認識ができるかは、セキュリティ向上のための鍵となります。

1枚の任意の画像から物体のクラスを推定するためには、通常は大量の画像データを学習して物体クラスに特有の特徴を獲得する必要があります。2009年、Fei Fei Liらにより大規模画像認識用データセット **ImageNet** [Deng09] が提案されました。ImageNetの画像は、インターネット上に存在する1,000物体クラス以上、合計140万以上の画像で構成されます。さらに、Fei Fei Liらは、ImageNetで物体クラスを認識する精度を競う **ILSVRC**（**ImageNet**

注2 コンピュータビジョンを1つ大きなタスク・分野とみなす場合、さらにコンピュータビジョンを細部に分けるタスク・分野を指しています。同じく1つの分野に対するサブ分野という語もあります。

Large Scale Visual Recognition Challenge）注3 というコンペティションを開催しました。ImageNet と ILSVRC は、近年の画像認識タスクの急激な性能の向上や深層学習技術の発展に重要な役割を果たしました。その成果として、単一画像から物体認識を行うモデルはすでに人間の精度を超え、2017 年のコンペティションをもって ILSVRC は終了しました。現在、画像認識タスクは、Fine-grained な物体認識注4 タスクの高精度化、および単一画像・単一ラベルではなく同時に画像内に含まれる複数の物体クラスを推定する Multi-Label Image Recognition といった複雑化したタスクに発展しています。

▌ 4-2-2　Transformer 以前の画像認識の手法

　画像認識タスクでは、1 枚の画像から画像内に含まれる物体のクラスを推定します。画像は色情報を持つピクセルで構成されており、物体識別を意味する情報は、ひとつひとつのピクセルではなくピクセルの集合に含まれています。例えば、犬猫を区別する際に、耳領域の特徴だけで判断できることもあります。深層学習が流行する以前の HOG[Navneet05] や SIFT[Lowe99] といったクラシックな画像認識手法では、特徴量から画像の特徴表現を得て、得られた特徴表現に SVM（Support Vector Machine）[Hearst98] や MLP（Multi-layer Perceptron）[Haykin04] などを用いることで画像を識別しています。識別するクラス数が少なければ上記の特徴量ベースの手法が効率的に認識できる一方、識別するクラス数が膨大になると特徴量の表現力は低下し、高い識別精度を実現するのが困難になります。

　2012 年の ILSVRC において、Alex Krizhevsky らにより提案された **AlexNet**[Krizhevsky12] は Top-5 エラー率（物体クラスを識別した結果の上位 5 位に正解が含まれない割合）15.3% を達成し、2 位を大きく上回って優勝しました。AlexNet は 5 層の畳み込み（Convolution）層により画像特徴を抽出し、プーリング（Pooling）操作や ReLU 関数などを使って効率的な認識を行っています。この AlexNet が現在の CNN（Convolutional Neural Networks：畳み込みニューラルネットワーク）[Homma88] の雛形です。AlexNet が優勝して以来、深層学習を用いた画像認識手法は劇的に発展し、さまざまな手法が提案されました。Simonyan らは **VGGNet**[Simonyan14] を提案し、CNN の層を増やすことによって高い識別精度を達成しました。しかし、CNN の層が増えると深い層のパラメータ更新の効率が低下し、それが原因で勾配消失や学習が収束しないといった問題があります。この問題に対応するため、Ke らは **ResNet**[He16] を提案し、層ごとにその層の入力をそのまま次の層の入力に伝播する Skip Connection を用いて、CNN の層が増えても性能が大きく劣化しないモデルを構築できることを示しました。ResNet は現在もさまざまな場面において画像認識のモデルとして活用されています。

注3　https://image-net.org/challenges/LSVRC/
注4　Fine-grained な物体認識（きめ細かいレベルの画像認識）とは、動物や植物などのクラスを詳細なレベルで画像認識を行うサブタスクです。

■ 4-2-3　画像認識への Transformer の導入

　2020 年、Dosovitskiy ら が **ViT（Vision Transformer）**[Dosovitskiy21] を 提 案 し、Transformer 構造を初めて画像認識タスクに導入しました。ViT については、2 章と 3 章で解説していますが、本項でも簡単に紹介します。Dosovitskiy らは画像を縦横で均等のパッチ（画像領域）に分割しました。その後、分割されたひとつひとつの小さい画像領域から MLP で特徴量を抽出しました。ViT の元となる Transformer は自然言語分野で提案されたモデルで、言語の系列（単語の順番）を処理するために系列の位置情報を特徴量に付与していました。ViT では系列がパッチに相当し、パッチごとに位置埋め込み（Positional Embedding）と呼ばれる学習可能なパラメータを特徴量に付与することで画像の位置関係を表現しています。位置情報を付与された特徴量と物体のクラスを識別するために学習可能なクラストークンを Self-Attention 構造へ入力します。Self-Attention の出力はクラストークンと各パッチ特徴量ですが、ViT ではクラストークンのみを用いてクラス識別を行います。ViT の利点として、Self-Attention 操作を繰り返すという構造がシンプルな点が挙げられます。一方で、画像の上下左右といった帰納バイアス（Inductive Bias）情報を習得できる CNN 構造とは異なり、Transformer はあらゆる画像パッチを均等に扱うため、上下左右の関係性を学習するには膨大なデータを必要とします。

　Dosovitskiy らの実験によると、学習する画像枚数が少ないと ViT の精度は ResNet より少し劣る傾向にありましたが、**JFT-300M**[Sun17]（3 億 7 千 5 百万枚以上の画像が含まれる）のような膨大なデータセットで学習すると ResNet を上回る性能を得ました。ViT の Transformer 構造が画像認識における可能性を十分に示せた例です。これにより、コンピュータビジョン研究分野における応用が進展し、さまざまなサブ分野で Transformer 構造の優位性を示す報告が続きました。

■ 4-2-4　その他の Transformer ベースな画像認識手法

　前述したように、元々は自然言語分野で用いられた Transformer 構造は、各単語をパッチ単位として扱っていました。ViT で提案された画像を均等な大きさのパッチに分割してトークン化する方法では、パッチのつなぎ目やパッチ内部の情報を失ってしまいます。この問題に対応するため、数々の研究で新たなパッチ分割方法が提案されました。例えば、**TNT**[Han21] では、画像パッチごとの特徴のみではなく、パッチ内の情報を強めるためにパッチ内のピクセルレベルの特徴抽出を行っています。**T2T-ViT**[Li21] では、パッチのつなぎ目の情報を保つため、層ごとに上下左右のパッチを結合しています。また、6 章で解説する **Swin Transformer**[Liu21a] では、パッチの隣接部分を交互に補うように分割しています。

　Transformer 構造は層ごとに密に Self-Attention 操作を行うため、計算コストは画像のサイズと層の数に比例して膨大になります。いかに計算コストを削減できるかは、Transformer 構

造を画像認識へ適用する際の重要な課題です。例えば、Swin Transformerでは、各層で均一なパッチサイズを用いずに、下層から徐々にパッチサイズを大きくする方法で計算コストを削減しています。

　2022年8月執筆時点においても、JFT-300M[Sun17]のような大規模データセットではなく、ImageNetデータセットのような規模でもTransformer構造がResNetなどのCNNより高い精度を続々と更新しています。Transformer構造は系列長の二乗に比例する計算量が必要なため、CNN構造と比較して計算コストが高くなる傾向があります。今後は、さらなるTransformerの計算効率の向上や、帰納バイアスへの適用などに関して、さまざまな方面から検討されていくでしょう。

4-3 | 物体検出、セマンティック セグメンテーションへの応用

▌4-3-1　物体検出とセマンティックセグメンテーション

　画像認識タスクでは、1枚の画像から画像内の主な物体クラスを認識しています。しかし、通常1枚の画像内には複数の物体が映ることが多く、人間であれば観測されたシーンのあらゆる場所にある物体をひとつひとつ識別しています。また、物体クラスのみではなく、物体が画像内で占める領域を推定することも、さまざまな実環境アプリケーションに適用することを考えると重要なタスクです。そこで、画像認識よりもっと挑戦的でFine-grainedな**物体検出**（**Object Detection**）タスク（図4.2）が提案されました。1枚の入力画像に対して、画像内に映る物体の位置をバウンディングボックスという物体を取り囲む矩形領域で検出しつつ、領域ごとの物体クラスの認識も同時に行うタスクです。

図4.2：物体検出の例

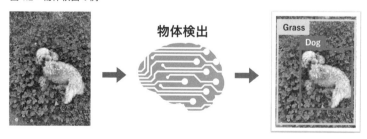

　物体検出タスクは画像に含まれる複数の物体の認識とその位置の検出を同時に行うため、さまざまな実環境アプリケーションにおいて重要な役割を果たします。代表的な応用例として、

自動運転システムのための車両検出や家庭・産業用ロボットのための多クラス物体検出などが挙げられます。また、物体検出は実環境アプリケーションへの適用のみではなく、コンピュータビジョン分野におけるさまざまなサブタスクのバックボーン（土台となる）アルゴリズムや前処理に広く使われています。例えば、Scene Graph Generation（画像から人物、物体、人物と物体間の関係を推定）や、Visual Question Answering（画像と画像に関する質問から、その質問を回答するタスク）などのコンピュータビジョンのサブタスクでは、物体検出モデル構造がよく利用されています。

　性能評価や学習を行うデータセットは、画像認識タスクと同様に物体検出においても重要な鍵となります。代表的な物体検出データセットとして、PASCAL VOC（The PASCAL Visual Object Classes[Everingham10]）や **MS COCO**（**The Microsoft Common Objects in COntext**）[Lin14] などが挙げられます。執筆時点では、91物体クラス、合計33万枚以上の画像で構成されるMS COCOが最もよく使われています。画像認識タスクと比較して、物体検出タスクのデータセットには、1枚の画像内の複数の物体に対して物体のクラスと物体の位置を示すアノテーション情報が必要なため、データセットの作成には膨大な労力が必要です。

　深層学習技術の進歩により、物体検出タスクよりさらに挑戦的で詳細な識別を行う**セマンティックセグメンテーション**（**Semantic Segmentation**）タスクが提案されました（図4.3）。画像を対象にバウンディングボックスを描画するのではなく、1枚の入力画像から物体の境目（edge）を特定し、画像のピクセルごとにそのピクセルが属する物体クラスの認識を行います。このタスクでは物体検出よりさらに詳細に物体の位置を認識する必要があります。また、物体検出タスクと同様に、セマンティックセグメンテーションタスクもさまざまな実環境アプリケーションで活用されており、前述したScene Graph Generationを含めた、さまざまなコンピュータビジョンのサブタスクのバックボーンとして広く採用されています。

図4.3：セマンティックセグメンテーションの画像例

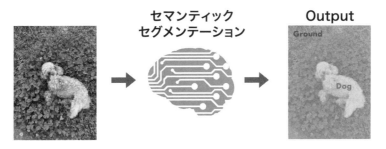

　セマンティックセグメンテーションの評価と学習のためのデータセットとして、室内環境の **ADE20K**[Zhou19]、車載カメラの視点から撮影し作成された**CityScapes**[Cordts15] や**KITTI**[Geiger13] などが広く使われています。また、物体検出タスクで使われているMS COCOデータセットも、物体ごとのセマンティックセグメンテーションマスクのアノテーションが用意さ

れているため、広く採用されています。画像認識や物体検出と比較して、セマンティックセグメンテーションのためのデータセットのアノテーションにはさらに膨大な労力が必要です。

　深層学習技術の急激な発展とともに、いくつかの新たなセマンティックセグメンテーションタスクが提案されました。セマンティックセグメンテーションタスクでは、前景となる物体と背景（例：空、地面）を同時に推定しています。実環境では背景（空、草地など）と比べ、前景物体（人、物体など）の情報がはるかに重要になるため、前景物体のみをセマンティックセグメンテーションマスクで推定する**インスタンスセグメンテーション**（**Instance Segmentation**）タスクが提案されました。また、ピクセルごとの物体クラスのみではなく、1枚の画像内にそのクラスが複数ある場合に、ピクセルごとに物体クラスの個体番号を同時に推定する**パノプティックセグメンテーション**（**Panoptic Segmentation**）[Kirillov19] タスクも提案されました。

　物体検出タスクやセマンティックセグメンテーションタスクは、画像認識タスクと同様に、あらゆる実環境アプリケーションで実用化され、さらにさまざまなコンピュータビジョンの下流タスクの前処理やバックボーンとして広く使われています。Transformer が登場する以前は、CNN ベースの手法がコンピュータビジョンのサブタスクにおいて高い性能を誇りましたが、Transformer の登場によってそれを上回る性能が期待できるでしょう。

4-3-2　クラシックな物体検出手法

　物体検出タスクは、1枚の画像から複数の物体のクラスと位置を同時に検出します。深層学習が広く使われる以前のクラシックな手法では、画像から領域特徴を抽出し、抽出された特徴を用いて SVM[Hearst98] や MLP[Haykin04] などによるクラス分類とバウンディングボックスへの回帰を行っています。クラシックな手法では、画像内から対象となる物体領域を抽出するための計算コストが高くなりがちでしたが、深層学習および GPU の導入がこのプロセスを激的に加速させました。

　2015 年には Ross Girshick が **Fast R-CNN**[Girshick15] を提案しました。Fast R-CNN は畳み込み層や RoI（Region of Interest）構造によって、検出対象となる物体領域の抽出を大幅に高速化しました。**Faster R-CNN**[Ren15] では Region Proposal Network を導入し、Fast R-CNN と比べて計算コストをさらに削減しました。Fast R-CNN や Faster R-CNN などは、まず画像から物体領域を特定し（1段階目）、その後に特定された領域ごとに物体のクラスを認識する（2段階目）という 2 段階で物体検出を行っています。その一方、**YOLO**（**You Only Look Once**）[Redmon16] では画像をグリッドに分割し、グリッドごとにバウンディングボックスの検出、物体のクラスの認識、物体である確率の計算などを同時に行う 1 段階物体検出を実現しました。その後、YOLO の更新バージョン YOLO v2[Redmon17]、YOLO v3[Redmon18]、YOLO v4[Bochkovskiy20] により、CNN ベースの物体検出は、リアルタイムかつ高精度で多種類の物体を検出できるレベルに発展しました。

▌4-3-3 クラシックなセマンティックセグメンテーション手法

セマンティックセグメンテーションタスクでは、1枚の画像内のピクセルごとに物体クラスを判別しており、物体と物体の境目の認識は困難な問題でした。クラシックなセマンティックセグメンテーションの手法では、画像の特徴をクラスタリングし、さらにCRF（Conditional Random Field）[Wallach04] などを導入し、詳細に物体と物体間の関係性を認識していました。その後、深層学習の流行により、CNNを用いたセマンティックセグメンテーションを行う手法が多数提案されました。その中でも代表的なものに**FCN（Fully Convolutional Netorks）**[Long15] が挙げられます。FCN は Encoder-Decoder 構造を採用し、Encoder で画像特徴を得て、Decoder 構造でピクセルレベルのクラス推定を行います。また、CNN 構造を用いて1段階で自動的にセマンティックセグメンテーションを行っています。

FCN は層が深くなることにより、局所（ローカル）の画像情報[注5]を失う傾向があり、物体と物体の境界の認識精度が低いという問題があります。これに対応するため、**U-Net**[Ronneberger15] 構造では、Skip Connection 層を用いて Encoder-Decoder の対応する層の間で直接パラメータを伝播することにより、局所情報が欠損する問題を緩和しました。**PSPNet**[Zhao17] ではピラミッド構造（図4.4(c)）により、画像情報を4つの階層に分け、局所から大域までの豊かな画像情報を利用したセマンティックセグメンテーションを実現しました。**Mask R-CNN**[He17] では物体検出用の Faster R-CNN を拡張し、Region（領域）ごとに物体マスクを同時に推定し、計算速度の向上、および高精度なセマンティックセグメンテーションを達成しました。執筆時点で、Mask R-CNN[He17] はさまざまなコンピュータビジョンの下流タスクで使用されています。

図4.4：PSPNetの構造図（[Zhao17] より引用）

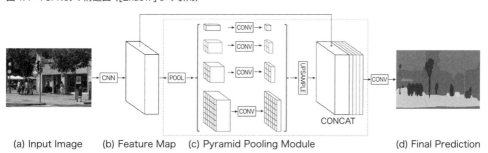

(a) Input Image　　(b) Feature Map　(c) Pyramid Pooling Module　　　　(d) Final Prediction

---

注5 局所（ローカル）と大域（グローバル）情報とは、画像のより局所的な領域の情報と画像の大域的な情報を指しています。人体の画像を例として挙げる場合、目や鼻の細部情報は大まかに局所情報と言えます。その一方、上半身や身体全体の領域の情報は大まかに大域情報と言えます。

4-3-4　物体検出・セマンティックセグメンテーションへの Transformer の導入

　Faster R-CNN や YOLO などの CNN をもとにした物体検出手法は、高い精度と速い計算速度を実現できましたが、2 つの問題が残されました。1 つは、同じ物体に対して複数のバウンディングボックスが検出され、重複したバウンディングボックスを取り除くために NMS（Non-maximal Suppression）[注6] などの処理が必要となる点です。もう 1 つは、物体検出の精度に大きな影響を与える Anchor ボックスのサイズの設計が手動設定である点です。Faster R-CNN や YOLO では、予測されたバウンディングボックスのさらに精密な位置修正を行うために、Anchor ボックス（特定の高さと幅を持つ事前に定義された境界ボックス）を設定し、予測されたバウンディングボックスからあらかじめ設定された Anchor ボックスまでのオフセット（補正値）を計算する必要がありました。そこで、Carion らは Transformer 構造を取り入れた **DETR**（**DE**tection **TR**ansformer）[Carion20]（図4.5）を提案しました。DETR は次の 3 つで構成しています。

① 画像特徴量を抽出する CNN 構造
② Transformer バックボーン
③ 物体クラス推定を行う Feed Forward Network（FFN）

　DETR では、画像内の物体を示す位置オブジェクトクエリを導入し、クエリごとに物体のクラスを判定します。さらに、クエリに対応する Transfomer バックボーンからの出力を集合として損失を計算し、物体のクラスおよびバウンディングボックスの推定を同時に評価します。これによって上記の NMS 処理や Anchor の手動設計などを省略でき、従来の CNN 構造が持つ 2 つの問題点を解決しました。

図4.5：DETR[Carion20] のモデル構造

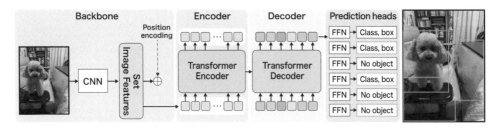

　DETR は CNN を用いて特徴抽出を行っています。6 章で紹介する Swin Transformer 構造は、Transformer 構造のみで物体検出とセマンティックセグメンテーションを可能にしました。

注6　物体検出では、通常 1 つの物体領域に対して複数のバウンディングボックスが検出されます。Non-maximal Suppression は、1 つの物体領域の複数のバウンディングボックスを 1 つに統合する操作です。

Swin Transformer[Liu21a] は Decoder 部分を変更することで、物体検出とセマンティックセグメンテーションを容易に互換でき、2 つのタスク間の転移学習も可能にしました。執筆時点で、Swin Transformer は YOLO や Mask R-CNN を置き換え、さまざまなコンピュータビジョンの下流タスクでバックボーンとして応用され、さまざまなタスクで SoTA（State-of-The-Art）を実現しました。

4-3-5 その他の Transformer ベースな物体検出・セマンティックセグメンテーション手法

Transformer 構造は学習データの規模に比例して高い性能が得られる傾向にあります。また、構造上のシンプルさや転移学習の利便性といった利点があります。前項で解説した DETR や Swin Transformer 以外にも、数々の物体検出やセマンティックセグメンテーション手法が提案されています。例えば、Yang らは医療画像のセマンティックセグメンテーションのための Transformer 構造 T-AutoML[Yang21] を提案しました。

物体検出タスクとセマンティックセグメンテーションタスクのためのデータセット構築には膨大な労力が必要です。そのため、大規模データセットの構築は、これらのタスクの発展の大きなボトルネックとなっています。この問題に対応するために、Dai らは **UP-DETR**[Dai21] を提案し、教師なし事前学習を DETR 構造に適用可能にしました。また、Lu らは Few-shot Transformer 構造を持つセマンティックセグメンテーションのための **CWT**（**Classifier Weight Transformer**）[Lu21] を提案しました。Transformer の計算コスト削減や教師なし学習のさらなる発展により、今後もさまざまな Transformer ベースな物体検出とセグメンテーション手法の提案が期待されます。

4-4 動画認識への応用

4-4-1 動画認識とは

我々の日常生活を取り囲む重要なデータ形式に動画データがあります。動画データは時間軸 T 上に画像が分布するデータ形式です。画像内の空間情報と画像間の動きが含まれた時系列情報で構成され、画像より豊かな情報を保有しています。画像内の物体を対象とする画像認識タスクと同様に、動画に含まれる人間の動きのクラスを識別する**動画認識**（**Video Recognition**）タスクも長年研究されてきました。動画認識タスクは、次に挙げるようなさまざまな実環境ア

プリケーションに欠かせません。

- 室内環境の監視カメラから不審人物の行動を検出
- 車載カメラデータから歩行者の検出や車の軌跡を推定
- スポーツ映像から試合状況や選手の得点を分析

　これらのさまざまな場面において、動画データの認識とその解析は中心的な役割を担います。その中でも、動画データから人の動きを認識する動画認識タスクは、動画データ解析における基盤と言えます。

　2次元画像データと比べ、動画は時間Tがあるため、画像データよりデータサイズが大きくなります。長い動画ほど、データ処理に膨大な計算コストがかかるのは明らかです。また、動画データの収集とアノテーションのコストが高いため、このタスクに取り組んだ当初はHMDB51[Kuehne11] (6,766本、51動作クラス) やUCF101[Soomro12] (13,320本、101動作クラス)といった比較的小規模なデータセットが主に使われていました。ここでも深層学習の発展により、動画データに対応した手法が続々と提案されました。例えば、**ActivityNet**[Heilbron15] (28,000本、203動作クラス) は人物行動認識のための大規模データセットとして提案され、動画認識の手法の評価に広く採用されています。**Kinetics-400**[Kay17] (306,245本、400動作クラス)も人物行動認識における重要なデータセットです。**Youtube-8M**[Abu-El-Haija16] (8,000,000本、4,716動作クラス) は人物行動に限らないさまざまな動画から構成され、豊かな動画特徴表現の学習に用いられています。さらに、スポーツ映像における動作認識のための**Sports-1M**[Karpathy14] (1,100,000本)、動画からインストラクション（指導）に関する情報を認識するための**HowTo100M**[Miech19] (1,200,000本)、レシピ動画におけるレシピのインストラクション、またレシピ全体の認識や各ステップの認識や理解ための**YouCook2**[注7] (2,000本) はインターネット上の料理の動画で構成されています。以上のように、異なる目的を持った動画データセットが続々と提案されました。

　深層学習の発展や大規模計算リソースの導入などにより、動画からの人の動作識別にとどまらず、さまざまなFine-grainedな動画認識タスクが提案されています。例えば、動作の発生と終了時間、および人の領域の検出を同時に行うSpatio-temporal Action Localizationタスクや、人や物体およびそれらの間のインタラクション（交互）のクラス（例：holding; drinking from)を同時に推定するVideo Scene Graphタスクなどが挙げられます。また、数分から数時間にわたる長い動画の認識に関する研究も提案されました。Transformerを代表とした手法やさらに大規模なデータおよび計算リソースの導入により、より詳細な動画の理解が進むと期待できます。

注7　http://youcook2.eecs.umich.edu/

▍ 4-4-2　クラシックな動画認識の手法

　動画認識タスクは、1つの動画から動画内で行われる人物動作のクラスを推定します。変化する時間軸から動きをいかに認識するかが鍵となります。深層学習が流行する以前、クラシックな手法では軌跡情報をHOGなどの分類器により識別していました。例えば、Improved Dense Trajectories[Wang13-1] では、HOG[Navneet05]、HOOF (Histograms of Oriented Optical Flow [Chaudhry09]) やMBH[Wang13-2] などを用いて軌跡の特徴を求め、そのうえでカメラモーションを考慮し、軌跡特徴の中のノイズとなる部分を除き、最後にSVM[Hearst98] などにより動作のクラスを推定しています。

　深層学習の流行は、動画認識手法の精度向上にも大きく貢献しました。2次元画像のために設計されていたCNNを動画に適用するために、**Two-stream CNN**[Feichtenhofer16] は2つの2D-CNN（2次元画像の [x,y] のような2次元構造を扱うCNN）を用いて画像とオプティカルフロー（Optical Flow）から別々に特徴抽出を行っています。**C3D**[Tran15] ではVGG-11の2次元畳み込み操作を3次元畳み込みに置き換え、初めての3D-CNN（動画の [x, y, t] や3次元データの [x, y, z] のような3次元構造を扱うCNN）を動画認識に導入しました。**I3D**[Carreira17] ではGoogLeNetをベースとした3D-CNNを用いました。さらに、Haraらは2次元のResNetを**3D-ResNet**[Hara18] に改良し、2次元のResNetの成功を動画認識タスクで実現しました。**SlowFast**[Feichtenhofer19] では、異なるフレームレートごとに3D-CNN、2D-CNN、1D-CNNのネットワークをアンサンブルすることで、Kineticsデータセットにおいて既存手法を大きく上回る精度を達成しました。

▍ 4-4-3　動画認識へのTransformerの導入

　Kineticsなどの大規模動画認識データセットにおいて、前項で解説した3D-CNNは良い性能を達成しました。しかし、画像と比較して膨大な計算コストがかかるため、3D-CNNは数分かそれ以上の長さの動画に適用できない傾向があります。さらに、長い時系列における特徴表現において、性能が劣化してしまう傾向もあります。自然言語処理に使われてきたTransformerは、長い系列データ間の関係学習[注8]において良い性能を示し、構造もシンプルです。そのため、他のコンピュータビジョンタスクと同様に、動画認識のためのTransformer手法が続々と提案されました。

　最初に提案された**TimeSformer**[Bertasius21] は、CNNを用いずにTransformerのみで構成される動画認識の手法です（図4.6）。TimeSformerは動画データの画像フレームを均等に分割してパッチ化し、画像フレーム内のSpatial Self-Attention（画像内部の各物体や物体の各パーツ

注8　関係学習（Relational Reasoning）とはデータ間のあらゆる関係性の学習を意味しています。具体的に、物体を構成する各パーツ間の空間的な位置関係や、物事の発生順番のような時間的前後関係、人間同士間の社会的な関係性などが挙げられます。

間の位置関係などを認識するための、画像内部の各パッチ間で行うAttention操作)、および異なる画像フレーム間のTemporal Self-Attention (時間軸 T での動作や変化情報などを認識するための、異なる動画フレーム間のパッチ間で行うAttention操作)といったViT[Dosovitskiy21]と類似した操作を行っています。また、動画の全フレーム間、そして各フレーム間のすべてのパッチ間でAttention操作の計算量はフレーム数と1つのフレーム内のパッチ数の乗算の二乗に比例するため、計算コストが高くなります。TimeSformerではさらに計算コストを削減するため、Divided Space-Time Attentionを提案しました。これは画像内部のパッチ間で行うSpatial Self-Attentionと各フレームの対応するパッチ間のTemporal Self-Attentionを分けて計算し、計算コストをフレーム数と1フレーム内のパッチ数の乗算程度に削減する操作のことです。TimeSformerが提案された当初、Kinetics-400において既存の3D-CNNより高い精度を達成しました。

図4.6：TimeSformerのモデル構造

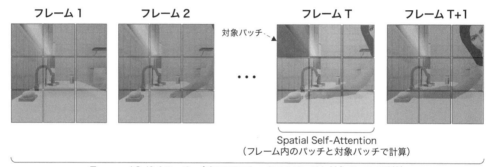

TimeSformerの成功により、Transformer構造の動画データにおける優位性が示され、同時期に提案されたVideo Transformerは、Transformer構造の時系列データにおける応用のブレイクスルーとなりました。TimeSformerについては6章であらためて解説します。

4-4-4　その他のTransformerベースな動画認識手法

TimeSformerとほぼ同じ時期に提案された**ViViT**（**Video Visual Transformer**）[Arnab21]は、Spatial Self-AttentionやTemporal Self-Attentionと類似した操作を取り入れています。また、ViViTでもTimeSformerで提案されたSpatial次元とTemporal次元を分けて計算するDivided Space-time Attentionと類似の工夫を検討し、複数回にわたって実験を行いました。前述のTimeSformerとViViTは、両方とも既存の3D-CNNより計算コストが高い傾向にあります。

画像認識や物体検出などのタスクにおいて、Swin Transformer構造は高い性能と計算効率を実現できたことは前述しました。著者たちも**Video Swin Transformer**の検討を行いました。

Video Swin Transformer[Liu21b] では画像をパッチ化する代わりに複数枚の画像をパッチ化し、得られた複数のパッチをグループとし、グループ内部で Self-Attention 操作を行っています。Video Swin Transformer が既存の動画認識手法より高い精度を得たほか、計算コストを比較的抑えることができました。

　Transformer 構造が他のコンピュータビジョンタスクでも高い性能を示したように、動画データにおいても発展する可能性は十分にあります。しかし、Video Transformer の計算コストをいかに削減するかや、Transformer の学習に必要な大規模動画認識データセットの構築などに関しては、検討の余地があります。今後さらに性能や計算効率のよい Video Transformer の提案が期待されます。

4-5 オブジェクトトラッキングへの応用

4-5-1　オブジェクトトラッキングとは

　オブジェクトトラッキング（**Object Tracking**：物体追跡）は歴史がある典型的なコンピュータビジョンタスクの1つです。動画データにおいて、特定の物体や人物の軌跡を的確に認識するために、フレームごとにその特定の物体や人物の位置をバウンディングボックスによって出力するのがオブジェクトトラッキングタスクです。特に、映像データを対象にした人物の追跡は、その実用性の高さから長期にわたって研究が続いています。人間を追跡する際に、人間の動く速度や行う動作の複雑さにより、前後のフレーム間のアピアランスが大きく変化することがあります。例えば車両の追跡において、交通状況が混雑していると車両の遮蔽が多いだけでなく、特定したい車両が完全に遮蔽されてしまい、追跡が極めて困難になることがあります。オブジェクトトラッキングタスクでは、このような問題を含めて困難なものが多く、研究者はさまざまな検討を続けています。

　バスケットボールなどのスポーツの映像からプレーヤを評価するためには、各々の時刻での個々のプレーヤの動作や他のプレーヤとのインタラクション、動きの速さなどを総合的に確認する必要があります。このような分析に、各フレームでのアピアランスや位置を同時に推定するオブジェクトトラッキングは有用性が高いと言えます。これ以外にも、さまざまなコンピュータビジョンタスクや実環境のアプリケーションで活用されています。人間を対象としたオブジェクトトラッキングは監視システムや道路上の歩行者認識、車両を対象とすると交通状況の分析や自動運転システム、動物を対象とすると野生動物の保護に応用されるなど数多くの例が挙げられます。

　オブジェクトトラッキングのアルゴリズムの評価には、2つのデータセットがベンチマークとして広く使われています。**VOT（Visual Object Tracking）**[注9] は映像から特定の1つの人物（歩行者や動物、車両など）を追跡するために提案されたデータセットです。レーシング（Racing）や交通（Traffic）や釣り（Fishing）などの多くのシーンが含まれています。また、映像から、同時に複数の人物などを追跡するような複雑な場面の理解や、複数の人物間の関係性の理解は重要なタスクです。**MOT（Multiple Object Tracking）**[注10] は、これらの学習や評価を可能にするためのデータセットを提案しました。VOTとMOTは毎年更新を続け、それぞれの手法を競うVOT ChallengeとMOT ChallengeがCVPRやICCVなどのコンピュータビジョンのトップ会議において開催され、オブジェクトトラッキングタスク発展の原動力となっています。

　オブジェクトトラッキングタスクは、1つの映像につき1つの人物を推定するところから始まり、やがて以下に挙げる例のように、入力される動画や追跡する対象の複雑さ・詳細さなど、求められるレベルが上がってきました。

- 1つの映像から複数の人物を同時に追跡するMOT
- 4次元シーンにおける人物の4次元的な（3次元空間＋時間的な変化）追跡
- 四角いバウンディングボックス領域のみではなく特定の人物を映像フレームのピクセルごとに追跡

　このような実用性が高いものの難易度が高いタスクが続々と提案されています。映像データの作成や共有が誰でも容易な時代になり、またTransformerなどの新たな手法の提案により、今後もオブジェクトトラッキングタスクは成長し、その実用が大いに期待できると想定できます。

▎**4-5-2　クラシックなオブジェクトトラッキングの手法**

　他のコンピュータビジョンタスクと同様、深層学習の導入はオブジェクトトラッキングタスクに目覚ましい進歩をもたらしました。その代表として、2つのStage（ステージ）を持った**SORT（Simple Online and Realtime Tracking）**[Bewley16] が最初に広く採用されました。Stage1でCNNやFaster R-CNNなどによって動画データから特定したい人物領域を大まかに推定し、Stage2では前Stageの結果をもとにカルマン・フィルタ（Kalman Filter）[Kalman60]、およびハンガリー法（Hungarian Algorithm）[Kuhn55] を用いて推定精度を向上するしくみです。この手法は深層学習を用いない手法よりも高い精度を示す傾向にありますが、物体を追跡する際にバウンディングボックスの位置と大きさから運動の軌跡を予測するため、物体のアピア

ランス自体を計算しないことが多いです。このため、物体の追跡に失敗してしまうと再計算が必要になり、計算速度や検出の頑健性などが問題に挙がりました。そこで、この問題を解決するため、2017年にSORTの進化バージョン**DeepSORT**[Wojke17]が提案されました。DeepSORTでは、CNNベースの追跡手法を提案し、バウンディングボックスの運動軌跡とバウンディングボックス内のアピアランスを同時に考慮しています。また、バウンディングボックス内の物体の特徴を大規模データセットで事前学習する設定を導入しました。結果として、SORTと比べて精度が高くなるうえ、計算速度も大幅に改善でき、リアルタイムで追跡できるようになりました。

　SORTやDeepSORTなどの手法は、高い精度と速い計算速度を実現できましたが、複数のネットワークとアルゴリズムで構成されるため、ネットワークが複雑になり、End-to-end（最初から最後まで）で学習できないため、大規模な事前学習が難しいという問題が残っていました。これを解決するため、2016年に**SiameseFC（Fully-Convolutional Siamese Networks）**[Bertinetto16]が提案されました。SiameseFCでは、同じアーキテクチャ内で、パラメータと重みを共有する2つの同一のサブネットワーク（CNN構造）を使用し、1つで追跡する領域の特徴抽出を行い、もう1つの**Siameseネットワーク**で動画の画像領域の特徴を抽出します。これによってEnd-to-endでの学習を実現でき、提案当時は計算速度も速く、既存のデータセットで最も高い精度を実現しました。一方で、動画は物体の動きによって、動画内の物体の領域が大きくなったり、小さくなったりするスケールの変化があります。SiameseFCでは、どのスケールの物体を追跡するときも構造上同じ処理を行うため、物体のスケールの変化の予測に弱いという欠点が残っていました。

　そこで、動画内の物体の動きにより生じうる、異なるスケールの物体変化に対応するため、2018年に、**SiameseRPN（Siamese Region Proposal Network）**[Li18]が提案されました。SiameseRPNでは多スケールの追跡に対応する構造を導入し、物体のスケール変化に対して頑健になりました。また、YouTube-BB[Real17]データセットにより追跡を学習し、160 fps（Frames Per Second）という速い速度を実現しながら、VOT2015やVOT2016[注11]において、最も高い精度を達成しました。その後、2019年に**SiamRPN++（Siamese Visual Tracking with Very Deep Networks）**[Li19]では、さらにAlexNetをベースとしたSiamRPNを多層化し、サンプリングする際にさまざまな調整を加えることで、SiamRPNより高い精度を実現しました。SiamRPN++と同時期に提案された**SiamDW**[Zhang19]では、さらなる多層化と各ネットワークのモジュールについて検討し、高精度を実現しました。また、**SiamMASK**[Wang19]ではバウンディングボックスのみではなく、Maskを予測するネットワークを導入し、ピクセルレベルの追跡を実現しました。

4-5-3 オブジェクトトラッキングへのTransformerの導入

Transformer は空間軸や時間軸の関係性の学習に強いと知られています。オブジェクトトラッキングタスクは、動画のそれぞれのフレーム間における特定物体のアピアランスを追跡するため、各フレーム内で対象物体をローカライズする（空間軸関係性）、動画のコンテキストを認識しながらすべてのフレームでその物体位置を特定する（時間軸関係性）といった要件を満たす必要があるため、特にTransformerとの親和性が良いと考えられています。

前述のように、オブジェクトトラッキングタスクでは、対象物体が含まれる参照画像と追跡先の画像間の類似性や関係性を認識します。しかし、SiameseFC、SiameseRPNなどを代表とする既存のSiameseベースのネットワークは、CNNを導入してその関係性を学習するという特徴から、より局所的な関係性の学習に強く、画像全体に含まれる大域的な情報の関係性の学習は弱いと知られています。そのため、画像内に占める物体の割合が大きく変更する場合、既存手法の精度は大きく落ちてしまうことがあります。一方で、Transformer構造は局所的な関係性と大域的な関係性を同時に高い精度で学習できます。そこでTransformer構造を取り入れた**TransT**（**Transformer Tracking**）[Chen21]（図4.7）が2021年に提案されました。TransTは、参照フレーム（Template）と追跡対象フレーム（Search Region）のそれぞれの画像内の関係性を学習するSelf-Attention Transformer、および相互の関係性を学習するCross-Attention Transformerを導入し、各画像内と画像間、そして局所と大域の関係性を同時に学習します。TransTが提案された当時、複数のVOTのベンチマークデータセットで最も良い性能を残しました。

図4.7：TransTのモデル構造（[Chen21] より引用）

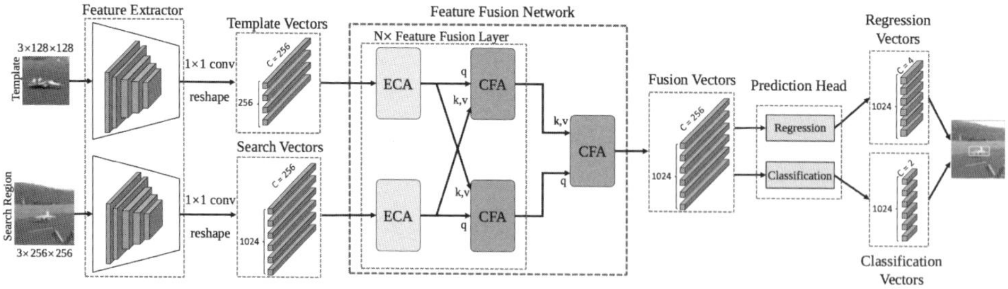

オブジェクトトラッキングでは、動画内の対象物体を追跡し続ける必要がありますが、人物の大きな動きや人物間の遮蔽などにより、フレームごとに対象物体のアピアランスや画像内に占める割合が変化してしまいます。そのため、1フレームのみの画像では、対象物体の追跡が極めて難しいと言えます。既存のSiameseベースの手法も1～2フレームのみで追跡するこ

とが多く、高い精度を実現するためにはより長いスパンでその物体の変化に注目する必要が
あります。この問題を解消するため、**Transformer Meets Tracker**[Wang21] ではSearch
Region（検索領域）内にSelf-Attention Transformerを導入すると同時に、過去の複数のフレー
ムの空間軸と時間軸に対して、両方向のSpatio-Temporal Self-Attention Transformerを採用し
ました。これにより、1枚の画像のみならず、過去の物体の軌跡との関係性も同時に考慮し、
より激しいアピアランス変化でも対応できる安定的な追跡を実現しました。

4-5-4　その他のTransformerベースなオブジェクトトラッキング手法

　TransTやTransformer Meets Trackerなどは、それぞれがオブジェクトトラッキングタスク
に空間軸（空間 - 空間）および空間 - 時間軸のSelf-Attention Transformerを導入し、これによっ
て複数のベンチマークデータセットにおいて既存のSiameseベースの手法の性能を上回りまし
た。Transformer構造との親和性から、同時期に数々の研究でオブジェクトトラッキングにお
けるTransformerの応用が提案されました。

　Transformer構造の計算コストは高いことが知られています。その計算コストを削減する
ため、**STARK**（**Spatio-Temporal trAnsfoRmer Network for Visual TracKing**）[Yan21]では、
TransformerベースのSpatio-Temporal Self-Attentionを導入すると同時に、バウンディングボッ
クスの左上と右下の位置を予測するなどの工夫により、リアルタイムな追跡を実現しました。
HiFT（**Hierarchical Feature Transformer for Aerial Tracking**）[Cao21]では、上空映像のア
ピアランスのスケール変化に対応するために、階層的な構造を持った類似度（Similarity Maps）
を計算するTransformer構造を導入しました。**DTT**（**High-Performance Discriminative Tracking
with Transformers**）[Yu21]では、Siameseベースな後処理を用いずに完全にEnd-to-endな
Transformerベースの追跡手法を提案し、シンプルな構造で高性能を達成しました。また、
TransMOT（**Transformer for Multiple Object Tracking**）[Chu21]では、複数の物体のフレー
ム間の変化をグラフ（Graph）構造で表示し、Transformerベースな構造により、複数物体の
Spatio-Temporal的な関係性を学習しています。これにより、既存のTransformerベースな
MOT手法よりも計算コストを削減できた他、MOT15・16・17・20[注12] において最も高い精度を
達成しました。

　オブジェクトトラッキングタスクは、追跡する対象の種類、アピアランス的な変化の激しさ、
追跡の精密度など、さまざまな方面から改善する余地があります。また、最終的に我々がい
る3次元空間の時系列変化を扱うため、さらに大規模な事前学習により、性能の劇的な向上が
予想できます。大規模データセットの提案や、さらに強力なTransformerベースの手法の提案、
および両者の融合により汎化性能が高い手法の実現が期待できます。

注12 https://motchallenge.net/

4-6 | 3Dビジョンへの応用

4-6-1 3Dビジョンとは

3Dビジョン（**3D Vision**）は、3次元データを対象に認識や処理を行うコンピュータビジョンの研究分野の1つです。我々を取り囲む環境は3次元です。人間は左右の目で世界を観測し、人間の脳はその左右の目で観測された視差により、環境を3次元的に再構成しています。人間は3次元感知ができるからこそ、自由に環境の中で方向性を判断しながら走行できたり、距離の遠近を判別しながら物を触ったり配置したりすることができます。機械も同じように、3次元を認識し、感知できる能力が求められています。例えば、家庭ロボットの日常活動では、3次元配置や人間の活動がどのようにその3次元空間に起こりうるかなどを動画から認識できる必要があります。また3Dビジョンの応用例として、物体認識の頑健性の向上が挙げられます。1枚の画像から物体認識をしようとすると、物体が遮蔽されている、撮影の角度により物体を認識しにくいといったことがあります。このような場合に、物体をさまざまな角度から観測し、物体の3次元情報をもとに認識を行うと、遮蔽された物体を正確に識別できる可能性が大いにあるのです。

これまで、コンピュータで3次元データを扱うことを目的として、さまざまな形式が提案されてきました。その中から、次の3つの代表的なデータ形式について解説します。

- 点群（図4.8左）
- 3次元ボクセル（図4.8中央）
- サーフェスデータ（図4.8右）

図4.8：3次元データの画像例（左：点群。中央：3次元ボクセル [song17] より引用。右：サーフェスデータ [Newcombe15] より引用）

　3次元空間を離散的点形式でサンプリングし、サンプリングされた点の集合で3次元を表す**点群**（Point Cloud）というデータ形式が広く使われています。[x, y, z]のような3次元座標のみで空間の幾何情報を表す点群や、[x, y, z, r, g, b]のような3次元の幾何情報と色情報を同時に表す点群などがあります。また、3次元空間をx,y,zの3つの方向で均等にグリッドに分割し、各グリッド内の空間を占めるデータの数を表現する**3次元ボクセル**（voxel）があります。この形式はCNN構造で扱いやすいことが知られています。また、形状のサーフェス（表面）のみで表現する**サーフェスデータ**形式もあります。人間が物体のサーフェスを観測するように、機械もカメラで観測できるサーフェスのみの処理を行うことで、より計算効率を向上できます。点群やボクセル表現は離散的でスパースな場合が多く、サーフェスデータ形式は物体や空間を密に表現できるため、CG（Computer Graphics）を扱う際やモデルの質が重要視される際に広く使われています。

　3次元データを扱う3Dビジョンは、2次元データと比べて、空間や形状の情報が豊かであり、ロボティクスやCGを代表とするさまざまなAIタスクや実用の場面において有用です。例えば、ロボティクス分野の応用となる物体のマニピュレーションでは、3Dビジョンはコアとなる技術の1つです。次のような場面では、3Dビジョンを利用することが必須です。

- ロボットが物体の形状を3次元的に適切に認識し、それをもとに物体を掴む方向を判断する
- 物体との相対的3次元位置関係を認識し、物体に接触するまでのロボットアームの移動ルートを計画する

　また、ロボットが家庭や工場環境などにおいて自己ナビゲーションする際に、3次元の環境をいかに高精度で認識・再構成できるかも重要です。CGにおいては、実環境を模倣したリアリティ性の高い環境や物体をモデリングする際に、3次元形状や環境を認識し、再構築する必要があります。また、近年ホットな研究分野となるAR（Augment Reality）やVR（Virtual Reality）などにおいても、環境の3次元の認識や再構築は、中心的な技術の1つです。メタバース（Metaverse）をはじめ、仮想環境と現実環境の融合の時代が目の前にあり、それにともないARやVRの研究が加速することは想定でき、3Dビジョンもますます重要になってくると考えられます。

　深層学習が流行する以前、3次元環境の再構築は主な3Dビジョンの研究として、特にロボティクス分野で研究されてきました。近年、深層学習の発展にともない、物体認識や動画認識などのトレンドと同じように、3Dビジョンにおいてもタスクの複雑度や実用性が増し、さまざまなデータセットや環境が提案されました。また、3次元環境の再構築や物体の形状のモデリングの研究のみならず、以下に挙げるような研究も続々と提案されました。

- 認識と同時にラベル付けを行う認識系の研究
- 遮蔽された情報を推定する形状補完の研究
- シミュレーション環境で3次元認識を行いながらさまざまなAIタスク（例：質問に対して回答する）を行うEmbodied AI系の研究

　3次元データが2次元データより圧倒的に有利な場面が存在するにもかかわらず、2次元から3次元データに転移する際の計算コストやメモリ使用量の増加、またデータセット作成の難しさなどによって、3Dビジョンの既存研究は2Dビジョン研究に比べて少ないと言えます。今後、計算リソースのさらなる進化、大規模データセットの提案、Transformerを代表とした手法の進歩などが、3Dビジョンの研究の増加や実環境での応用に寄与するでしょう。

▌4-6-2　3Dビジョンのサブタスク

　3Dビジョン分野の代表的なサブタスクを紹介しながら、この分野で扱う問題や応用場面を含めた全体像を解説します。人間は人間を取り囲む環境や物を再構築しながら認識していると言われています。これまでも、ロボットの環境内の適切な走行、自動運転システムで用いられる車載カメラやLiDAR（Light Detection And Ranging）センサーによる周囲環境のマッピング、リアル3次元空間のモデリングなどのサブタスクとあわせて、これらのサブタスクに用いる3次元環境の再構築は広く検討されてきました。**SLAM**（**Simultaneous Localization and Mappping**）[Christian13]や**SfM**（**Structure from Motion**）[Westoby12]などが代表的な技術です。これらは、RGBカメラ、RGB-Dカメラ、LiDARセンサーなどのデータから、三角測量をもとに環境を3次元再構築し、3次元マップを生成しています。

　RGBカメラやRGB-Dカメラなどで人間を撮影し、人間の顔や体全体を3次元モデリングして3次元的に再構成する研究が幅広く行われています。**Kinect Fusion**[Izadi11]や**Dynamic Fusion**[Newcombe15]などが代表的な技術です。後者のDynamic Fusionは、リアルタイムかつ高精度で非剛体な人間の動きを再構成できるため、3次元コンテンツの作成やAR・VRにおける応用性が高いと考えられます。また、ロボティクスの物体マニピュレーションに広く応用されている技術に物体の**6D**[注13]**姿勢推定**があります。6D姿勢が認識できると、人間と同じように物体の再配置や操縦が行いやすくなります。

　近年、2次元画像で検討されてきた研究が3Dビジョンに適用されはじめ、2次元の物体認識と同じように、点群やボクセルデータなどの3次元物体データから物体を認識するサブタスクが存在します。2Dのセマンティックセグメンテーションと対応付けられる3Dセマンティックセグメンテーションやオブジェクトパートセグメンテーション（Object Part Segmentation）などもあり、これらは3次元空間や物体のより詳細な認識に取り組むタスクです。一方で、3

注13 物体の3次元環境における位置（x,y,z）と物体の回転方向（roll,pitch,yaw）で6D（6次元）になります。

次元データで撮影を行っても、物体間の遮蔽や物体自体の遮蔽により、3次元空間や物体の形状の欠損はよく発生します。これに対応するために、部分的に撮影された欠損を含む3次元空間情報の適用や、物体モデルから形状を補完する3D Scene Completionの研究が進んでいます。さらに、NeRF[Mildenhall20]を代表とする高精度でリアルかつ複数視点から3次元を再構成する手法もあります。これらによって、今後あらゆる場面で3次元データやコンテンツの活用が進み、3Dビジョンの研究がますます盛んになると想定できます。

▌4-6-3　3DビジョンへのTransformerの導入

あらゆる2次元のコンピュータビジョンタスクと同じように、3Dビジョンの各タスクにおいても、いかに局所情報と大域情報の関係性を学習するかが重要です。**3D物体認識**（**3D Object Recognition**）においては、コップと椅子を区別するには局所情報のみで推定できる可能性がありますが、例えばコップ、椅子、ボール、テーブルなどの類似する物体がたくさんデータに含まれている場合、局所・大域情報を合わせて使用する方がより高い精度を得られます。3Dのセマンティックセグメンテーションタスクも同様に、常に局所・大域情報を関連付けながらタスクを解く必要があります。ここからもわかるように、局所・大域の関係を学習するのが得意なTransformer構造は3Dビジョンタスクにも活用できると考えられます。

2022年執筆時点では、3DビジョンにおけるTransformerの適用は、**3D物体検出**がメインです。3D物体検出タスクは、3Dデータ（例：点群）から、物体を認識しながら、物体の3次元における位置を3次元バウンディングボックス（物体を取り囲む3次元直方体）により検出するタスクです。このタスクでは、**ScanNet**[Dai17]と**SUN RGBD**[Song15]データセットがベンチマークデータセットとして広く使われています。ScanNetは現実の家をRGB-Dカメラにより撮影し作成されており、データは点群形式で保存され、点ごとに[x, y, z, r, g, b, l]としてアノテーションされています。この中の[l]は点が属する物体の種別です。認識を行う具体的な物体は、ベッド、椅子、ソファなどの家具をはじめとした日常生活で使用するものです。SUN RGBDデータセットもScanNetと同様に、室内環境を撮影して作成した点群データに物体検出のためのアノテーションが含まれています。ScanNetと異なり、完全なCGで構成しています。

2021年、**Pointformer**（**Point Transformer**）[Pan21]構造が提案されました。Pointformerでは、点群をサンプリングし、サンプリングした点群をグルーピングし、グループ特徴を抽出します。その後、階層的にSelf-Attention Transformer構造を用いて、局所・大域情報を抽出します。3Dの物体検出において純粋なTransformer構造を初めて提案したのがPointformerであり、提案されてすぐに既存のCNNベースの手法と同レベルの精度を達成しました。

Pointformerとほぼ同時期に、**3DETR**（**3D Detection Transformer**）[Misra21]（図4.9）が提案されました。Pointformerが構造上いくつかの3D点群に特化した構造で設計される一方、3DETRは3D点群に特化した構造を用いずに、2Dデータと同様の構造を持つTransformer Encoder-Decoder構造を用いました。

図4.9：3DETR[Misra21] のモデル構造

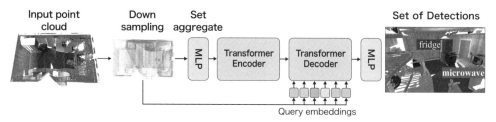

3DETRは以下の2つの重要な構造を提案しました。

- Transformer Encoder-Decoder に入力する前に、点群データから点の特徴抽出を行う PointNet を導入し、点の特徴を抽出してから Transformer により関係学習を行う（図4.9の Set aggregate に相当する）
- 点群からできる限りさまざまな空間位置の情報を得るため、Farthest-Point-Sampling を用いて点をサンプリングし、サンプリング後の点を Fourier Encoding によって位置符号化を行う（図4.10）

図4.10：3DETRの位置符号化（[Misra21] より引用）

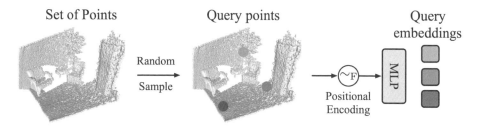

これにより、純粋な Transformer Encoder-Decoder で点群を扱いつつ、点群データの特徴に合わせた処理も可能にしました。3DETRが提案された当時、上記のベンチマークデータセット ScanNet と SUN RGB-D の両方において、高い精度の物体検出を実現しました。また、上記で挙げた学習は事前学習を必要としないため、大規模事前学習やさらに大きなデータセットを用いることで性能向上の可能性が十分あると考えられます。3DETRの成功により、純粋な Transformer の有用性が 3D の物体検出において十分示されました。今後も、類似タスクである 3D セマンティックセグメンテーションをはじめ、さまざまな 3D ビジョンタスクにおける Transformer の応用が期待できます。

　上記の 3D 物体検出に適用された Transformer のほか、3D ビジョンと Vision and Language を融合したタスクである Embodied AI タスクにおいても、Transformer 構造が導入されています。

詳細は5章の「5-4 Embodied AIへの応用」で解説します。

　2Dビジョンでは続々とTransformerが導入されている一方、執筆時点では3Dビジョンにおける適用は比較的少ないと言えます。CNNと比べて、Transformer構造の計算コストやメモリの消費量は膨大です。また、帰納バイアスに適用するため大量の学習データが必要となるうえ、3Dデータの処理データは膨大になりメモリ消費が問題になります。さらに、誰でもスマートフォンで2次元画像や動画を容易に作成し共有できる一方、3次元データへのアクセスはいまだに限られているため、3次元データセットの作成コストは計り知れないという問題もあります。

　しかし、3DETRの箇所でも示したように、Transformer構造は3次元データにおいても関係学習が可能です。また、構造の改善や大規模3次元データの提案、Transformer構造の事前学習などにより、3DビジョンにおいてもTransformer構造がCNNを置き換え、3Dビジョンの主流になることは大いに考えられるでしょう。

4

4-7 | その他のコンピュータビジョンサブタスクへの応用

　画像認識に適用したTransformerとなるViTの成功により、さまざまなコンピュータビジョンタスクにTransformerが導入されています。本章のここまでの節では、主なコンピュータビジョンタスクやTransformerの応用について述べました。他のタスクにおいてもTransformerがCNNを置き換える傾向にあり、本節ではここまでに取り上げたタスク以外のTransformerの応用例を解説します。

　動画から、人および人と交互（Interaction）する物体を検出しながら、人とその物体間の関係性を推定する**Video Scene Graph Generation**タスクが注目を浴びています。このタスクは動画内容から詳細かつセマンティックな情報を抽出するため、より複雑な動画データの理解に有用です。ポイントとなるのは、人間と物体の追跡とその交互情報の理解となり、4-4節で解説したSpatio-Temporal的な関係を認識することです。2021年に**STTran**（**Spatio-Temporal Transformer**）[Cong21] が提案されました。STTranがSpatio-Temporal的なSelf-Attention操作を行うTransformerをVideo Scene Graph Generationタスクに導入し、提案当時に既存のベンチマークデータセットにおいて最も高い精度を達成しました。

　撮影設備も進化を続けていますが、これまでは解像度が低い画像データが大量に撮影されてきました。低解像度の画像の画質を高解像度に変換する**Super Resolution**タスクが研究されています。出力する画像の解像度を高くするために画像の局所的な特徴の相似性を利用し、局所情報のみで判定できない場合はより大域的な情報を利用して画像を補間します。2022年、**HyperTransformer**[Bandara22] ではTransformerをSuper Resolutionタスクに導入し、強い関係性を学習することで、既存データセットで最高精度を更新しました。

　画像内の人物や背景のスタイル変換や編集は、スマートフォンユーザやソーシャルメディアにおける応用が急増し、高性能な手法へのニーズが高まっています。既存手法では CNN をベースとした GAN（Generative Adversarial Networks）[Goodfellow14] が広く用いられています。このスタイル変換や編集においては、画像を再構成する精度と編集のしやすさの 2 つを同時に実現するのが困難という問題がありました。2022 年に、Hu らが Self-Attention Transformer および Cross-Attention Transformer を既存の **StyleGAN**[Karras19] と組み合わせた手法 [Hu22] を提案し、再構成の精度を保ちながら、編集のしやすさを大きく改善しました。

　コンピュータビジョンを含めて、さまざまな AI 研究の中心的な問題は、いかに実環境へ適用できるかです。人間は日常の生活や労働のプロセスにおいて継続的に新しいことを学習する能力を持ち、それにより環境への適用性が保たれています。AI も同じように、AI を取り囲む環境で生存し、常に人間とコミュニケーションを行いながらさまざまな新しいタスクを解いていくために、継続的な学習が必要です。**継続学習**（**Continual Learning**）は複数のタスクやデータを継続して学習していく深層学習の学習方法です。これまでの継続学習は主に CNN をベースとしていましたが、2022 年、Transformer 構造を利用したリアルタイムで適用可能な継続学習のしくみ [Li22] が提案されました。このような研究と大規模学習データセットやタスクの提案により、Transformer 構造の実環境への汎化性能の向上が期待できると考えられます。

　本章で述べてきた主流タスクのみならず、本節で解説してきたあらゆるコンピュータビジョンタスクへの Transformer の応用と適用が続々と報告されています。今後もこのような傾向が続くことは想定でき、Transformer がコンピュータビジョンのタスク全般において、CNN を置き換える未来が始まっているように見えます。

4-8 ｜ Transformer 応用のまとめと展望

　本章では AI の一大分野である、"人工的な目" を扱うコンピュータビジョン分野への Transformer の応用について解説してきました。コンピュータビジョン分野において最もクラシックであり、注目を浴びてきた研究分野である画像認識、物体検出、セマンティックセグメンテーション、動画認識、オブジェクトトラッキング、3D ビジョンを取り上げ、その他のタスクについてもいくつか紹介しました。そして、それぞれの研究分野で扱われている課題や手法を評価するためのデータセットを挙げ、Transformer が導入される前の CNN ベースな手法、そして CNN 時代で残されている問題についてもふれました。その後、それぞれの研究分野における Transformer を用いた手法の導入例や、Transformer 導入の効果やそれらの分野におけるインパクトなどを解説してきました。

　2012 年に AlexNet が提案されて以来、CNN 構造は、クラシックな人工設計の特徴量ベース

の手法を置き換え、コンピュータビジョン分野のあらゆるサブタスクにおける最も基本的なバックボーンだったと言えます。車載カメラからの人物車両検出やあらゆる公衆施設で実装されている顔認識など、さまざまな手法においてCNNベースの手法はすでに実用レベルにあります。CNN構造は画像のより局所的な領域の特徴や、動画のより短い時系列の特徴の学習に強いと知られています。その一方、画像や3次元データの大域的な特徴、または長い時系列情報を持った動画の認識などは依然として難しいタスクであると認識されています。その原因の1つに、畳み込み操作を層ごとに増やしていく際に、局所情報と大域情報の両方を持ち続けることが困難ということが挙げられます。本章で述べてきたコンピュータビジョンタスクにおいて高い性能を実現するためには、局所・大域両方の情報が必要です。コンピュータビジョンにおけるCNN構造はこの問題を残しており、さまざまな研究分野において改善の余地があります。一方で、Transformer構造はCNNと異なり、同じAttention操作の繰り返しにより、局所・大域な特徴を同時に学習できます。また、Transformerは構造がシンプルであり、データ前処理の段階でデータを系列化できれば、どんなデータでも扱えるため、大規模学習や事前学習において有利です。こういった理由を背景に、画像認識タスクにおけるTransformerとなるViT構造が提案されて以来、Transformerベースの手法があらゆるコンピュータビジョンタスクに導入され、続々と既存の性能を更新する例が報告されています。執筆時点では、少なくともコンピュータビジョン分野においてはTransformerがCNNを置き換え、主流の手法となりつつあります。

　Transformer構造はスケーリング効果があると示されており、学習データのスケールに比例して性能が向上する傾向にあります。近年、GPT1[Radford18a]、GPT2[Radford18b]、GPT3[Brown20]やDALL·E1[Ramesh21]、DALL·E2[Ramesh22]などのTransformerベースの構造が、大規模事前学習により自然言語処理分野で非常に良い性能を示した例が増えています。コンピュータビジョン分野でもJFT-300MやEgo4D[Grauman21]など、超大規模データセットの構築がトレンドです。この超大規模データセットによって、さらにTransformer構造がこれまで以上の性能を示す可能性は十分にあります。今後はコンピュータビジョン分野においてさらに浸透し、難しいとされている動画データや3次元データも含めて、今まで解決すら考えていなかったことへの研究がはじまると期待できます。また、本節でも述べたように、Transformer構造の特徴として、データを系列化できれば、画像や動画のような視覚データ、言語データ、音声データなどのあらゆるモダリティを分け隔てなく処理できます。このような性質により、人間が五感を融合しながら世界を理解することと同じように、今後はTransformerが分野やモダリティを横断し、より基本的な認識構造になる可能性があります。ロボティクスの実応用の一歩手前にあるシミュレーション環境で検討されるEmbodied AIタスクでもTransformerが検討されるようになり、Transformerはロボティクスへの応用が近づいてきています。また、計算量コストの削減、計算リソースの発展などにより、さらなるTransformerの汎化性能が向上し、実環境への応用も期待できるでしょう。

　最後に、本章を読んでいただいた方々のコンピュータビジョン分野の理解が進み、

Transformerの導入によるコンピュータビジョン分野の変化を感じ取り、この先のトレンドや
AI分野への展望が開けることを期待しております。

参考文献

[Abu-El-Haija16] Abu-El-Haija S, Kothari N, et al. "Youtube-8m: A large-scale video classification benchmark" arXiv:1609.08675, 2016.

[Arnab21] Anurag Arnab, Mostafa Dehghani, et al. "ViViT: A Video Vision Transformer" ICCV, pages 6836-6846, 2021.

[Bandara22] Wele Gedara Chaminda Bandara, Vishal M. Patel "HyperTransformer: A Textural and Spectral Feature Fusion Transformer for Pansharpening" arXiv:2203.02503, 2022.

[Bertasius21] Gedas Bertasius, Heng Wang, Lorenzo Torresani "Is Space-Time Attention All You Need for Video Understanding?" ICML, pages 813-824, 2021.

[Bertinetto16] Bertinetto L, Valmadre J, et al. "Fully-convolutional siamese networks for object tracking" ECCV, pages 850-865, 2016.

[Bewley16] Alex Bewley, Zongyuan Ge, et al. "Simple online and realtime tracking" IEEE, pages 3464-3468, 2016.

[Bochkovskiy20] Bochkovskiy, Alexey, Chien-Yao Wang, and Hong-Yuan Mark Liao. "Yolov4: Optimal speed and accuracy of object detection" arXiv:2004.10934, 2020.

[Brown20] Tom Brown, Benjamin Mann, et al. "Language Models are Few-Shot Learners" NeurIPS, pages 1877-1901, 2020.

[Cao21] Cao Z, Fu C, et al. "HiFT: Hierarchical Feature Transformer for Aerial Tracking" ICCV, pages 15457-15466, 2021.

[Carion20] Nicolas Carion, Francisco Massa, et al. "End-to-End Object Detection with Transformers" ECCV, pages 213-229, 2020.

[Carreira17] Joao Carreira, Andrew Zisserman "Quo vadis, action recognition? a new model and the kinetics dataset" CVPR, pages 6299-6308, 2017.

[Chaudhry09] Rizwan Chaudhry; Avinash Ravichandran; Gregory Hager; Rene Vidal "Histograms of oriented optical flow and Binet-Cauchy kernels on nonlinear dynamical systems for the recognition of human actions" CVPR, pages 1932–1939, 2009.

[Chen21] Xin Chen, Bin Yan, et al. "Transformer tracking" ICCV, pages 8126-8135, 2021.

[Christian13] Kerl, Christian, Jürgen Sturm, and Daniel Cremers "Dense visual SLAM for RGB-D cameras." IROS, pages 2100-2106, 2013.

[Chu21] Peng Chu, Jiang Wang, et al. "Transmot: Spatial-temporal graph transformer for multiple object tracking" arXiv:2104.00194, 2021.

[Cong21] Cong Y, Liao W, et al. "Spatial-temporal transformer for dynamic scene graph generation" ICCV, pages 16372-16382, 2021.

[Cordts15]M. Cordts, M. Omran, S. Ramos, T. Scharwächter, M. Enzweiler, R. Benenson, U. Franke, S. Roth, and B. Schiele "The Cityscapes Dataset," CVPR, 2015.

[Dai17] Dai A, Chang A X, et al. "Scannet: Richly-annotated 3d reconstructions of indoor scenes" CVPR, pages 5828-5839, 2017.

[Dai21] Dai Z, Cai B, et al. "Up-detr: Unsupervised pre-training for object detection with transformers" CVPR, pages 1601-1610, 2021.

[Deng09] Jia Deng, Wei Dong, et al. "ImageNet: A large-scale hierarchical image database" CVPR, pages 248-255, 2009.

[Dosovitskiy21] Alexey Dosovitskiy, Lucas Beyer, et al. "An Image is Worth 16x16 Words: Transformers for Image Recognition at Scale" ICLR, 2021.

[Everingham10] Everingham M, Van Gool L, et al. "The pascal visual object classes (voc) challenge" International journal of computer vision, pages 303-338, 2010.

[Feichtenhofer16] Feichtenhofer C, Pinz A, Zisserman A "Convolutional two-stream network fusion for video action recognition" CVPR, pages 1933-1941, 2016.

[Feichtenhofer19] Feichtenhofer C, Fan H, et al. "Slowfast networks for video recognition" ICCV, pages 6202-6211, 2019.

[Geiger13] Geiger A, Lenz P, et al. "Vision meets robotics: The kitti dataset" The International Journal of Robotics Research, pages 1231-1237, 2013.

[Girshick15] Girshick R "Fast r-cnn" ICCV, pages 1440-1448, 2015.

[Goodfellow14] Goodfellow I, Pouget-Abadie J, et al. "Generative adversarial nets" NeurIPS, pages 27, 2014.

[Grauman21] Grauman K, Westbury A, et al. "Ego4d: Around the world in 3,000 hours of egocentric video" arXiv:2110.07058, 2021.

[Han21] Kai Han, An Xiao, et al. "Transformer in transformer." NeurIPS, 2021.

[Hara18] Hara K, Kataoka H, Satoh Y "Can spatiotemporal 3d cnns retrace the history of 2d cnns and imagenet?" CVPR, pages 6546-6555, 2018.

[Haykin04] Haykin, Simon "Neural Network A comprehensive foundation." Neural networks 2, pages 41, 2018.

[He16] Kaiming He, Xiangyu Zhang, et al. "Deep Residual Learning for Image Recognition" CVPR, pages 770-778, 2016.

[He17] He K, Gkioxari G, et al. "Mask r-cnn" ICCV, pages 2961-2969, 2017.

[Hearst98] M.A. Hearst, S.T. Dumais, et al. "Support vector machines" IEEE Intelligent Systems and their applications, pages 18-28, 1998.

[Heilbron15] Caba Heilbron F, Escorcia V, et al. "Activitynet: A large-scale video benchmark for human activity understanding" CVPR, pages 961-970, 2015.

[Homma88] Homma Toshiteru, Les Atlas, Robert Marks II "An Artificial Neural Network for Spatio-Temporal Bipolar Patters: Application to Phoneme Classification" NeurIPS, pages 31–40, 1988.

[Hu22] Hu X, Huang Q, et al. "Style Transformer for Image Inversion and Editing" arXiv:2203.07932, 2022.

[Izadi11] Izadi S, Kim D, et al. "Kinectfusion: real-time 3d reconstruction and interaction using a moving depth camera" ACM, pages 559-568, 2011.

[Kalman60] R. Kalman, "A New Approach to Linear Filtering and Prediction Problems," Journal of Basic Engineering Vol. 82, pages 35–45, 1960.

[Karpathy14] Karpathy A, Toderici G, et al. "Large-scale video classification with convolutional neural networks" CVPR, pages 1725-1732, 2014.

[Karras19] Karras T, Laine S, Aila T "A style-based generator architecture for generative adversarial networks" CVPR, pages 4401-4410, 2019.

[Kay17] Kay W, Carreira J, et al. "The kinetics human action video dataset" arXiv:1705.06950, 2017.

[Kirillov19] Kirillov A, He K, et al. "Panoptic segmentation" CVPR, pages 9404-9413, 2019.

[Krizhevsky12] Alex Krizhevsky, Ilya Sutskever, Geoffrey E. Hinton "ImageNet Classification with Deep Convolutional Neural Networks" NIPS, pages 1097-1105, 2012.

[Kuehne11] Kuehne H, Jhuang H, et al. "HMDB: a large video database for human motion recognition" ICCV, pages 2556-2563, 2011.

[Kuhn55] H. W. Kuhn "The Hungarian method for the assignment problem," Naval Research Logistics Quarterly Vol. 2, pages 83–97, 1955.

[Li18] Li B, Yan J, et al. "High performance visual tracking with siamese region proposal network" CVPR, pages 8971-8980, 2018.

[Li19] Li B, Wu W, et al. "Siamrpn++: Evolution of siamese visual tracking with very deep networks" CVPR pages 4282-4291, 2019.

[Li21] Li Yuan, Yunpeng Chen, et al. "Tokens-to-token vit: Training vision transformers from scratch on imagenet." ICCV, pages 558-567, 2021.

[Li22] Duo Li, Guimei Cao, et al. "Technical report for iccv 2021 challenge sslad-track3b: Transformers are better continual learners" arXiv:2201.04924, 2022.

[Lin14] Lin Tsung-Yi, Michael Maire, et al. "Microsoft coco: Common objects in context" ECCV, pages 740-755, 2014.

[Liu21a] Ze Liu, Yutong Lin, et al. "Swin Transformer: Hierarchical Vision Transformer Using Shifted Windows" ICCV, pages 10012-10022, 2021.

4

[Liu21b] Liu Z, Ning J, et al. "Video swin transformer" arXiv:2106.13230, 2021.

[Long15] Long, Jonathan, Evan Shelhamer, Trevor Darrell "Fully convolutional networks for semantic segmentation" CVPR, pages 3431-3440, 2015.

[Lowe99] Lowe, David G "Object recognition from local scale-invariant features" ICCV, pages 1150-1157, 1999.

[Lu21] Lu Z, He S, et al. "Simpler is better: Few-shot semantic segmentation with classifier weight transformer" ICCV, pages 8741-8750, 2021.

[Miech19] Miech A, Zhukov D, et al. "Howto100m: Learning a text-video embedding by watching hundred million narrated video clips" ICCV, pages 2630-2640, 2019.

[Mildenhall20] Mildenhall B, Srinivasan P P, et al. "Nerf: Representing scenes as neural radiance fields for view synthesis" ECCV, pages 405-421, 2020.

[Misra21] Ishan Misra, Rohit Girdhar, Armand Joulin "An End-to-End Transformer Model for 3D Object Detection" ICCV, pages 2906-2917, 2021.

[Navneet05] Dalal, Navneet, and Bill Triggs. "Histograms of oriented gradients for human detection." CVPR, pages 886-893, 2005.

[Newcombe15] Newcombe R A, Fox D, Seitz S M "Dynamicfusion: Reconstruction and tracking of non-rigid scenes in real-time" CVPR, pages 343-352, 2015.

[Pan21] Pan X, Xia Z, et al. "3d object detection with pointformer" CVPR, pages 7463-7472, 2015.

[Radford18a] Alec Radford, Karthik Narasimhan, et al. "Improving Language Understanding by Generative Pre-Training" 2018.

[Radford18b] Radford A, Wu J, et al. "Language models are unsupervised multitask learners" OpenAI blog, 2019.

[Ramesh21] Ramesh A, Pavlov M, et al. "Zero-shot text-to-image generation" ICML, pages 8821-8831, 2021.

[Ramesh22] Ramesh A, Dhariwal P, et al. "Hierarchical text-conditional image generation with clip latents" arXiv:2204.06125, 2022.

[Real17] Real E, Shlens J, et al. "Youtube-boundingboxes: A large high-precision human-annotated data set for object detection in video" CVPR, pages 5296-5305, 2017.

[Redmon16] Redmon J, Divvala S, et al. "You only look once: Unified, real-time object detection" CVPR, pages 779-788, 2016.

[Redmon17] Redmon J, Farhadi A "YOLO9000: better, faster, stronger" CVPR, pages 7263-7271, 2017.

[Redmon18] Redmon Joseph, Ali Farhadi "Yolov3: An incremental improvement." arXiv:1804.02767, 2018.

[Ren15] Shaoqing Ren, Kaiming He, et al. "Faster r-cnn: Towards real-time object detection with region proposal networks" NeurIPS, 2015.

[Ronneberger15] Ronneberger O, Fischer P, Brox T "U-net: Convolutional networks for biomedical image segmentation" MICCAI, pages 234-241, 2015.

[Simonyan14] Karen Simonyan, Andrew Zisserman "Very deep convolutional networks for large-scale image recognition." arXiv:1409.1556, 2014.

[Song15] Song S, Lichtenberg S P, Xiao J. "Sun rgb-d: A rgb-d scene understanding benchmark suite" CVPR, pages 567-576, 2015.

[Song17] Shuran Song, Fisher Yu, et al. "Semantic scene completion from a single depth image." CVPR, 2017.

[Soomro12] Soomro K, Zamir A R, Shah M. "UCF101: A dataset of 101 human actions classes from videos in the wild" arXiv:1212.0402, 2012.

[Sun17] Chen Sun, Abhinav Shrivastava, et al. "Revisiting unreasonable effectiveness of data in deep learning era" ICCV, pages 843-852, 2017.

[Tran15] Tran D, Bourdev L, et al. "Learning spatiotemporal features with 3d convolutional networks" ICCV, pages 4489-4497, 2015.

[Wallach04] Wallach, Hanna M "Conditional random fields: An introduction." Technical Reports (CIS), pages 22, 2015.

[Wang13-1] Wang H, Schmid C "Action recognition with improved trajectories" ICCV, pages 3551-3558, 2013.

[Wang13-2] Wang H, Kläser A, et al. "Dense trajectories and motion boundary descriptors for action recognition" International journal of computer vision, pages 60-79, 2013.

[Wang19] Wang Q, Zhang L, et al. "Fast online object tracking and segmentation: A unifying approach" CVPR, pages 1328-1338, 2019.

[Wang21] Ning Wang, Wengang Zhou, et al. "Transformer Meets Tracker: Exploiting Temporal Context for Robust Visual Tracking" CVPR, pages 1571-1580, 2021.

[Westoby12] M.J. Westoby, J. Brasington, N.F. Glasser, M.J. Hambrey, J.M. Reynolds "'Structure-from-Motion'photogrammetry: A low-cost, effective tool for geoscience applications." Geomorphology, pages 300-314, 2012.

[Wojke17] Wojke N, Bewley A, Paulus D "Simple online and realtime tracking with a deep association metric" ICIP, pages 3645-3649, 2017.

[Yan21] Yan B, Peng H, et al. "Learning spatio-temporal transformer for visual tracking" ICCV, pages 10448-10457, 2021.

[Yang21] Yang D, Myronenko A, et al. "T-AutoML: Automated Machine Learning for Lesion Segmentation using Transformers in 3D Medical Imaging" ICCV, pages 3962-3974, 2021.

[Yu21] Yu B, Tang M, Zheng L, et al. "High-performance discriminative tracking with transformers" ICCV, pages 9856-9865, 2021.

[Zhang19] Zhang Z, Peng H "Deeper and wider siamese networks for real-time visual tracking" CVPR, pages 4591-4600, 2019.

[Zhao17] Zhao H, Shi J, et al. "Pyramid scene parsing network" CVPR, pages 2881-2890, 2017.

[Zhou19] Zhou B, Zhao H, et al. "Semantic understanding of scenes through the ade20k dataset" International Journal of Computer Vision, pages 302-321, 2019.

4

第 **5** 章

Vision and Language タスクへの応用

コンピュータビジョンと自然言語処理はそれぞれ AI（Artificial Intelligence）の重要分野となりましたが、これまではそれぞれ別々に研究が進んでいました。近年、深層学習の発展により、コンピュータビジョンと自然言語処理を組み合わせた分野 Vision and Language の研究が増加しています。本章では Vision and Language 分野におけるさまざまなタスクの紹介から、それぞれのタスクにおける Transformer の応用までを紹介します。本章を通して、Vision and Language 分野の網羅的な理解と、この分野における Transformer の応用に関する知識が深まることを期待します。

邱玥（QIU YUE）

5-1 | Vision and Language の サブタスク

　コンピュータビジョンと自然言語処理 (Natural Language Processing) の 2 つの研究分野は、長年にわたって数多くの研究がされており、AI (Artificial Intelligence) において中心的な存在となりました。人間は目によって観測した視覚情報を自然言語で交換し、情報の伝播を行っています。視覚情報を用いたコミュニケーションは、人間の労働を含む生活において重要な役割を果たしていると言えます。一方で、コンピュータビジョンと自然言語処理の研究分野は、各研究領域で検討されていたため、AI は視覚情報を言語によって記述することが困難でした。

　近年、深層学習が流行し、CNN (Convolutional Neural Network) 構造、RNN (Recurrent Neural Networks) 構造、MLP (Multi-layer Perceptron) 構造などは、画像、言語、音声といったさまざまなモダリティに適用されています。人間は五感を持ち、人間を取り囲む環境を多種類の感覚器官により感知しながら生活しています。AI 技術でも同じように、多種類のセンシングデータを同時に扱うことで応用先を増やすとともに、AI をより有用に活用できます。例えば、コンピュータビジョンと自然言語処理を融合できれば、家庭ロボットは自然言語で人間とコミュニケーションしながら人間の生活を補助できます。また、音声信号も扱えるようになれば、室内環境の不審な音を検出し、その情報を自然言語で持ち主に伝えることができます。このように、多種類のセンサー情報の融合により、さらに利便性が高い実環境アプリケーションを構築できます。本章では、コンピュータビジョンと自然言語処理の融合である **Vision and Language** を取り上げ、この分野への Transformer の適用を解説します。

　家庭ロボットなどの実環境アプリケーションにおける重要性が増したことを背景に、近年 Vision and Language 分野にはたくさんの研究があります。Vision と Language を組み合わせることにより、視覚情報の言語による記述や、画像を介した質問応答や Dialog (対話) が可能になります。2015 年に Vision and Language のクラシックなタスクである VQA が提案されて以降、さまざまなサブタスクが提案されました。以下に一例を挙げます。

- VQA (画像を介した質問応答) [Antol15]：5-2 節で解説
- Visual Dialog[Das17]、Image Captioning (画像情報の記述) [Vinyals15]：5-3 節で解説
- EQA (Embodied 環境[注1] における質問応答) [Das18a]：5-4 節で解説
- Text-to-Image (言語による画像生成) [Ramesh21]：5-5 節で解説

　さらに画像のみではなく、動画データや 3 次元データと Language の組み合わせも続々と提案さ

注1　Embodied 環境とは仮想の 3 次元環境を指します。Embodied 環境では人間やロボットを想定したエージェント (Embodied Agent) が設定され、エージェントが環境内で自律走行やエージェント自身の身体を操縦します。またあらかじめ設定された仮想カメラにより環境を観測することなども可能です。

れました。例えば、動画の質問応答（Video Question Answering）[Tapaswi16]や動画データの記述（Dense Captioning Event）[Krishna17]などがあります。また、シミュレーション上の室内環境をターゲットとしたEmbodied AIタスクも注目を浴びています。上記のEQAだけでなく、インストラクション（指導）をもとに環境内のエージェントのナビゲーション（Vision Language Navigation）[Anderson18a]などが提案されています。

　また、モダリティの拡張とともに、より詳細化されたVision and Languageタスクが研究されてきました。例えば、画像内におけるテキスト情報の検出（Scene Text Detection）、またはそれをベースとした質問応答(Text VQA) [Singh19]や画像記述（Text Captioning）[Sidorov20]が提案されました。また、ローカライゼーションも重要視され、画像内で指定されたテキストが対応する物体領域の検出（Referring Expression）[Nagaraja16]やセグメンテーション（Referring Image Segmentation）[Liu17]などのタスクも提案されました。今後、Transformerや深層学習手法の発展、および大規模マルチモーダルデータセットの提案などにより、さらなるFine-grainedなVision and Languageタスクへのチャレンジやマルチモーダルの融合が期待されます。

5

5-2 VQAへの応用

5-2-1　VQAとは

　QA（**Question Answering：質問応答**）は情報を確認、獲得、交換するための効率的な手段の1つです。人間もQA形式で、人間同士やインターネットから情報を獲得しています。コンピュータビジョンアルゴリズムが画像などのデータをどうやって理解しているのかを考えるときに、QA形式はとても参考になります。2015年にAgrawalらが、1枚の画像とその画像の内容に関する自然言語の質問から、回答を推定する**VQA**（**Visual Question Answering**）タスクを提案しました。人間は、周りの環境を観測しながらQA形式で他者とコミュニケーションをとる場面が多くあります。VQAタスクは、画像をベースにQAを行っている点で、人間が普段行っていることを技術的に実現可能にしたと言えます。そのため、監視システムによる不審な情報に対する検知、視覚障害者への周囲環境の伝達、家庭ロボットによる屋内環境の状況確認といったさまざまな実環境アプリケーションに適用できます。

図5.1：VQA データセットの例（[Agrawal15] より引用）

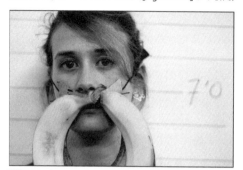

What color are her eyes?
What is the mustache made of?

How many slices of pizza are there?
Is this a vegetarian pizza?

Is this person expecting company?
What is just under the tree?

Does it appear to be rainy?
Does this person have 20/20 vision?

　Agrawal らが VQA タスクを提案すると同時に、MS COCO（The Microsoft Common Objects in COntext）データセット [Lin14]注2 の画像をベースに人手により QA が付与されたデータセット**VQAv1** が公開されました。このタスクとデータセットの提案とともに、Vision and Language の研究がはじまりました。QA タスクにおいては、推論能力の性能が重要な位置付けとなり、同様に VQA の性能を示す中核となるのが **Visual Reasoning**（**視覚推論**）です。Visual Reasoning は、Fine-grained 認識、物体検出、行動認識（Activity Recognition）、外部知識ベース推論、Commonsense Reasoning（常識推論）注3 などのタスクを含みます。VQAv1 データセットでは、これらを網羅的に評価するために、複数の能力を組み合わせなければ回答できないような質問を設定しました。一方、VQAv1 データセットの質問への回答には偏りがあり、モデルがデータセットのバイアスを学習してしまう問題が指摘されました。解答が "Yes"/"No"のような 2 択問題において、質問の回答の約 70% が "Yes" となっており、モデルがこのような

注2　Microsoft 社により作成された大規模画像認識用データセットです。

注3　コンピュータビジョンで扱っている Commonsense Reasoning（常識推論）は、画像や言語だけで推論せずに、他の外部知識や常識的な知識を利用して推論を行います。例えば、人間は "電車の中でたくさんの人が雨傘を持っている" ことに気づいたら、"雨や雪などが降っているかな" というような推論ができます。そのような推論をするためには、"雨傘は雨のときに使う" という常識的な知識が必要です。

データセットのバイアスを学習して"Yes"を回答すれば70%の正解率を得られてしまいます。そこで、この問題に対応したデータセットである**VQAv2**[Goyal17]が提案されました。多種類のVisual Reasoning能力を評価できるため、VQAv2データセットは現在でも広く使われています。

VQAv1、VQAv2以外に、特定のVisual Reasoning能力をターゲットとしたデータセットも複数提案されました。2016年にJohnsonらにより提案された**CLEVR**（**Compositional Language and Elementary Visual Reasoning**）[Johnson17]データセットは、シミュレーション環境上に自動的に生成された画像とテンプレートから生成された質問回答のペアで構成されています。このCLEVRはCompositional Reasoning[注4]や形状や色の推定など、比較的単純なVisual Reasoning能力を評価します。GQA[Hudson19]データセットはCLEVRデータセットと同様、推論評価能力をターゲットとした実世界で撮影された画像データセットとして広く使用されています。また、質問の返答に常識情報が必要なデータが大量に設定され、Commonsense Reasoning能力をターゲットにしたVisual Commonsense Reasoning[Zellers19]データセットも提案されました。

VQAタスクは、1枚の画像に関するQAにとどまらず、動画や3次元データ（4-6-1項で解説している3次元点群やボクセルデータなど）、そしてEmbodied環境を対象としたタスクの提案につながりました。例えば、MovieQA[Tapaswi16]データセットは映画の動画から動画の内容の理解をターゲットとしています。また、3D VQAデータセットは1枚の画像の代わりに、3次元点群データを入力としています。Embodied Question Answering[Das18a]ではエージェントが仮想の3次元空間でQAを行うために、自己ナビゲーションを行う新たなEmbodied AIのタスクです。今後もさらに複雑で詳細な設定のVQAタスクが検討されると想定されます。

5-2-2 VQAのクラシックな手法

VQAタスクへの入力は画像と自然言語による質問によって構成され、質問への回答を予測します。また、VQAv2やCLEVRなどのデータセットには回答リストが用意され、回答リストから1つの回答を選択します。画像と言語の2種類のモダリティを同時に扱うのがVQAタスクです。

VQAv1データセットの提案と同時に、Agrawalらは最初の手法**LSTM Q + I**[Agrawal15]を提案しました（図5.2）。LSTM Q + Iでは、質問QからはLSTM（Long Short Term Memory）構造により特徴抽出し、画像IからはCNN構造により特徴抽出します。そして、符号化（エンコード）された質問特徴と画像特徴から全結合層（Fully Connected Layer）とソフトマックス層（Softmax Layer）を用いて、クラス分類問題（解答のリストから正解を選ぶ問題）を行います。画像と質問の対応関係をいかにうまく扱うかがVQAタスクにおいて鍵となります。そのため、2つの特徴量の内積を求めることが効果的ですが、計算コストは高くなります。その問題を克服するた

注4 単一の属性のみではなく、属性の組み合わせの認識を意味します。例えば、"青い"+"大きい"+"ボール"といった組み合わせを認識します。

め、**MCB**[Fukui16]では内積計算と近似するMulti-modal Compact Bilinear Poolingを提案し、計算効率を高めました。また**BAN**[Kim18]ではBilinear Attention Mapsを導入し、VQAv2データセットにおいて高精度を達成しました。

図5.2：LSTM Q＋Iの構造（[Autol15]より引用）

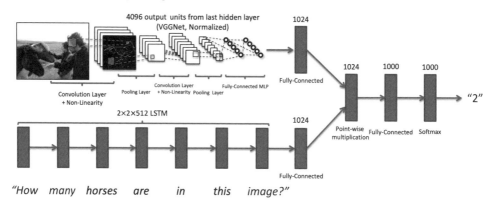

マルチモーダル特徴量の融合のほか、どのような画像特徴量を使うべきなのかに関してもさまざまな検討がありました。**Bottom-Up手法**[Anderson18b]では、質問から画像に対してAttentionを取り入れるしくみ（Top-down Attention）と、画像のみの場合の目立つ（Salient）領域へのAttention（Bottom-up Attention）を結合しています（図5.3）。提案した当時はVQAv2データセットにおいて最も高い精度を達成しました。さらにVQAの学習効率を高めるために、4章でも紹介したFaster R-CNNなどを用いて事前学習済みの領域特徴量を使いました。**Grid**[Jiang20]では、領域ではなく画像をグリッドに分割し、グリッドごとの特徴量を使うことを提案し、当時で最も高い精度を達成しました。

図5.3：Bottom-Upの構造図（[Anderson18b]より引用）。図左下のImage featuresがBottom-up Attentionにあたる

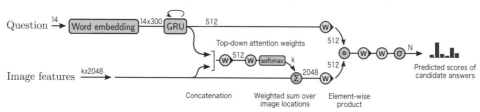

▌5-2-3　VQAへのTransformerの導入

本書でもたびたびふれているように、Transformerは自然言語処理のための手法として提案されました。Transformer構造はSelf-Attention操作を繰り返すことで、関係性の学習に強いこ

とが知られています。VQAタスクの最も重要な要素は画像Vと質問Qの関係を理解することです。そのため、Transformerを導入する利点があると考えられます。2019年に、Luらが**ViLBERT**（**Vision-and-Language BERT**）[Lu19] を提案し、初めてTransformer構造となるBERT[Lu19] をVQAタスクに導入しました（図5.4）。

図5.4：ViLBERTで提案されたVision and Language Co-attention Transformerの構造 (b)

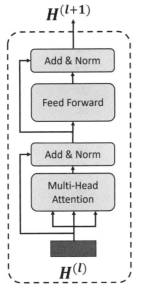

a. スタンダードなTransformer Encoder

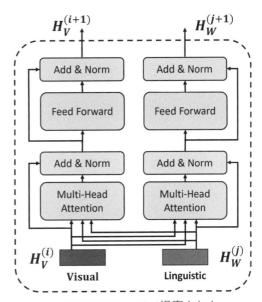

b. ViLBERT [Lu19]で提案された
Vision and Language Co-attention Transformer

　ViLBERTでは画像領域ごとの特徴を抽出し、それに対応して質問の単語ごとの特徴を抽出しています。その後、画像と質問の特徴量をそれぞれ別々にSelf-Attention操作を行って符号化し、符号化された画像と質問の特徴をCo-Attention Transformer Layer（図5.4b）により関係性を学習します。また、ここで提案されたCo-Attentionは通常のTransformer構造を2つ用意します。Attention操作を行う際に、クエリ（Query）を画像特徴（もしくは言語特徴）に、残りのキー（Key）とバリュー（Value）を言語特徴（もしくは画像特徴）に分けています。このような単一のモーダルのSelf-Attentionと2つのモーダル間のCo-Attention構造を繰り返すのがViLBERTです。

　ViLBERT構造では、画像側や言語側ともに事前学習を容易に導入できます。画像側で物体検出の事前学習を行い、言語側で大規模データセットの事前学習を行うことで、提案された当時、VQAv2データセットにおいて高い精度を達成しました。これによって、VQAタスクにおけるTransformer構造の有用性が示され、ViLBERTをはじめ、Transformer構造がVision and Languageタスクに広く使われるようになりました。

▌5-2-4　その他のTransformerベースなVQA手法

　近年、Transformer構造はCNNに代わり、VQAタスクにおいて主流なモデル構造になりました。VQAタスクには、局所的（ローカル）な情報が重要になる質問と、大域的（グローバル）な情報が重要になる質問が含まれます。しかし、Transformer構造が質問に応じて局所・大域のAttentionをどうやって切り替えるかは未解決の問題です。この問題を解決するため、**TRAR**（**TRAnsformer Routing**）[Zhou21a]では、標準的なTransformerにRoutingモジュールを導入しました（図5.5）。これによって、質問に対して動的にRouting（経路）を選択できるようにしたため、解釈性が高いAttention Mapを得ることができました。また、提案当時VQAv2データセットで最も高い精度を達成しました。

図5.5：TRARの構造（[Zhou21a]より引用）

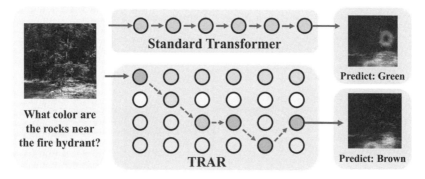

　このほか、Vision and Languageにおける事前学習の重要性も広く知られています。その代表として、**12-in-1**[Lu20]ではTransformer構造を用いて、12種類のタスクを同時に1つのネットワークで学習可能にし、タスク間の転移学習を容易にできるようにしました。その結果、12-in-1が提案された当時、Image Captioning（次節で解説）などのタスクで、事前学習済みのVQAモデルがVQAv2データセットにおいて最も高い精度を達成しました。また、Transformerと類似の構造を用いた**UniT**[Hu21]は、Vision and Languageタスクのみならず、言語のみまたは画像のみを用いるタスクも同様のモデルにより学習可能にし、さまざまなタスクで事前学習した結果、VQAモデルの最も高い精度を達成しました。

　Transformer構造は構造がシンプルなうえ、さまざまなタスクを同時に1つのモデルで学習可能です。そのため、VQAのような複雑なタスクのための転移学習や事前学習が扱いやすいと言えます。Transformer構造によりVQAモデルが急速に発展する一方、解釈性が高いVQAモデルの構築や多種類のVisual Reasoning能力を同時に持つVQAモデルの構築などは検討の余地が大きいと言えます。今後、Transformerのコンピュータビジョンへの応用について、さまざまな方面から検討されることで、さらに強力なVQAモデルの構築が期待されます。

5-3 | Image Captioningへの応用

5-3-1　Image Captioningとは

　1枚の画像に含まれる情報は膨大で、画像内のどの情報が重要なのかは、画像認識の応用分野によって異なります。人間は複雑な情報の中から重要だと思われるものを自然言語の形式で抽出しています。効率的なAIシステムを構築するためにも、画像内の重要な情報を自然言語により記述する能力の獲得が必要です。2014年に、VinyalsらによってImage Captioning（画像に対する説明文の生成）[Vinyals15]タスクが提案されました（図5.6）。Image Captioningタスクは1枚の画像の入力から、その画像内に含まれる人の行動、物体の配置や画像に表示されているシーンの状況（例：天気、季節）などを認識し、1つもしくは複数の自然言語の文章を出力します。

図5.6：Image Captioningの画像例（[Chen15]より引用）

The man at bat readies to swing at the pitch while the umpire looks on.

A large bus sitting next to a very tall building.

A horse carrying a large load of hay and two people sitting on it.

Bunk bed with a narrow shelf sitting underneath it.

　画像に含まれる内容を自然言語の形式で記述する能力は、さまざまな実環境アプリケーションに適用できます。例えば、監視システムが自動的に監視対象の状態を記述できれば、人手で詳細に動画データをチェックするプロセスを省略できます。また、気象画像から天気予報を生成したり、交通シーンの観測情報から分析結果を出力したりするなど、Image Captioning タスクはさまざまな場面で有用です。この提案を皮切りに、1枚の画像から以下のような視覚データに適用するタスクが提案されました。

- 動画データの各時刻において説明文を生成する Dense Captioning Event[Krishna17]
- 3次元シーンの点群から3次元環境に置かれている物体の説明文を生成する ScanRefer [chen20a]
- Embodied 環境でエージェントが自己ナビゲーションしながら観測したシーンの説明文を生成する Embodied Captioning

　また、視覚のみではなく、さまざまな文体の説明文（例：新聞記事の口調やユーモアな口調など）の生成や、複数枚の画像からストーリーを文章で生成する Visual Storytelling [Huang16] などのタスクも提案されました。今後はさらに多くのモダリティを扱い、よりきめ細かい長い文章の生成が行われると想定できます。

▌ 5-3-2　Image Captioning のデータセット

　Image Captioning 手法の学習と評価のためのデータセットとして、**Flickr30K**[Plummer15] や **MS COCO**[Lin14] がよく使われています。Flickr30K はおよそ 3,000 枚の日常活動における画像、そして画像ごとに 5 人のアノテータが内容を表す文章を付与しています。MS COCO の Image Captioning データセット（図 5.6）は Flickr30K よりもデータ数が多く、合計 330,000 枚以上の画像および 500,000 以上の画像に対する説明文で構成されています。この 2 つのデータセットの文章は両方とも人手で作成され、内容のバリエーションと言語的な複雑さを持っています。また、Open Images Dataset[注5] の画像と MS COCO の Image Captioning データセットを結合した **NoCap**（**Novel Captioning**）[Agrawal19] データセットが提案されました。NoCap では、学習時に MS COCO の Image Captioning データセットのみを用いて、評価時に説明文のアノテーションが付与されていない Open Images Dataset に対しても Image Captioning を行っています。NoCap の設定では、人間と同じように、未知物体（見たことのない物体）、例えば犬種がわからない犬の画像に対しても、"犬の画像" や "白い犬が草地で遊んでいる" のような説明文の生成を可能にしました。他には、Video Captioning のための Dense Captioning Event[Krishna17] データセットや、3 次元物体の説明文を生成する ScanRefer などのデータセットも提案されています。

注5　Open Images Dataset：https://github.com/openimages/dataset
　　　Google により提案された大規模画像データセットです。

■ 5-3-3　Image Captioning のクラシックな手法

　最初に提案された最もクラシックな Image Captioning の手法は **Show and Tell**[Vinyals15] です（図5.7）。この手法では Encoder-Decoder 構造を取り入れており、Encoder 側では CNN 構造を用いて画像から画像特徴量を抽出し、Decoder では RNN 構造により画像特徴量から文章を生成します。2022年8月執筆時点の Image Captioning 手法の多くは、Show and Tell の Encoder-Decoder 形式をベースとしています。

図5.7：Show and Tell の構造（[Vinyals15] より引用）

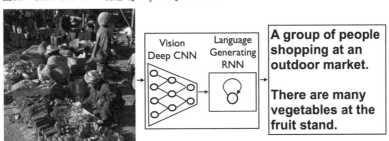

　画像内の背景領域（地面、空など）と比べて、人物領域や人と交互（Interaction）している人物の方が豊かな情報量を持ち、画像を理解するために重要なことがわかっています。説明文を生成する際に、重要な画像領域に注目することで、効率よく画像の説明を記述できます。**Show, Attend and Tell**[Xu15] は Show and Tell に Attention メカニズムを導入し、画像内の重要な部分に注目して、高精度で説明文を生成できることを示しました。画像の説明文内の視覚概念（人や物体領域など）が画像内のどの位置にあるか明示的に特定する（ローカライズする）ことで、より信頼度や解釈性が高い説明文を生成できます。**Neural Baby Talk**[Lu18] では、画像内からまず物体検出モデルで人物領域を検出し、検出した領域をベースに説明文を生成する手法を提案しました（図5.8）。Neural Baby Talk により、画像内の各領域と関連する説明文が生成でき、さまざまな下流タスクへの適用性が高くなりました。また、前節の VQA タスクで説明したように、Bottom-up Attention（画像内の比較的目立っている領域）と Top-down Attention（説明文生成に重要になりうる傾向がある領域）を同時に学習することで、高い精度で説明文を生成できることが示されました。

図5.8：Neural-Baby-Talk の構造（[Lu18] より引用）

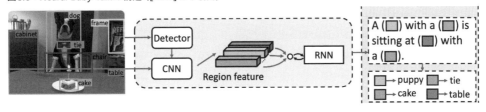

5-3-4　Image CaptioningへのTransformerの導入

　前項で解説したクラシックなImage Captioning手法は、主にEncoder-Decoder構造を導入し、画像をCNNで扱い、言語表現をRNNやLSTMなどで学習していました。詳細にはふれませんが、画像と言語側のモデルをまったく異なるネットワークで構成すると、画像と言語を対応付ける大規模事前学習の効果を十分発揮できない可能性があります。また、LSTMなどのRNNネットワークは、時系列情報が長い場合にうまく学習できない傾向があるため、長文になると画像の説明文をうまく生成できません。

　5-2-3項で解説したViLBERTモデルは、VQAとImage Captioningの両方に適用できます。しかしViLBERTでは、Transformer構造に画像特徴を入力する前に、他の物体検出モデルにより画像の特徴を抽出しているため、End-to-endでImage Captioningを行えません。ViT[Dosovitskiy21]のような画像処理におけるFull Transformerの流れを受け、**CPTR**[Liu21]では物体検出による制約を取り除きました（図5.9）。CPTRはまずViTのように画像を均等に分割しパッチ化した後、画像側のパッチの埋め込みやパッチ間のSelf-Attention操作を行います（図5.9中央）。その後、その出力と言語をCross-Attentionすることで（図5.9右）、End-to-endでFull TransformerのImage Captioningを実現しました。CPTRは構造がシンプルになるうえ、提案された当時はBottom-up手法やその他のCNNとTransformerを組み合わせた手法より高い精度を実現しました。

図5.9：CPTRの構造（[Liu21]より引用）

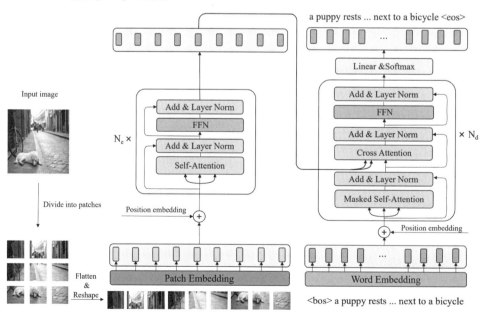

5-3-5 その他のTransformerベースな Image Captioning手法

　ViLBERTやCPTR以外にも、Transformerをベースにした数々のImage Captioning手法が提案されています。既存の手法は単語を生成するたびに、その単語までの系列データを使って説明文の単語をひとつひとつ生成するため、生成速度が遅いという問題があります。そこで**SATIC**（**Semi-autogressive Transformer for Image Captioning**）[Zhou21b]では、単語を同時に生成するTransformer構造をとり、生成速度を向上させるとともに、高い予測精度を実現しました。Zhangら[Zhang21]は知識グラフを処理するTransformerを導入し、それにより単語同士間の関係を利用できるようにしました。また、CNN構造によって画像の事前処理を行った後にTransformerを利用するImage Captioningの手法が数多くありました。この手法では、物体検出をもとにした画像特徴を使うため、物体検出の精度が影響して大域情報や物体同士間の関係性を失ってしまう場合があります。これを解決するために、**DLCT**（**Dual-Level Colaborative Transformer**）[Luo21]が提案されました。詳しくはふれませんが、Dualway Self-Attentionを用いて物体特徴を抽出した後、Comprehensive Relation Attentionを導入し、物体同士間の関係性を学習します。また、DLCTと同様のモチベーションから、Jiらは**GET**（**Global Enhanced Transformer**）[Ji21]を提案し、CNNで抽出した物体領域特徴間の関係性を含んだ大域的な特徴も同時に獲得しています。

　動画の内容を記述するための**Dense Captioning Event**[Krishna17]タスクにおいても、Transformer構造が導入されました。CNNをベースとした**Dense Video Captioning**手法は、次の2段階で構成するモデルが主流です。

① 動画からEvent（記述する動画クリップ）を検出する

② 検出されたEventをそれぞれCaptioningモジュールに入力し説明文を生成する

　このような2段階の生成手法では説明文とEventの関係性が弱く、最終的な説明文生成の精度に悪影響を及ぼします。そこで、Zhouらは1段階かつEnd-to-endで、Eventの検出とImage Captioningを行うTransformer構造[Zhou18]を提案しました。動画をTransformer Encoderにより符号化し、その特徴量と言語から画像の説明文を生成しています。また、Masking Network形式[注6]で動画にAttentionを行うしくみにより、Eventの検出と説明文生成を同時にできるようにしました。この手法が提案された当時、既存のベンチマークデータセットActivityNet Captions[Heilbron15]とYouCookII[注7]で最も高い精度を実現しました。

注6　Zhouらが提案したネットワーク[Zhou18]で、動画に含まれる複数のEventとそれぞれのEventを記述する説明文を一致させるための構造です。学習する際に、説明文ごとに指定されるEvent以外のEventの特徴にMaskをかけます。

注7　http://youcook2.eecs.umich.edu/

　Transformer は、画像や動画を対象とした Image Captioning だけではなく、3次元シーンや物体を対象とした説明文生成にも進出しました。3次元点群から、自然言語の文章で物体を特定する **3D Visual Grounding** タスクでは、同じクラスの複数の物体（テーブル付近の椅子、ドア付近の椅子など）を区別するために、物体間の関係を含めたコンテキスト情報の獲得が鍵となります。Zhao らは Transformer 構造が持つ関係性学習の強みを利用した **3DVG-Transformer**（**Visual Grounding on 3D Point Clouds**）[Zhao21] を提案し、既存のデータセット ScanRefer で最も高い精度を実現しました。同時期に Wang らは2次元の Image Captioning Transformer に着想を得て、Transformer Encoder-Decoder の構造を用いて3次元の物体特徴量を説明文に翻訳する **SpaCap3D**[Wang22] を提案しました。SpaCap3D は構造上シンプルでありながら、物体間の関係性が Transformer により獲得できているため、ScanRefer[Chen20a] と ReferIt3D [Achlioptas20] において既存手法を超えた精度を達成しました。

　Transformer 構造は LSTM などの RNN と比べて長期の系列情報に対する学習に強く、Image Captioning タスクにおいて画像と長い文章を関連付ける際に良い性能を示しました。また、Transformer 構造を利用する利点としては、シンプルな構造になること、画像やテキストの各 Self-Attention、Cross-Attention 操作が行いやすくなること、さらに大規模データセットを用いた事前学習がしやすくなることなどが挙げられます。新しい研究の中では、複数のタスクを単一のモデルで学習することで、転移しやすく汎化性能が高い学習ができると示されています。そのため、今後さらに Transformer 構造が Image Captioning タスクに浸透し、今までにない高い精度を達成することが予想されます。

5-4 ｜ Embodied AI への応用

5-4-1　Embodied AI とは

　未来のある日を想像してみましょう。朝起きて、ロボットに食べたいものを注文すると、ロボットは朝ごはんを作って人間がいる部屋に持ってきます。日中、人間が家にいないときはロボットが留守番をして、家の環境を認識しながら部屋の整理、洗濯、掃除をしてくれます。夜になると、子供の状態を監視しながら、さまざまなお世話をしてくれます。将来、このようなロボットができれば、我々の生活の利便性は向上し、人間がしたいことや集中したい仕事に時間を費やすことができます。このようなロボットを実現するためには、さまざまなテクニックの融合が必要です。そのロボットのコアとなる能力には、次のようなものが挙げられます。

- 言語を介して人と会話する能力
- 家で自由に自己ナビゲーションする能力
- 家の環境を適切に識別する能力

コンピュータビジョンやAI分野で注目を浴びている**Embodied AI**タスクは上記のような能力を持つロボットを実現するために検討を続けています。Embodied AIで検討が続く重要な技術は具体的には以下です。

① 環境の認識
② Embodied環境での自己ナビゲーション
③ Embodied環境とのインタラクション（作用）

Embodied AIタスクでは、ロボットを想定したエージェント（**Embodied Agent**）を3次元環境に配置し、特定タスク[注8]を解くために、環境と物体を認識しながら、自己ナビゲーション、そして環境中の物体とインタラクションを行います。コンピュータビジョンのクラシックなタスク（物体認識、動作認識など）と比べ、複雑化したEmbodied AIタスクは、物体の3次元データ、音声信号、マニピュレーション、言語などのさまざまなモダリティの入力を扱う必要があります。Embodied AIのエージェントは、人間がいる環境で人間とともに生活や作業をすることが想定されているため、人間とコミュニケーションしやすいように、言語処理能力が特に重要視されています。

Embodied AIタスクは一般的かつ汎用的なAIを実現するためのタスクとも位置付けられ、いくつかの鍵となるAI技術とも関連があります。そのため、コンピュータビジョンや自然言語処理などのコアとなる技術、またその他のAI技術は、Embodied AIタスクによって総合的な評価ができると言えます。つまり、Embodied AIタスクの発展は、将来的に世の中で人間と共存するロボットやAIの創出に大きく貢献することを意味します。家庭ロボット、介護ロボット、製造現場のロボットなどの適用は、最も直接的な応用であり、これらのさらなる発展は産業界におけるブレイクスルーを期待させます。

今後はTransformerを用いた手法の発展や計算リソースの進化により、複雑度が増すEmbodied AIをはじめとしてさまざまなタスクの精度向上が期待できます。例えば、次のような技術は今後検討されていくでしょう。

- 人間のように3次元環境を認識したうえで、さまざまなタスクを解く
- 音声やGPSなど多種類センサーの融合

注8 質問応答、指示による一連の物体マニピュレーション（物体の位置や状態を変更する）、特定物体を探す、音源定位などが特定タスクとされます。

- 環境や物体の詳細な物理情報の理解
- 固定視点ではなく自由視点の実現とEmbodiment（骨格に合わせた移動やマニピュレーション）の強化

　また、インターネットから積極的に情報を獲得し、それを利用することで実環境で与えられたタスクをリアルタイムで学習し、さまざまな新規タスクを短時間で身に付けるEmbodied AIの実現も期待されています。Embodied AIタスクは主にシミュレーション環境で検討されています。実環境に応用するためには、強力なシミュレーション環境の構築や、実環境への移行方法などが課題となっています。また、フレキシブルなインターフェイスが開発されれば、Embodied AIと実環境の障壁の解消に大きく貢献するでしょう。

▌ 5-4-2　Embodied AIのための室内環境データセット／シミュレータ

　Embodied AIタスクでは、エージェントが将来の家庭ロボットに求められる機能を持つことを想定して設計されています。そのためには、エージェントが家などの3次元環境で移動・行動し、環境の認識を行う「学習」が必要です。他のコンピュータビジョンタスクと比較して、取り扱う入力モダリティが多くなるため、膨大な学習データが必要です。

　これまでもエージェントの作業環境を用意するため、いくつかの大規模室内3次元データセットが提案されてきました。それらのデータセットでは、複数の認識タスクが行えるように、3次元メッシュなどの3次元情報のほか、3次元データに対する詳細なセマンティックセグメンテーションなどの情報が用意されています。加えて、Embodied AIタスクでは、エージェントの自己ナビゲーションや環境内にある物体を開ける・再配置するなどのマニピュレーション、およびエージェントの状態（視点や骨格の操縦）などを高速かつ大量に得る必要があります。そこで、既存の3次元シーンデータセットをもとにさまざまな3次元シミュレータが提案されました。本項では、代表的な3次元環境およびシミュレータについて解説します。

　SUNCG[Song17] データセットは、CADのCGモデルをもとに家の環境をシミュレーションした大規模な3次元シーンデータセットです。合計404,058部屋、5,697,217種類の物体のインスタンスで構成し、3次元メッシュとセマンティックセグメンテーションのマスクがアノテーションされています。SUNCGデータセットはEmbodied Question Answering[Das18a] タスクなどをはじめ、さまざまなEmbodied AIのシミュレーション環境として活用されています。SUNCGデータセットは完全にCGベースであり、よりリアルな室内環境を構築するために、Changらは2017年に実環境の設備を撮影して生成した**Matterport3D**[Chang17] データセットを提案しました（図5.10）。実環境の90棟のビルを撮影して作成され、合計50,811種類の物体のインスタンスが含まれており、かなりの視覚複雑度を持つため、Embodied Question AnsweringタスクやVision Language Navigationタスクなど、複数のEmbodied AIタスクに活

用されています。**The replica**[Straub19] データセットは、Matterport3D データセットと同様に実在する部屋をベースに作成されています。Matterport3D では部屋画像の解像度が制限されており、モデルに欠損が入っていることがありましたが、The replica データセットは高解像度かつ高精度のモデルから構成されているため、Embodied AI タスクのほか、SLAM などの高解像な3次元データが必要なタスクにも活用されています。

図5.10：Matterport3D のデータ例（[Chang17] より引用）

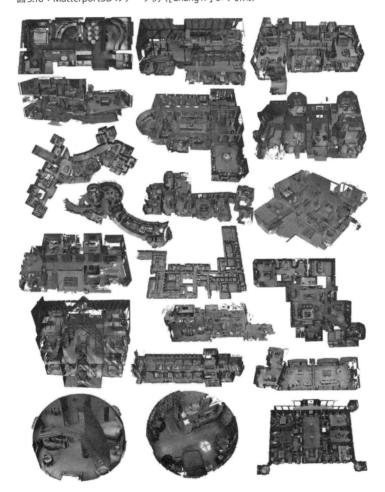

これらの3次元データセットのほか、さまざまな3次元データをベースとしたシミュレータが提案されています。**AI2THOR**[Kolve17] シミュレータは、室内環境のロボティクスマニピュレーション、および自己ナビゲーションのために構築されました。AI2THOR データセットは3次元の CG データをもとに構成されており、CG シーンにおける物体のマニピュレーション、エージェントの身体状況のマニピュレーション（例えばエージェントのサイズ、位置、回転の変更）などに容易

に取り組めます。AI2THOR シミュレータは、言語指示により室内環境で一連の動作を実行するタスク ALFRED（Action Learning From Realistic Environments and Directives）[Shridhar20] や変化前後の2つのシーンから物体を再配置する Visual Room Rearrangement[Weihs21] など、さまざまな物体操作が必要な Embodied AI タスクに活用されています。AI2THOR と同様、**Gibson**[Xia18] は室内環境でエージェントの具体化のために構築されました。AI2THOR 環境は完全に CG で構築されていましたが、Gibson は実環境のビルや部屋をもとにした3次元データで構築しています。Gibson 環境をベースに、iGibson1.0[Shen20] と iGibson2.0[Li21a] シミュレータが提案され、実環境のロボットを想定したエージェントによる自己ナビゲーションや物体操作、物体の状態変化などが高い精度でシミュレーションできるようになりました。

　Embodied AI タスクの研究分野におけるシミュレータとしては、**AI Habitat**[Savva19] と **AI Habitat 2.0**[Szot21] が提案されました。AI Habitat は複数のデータセット、シミュレータ、および多種類の Embodied AI タスクを統合し、Embodied AI タスクにおける実装上の問題点を解消しました。高速で3次元環境をレンダリングできるため、エージェントは環境内における観測と同時に学習も可能です。AI Habitat や上記の iGibson1.0 と iGibson2.0 においては、シミュレーション環境のエージェントと実環境ロボットとの対応が進んでいます。シミュレーション環境と実環境の境界は少しずつ近づき、シミュレーション環境で学習して実環境で動作させることも実現可能なレベルになってきています。

5-4-3　Embodied AI のサブタスク

　エージェントは Embodied 環境で特定タスクを解くために、自己ナビゲーションと環境認識を行います。具体的なタスクによって、タスクを解く手法やそれらが応用される分野も異なります。ここでは次の4つの Embodied AI タスクの概要を紹介し、次項以降で Transformer が適応される前のクラシックな手法、そして Transformer が導入された手法を順に説明します。

- Embodied Question Answering
- Vision-and-Language Navigation
- Remote Embodied Visual Referring Expression
- Semantic Audio-Visual Navigation

Embodied Question Answering

　人間同士は QA（質問応答）形式を利用して、環境に対する認識、状態確認を行っていると 5-2-1 項で説明しました。現在、2次元画像においては VQA が最も典型的な Visual Reasoning の手法として挙げられます。2次元画像の VQA では1枚の画像をもとに QA を行いますが、実環境である3次元環境の情報を1枚の画像で網羅するのは難しいでしょう。例えば、"鍵はど

こですか"という質問に対して、人間であっても一瞬の観測からは判断できず、部屋を探し回ることがあります。人間と同様に、質問に応じて能動的に空間を探索していくことが、より自然で効率的な認識・状態確認につながります。上記の"鍵はどこですか"という質問に対して、すでに目の前に鍵があれば、人間は無駄な空間探索をする必要はなく（そのまま鍵の位置を回答します）、鍵の位置がわからないときのみ部屋を探索します。

図5.11：Embodied Question Answeringのイメージ（[Das18a]より引用）

　2018年にDasらは**Embodied Question Answering**[Das18a]タスクを提案しました（図5.11）。エージェントは、1つの建物（家環境）内の任意の位置から、「家にある車は何色ですか？」といった質問に回答するために、自己ナビゲーションを行います。また、このタスクの提案と同時に、前述の室内環境CGデータセットSUNCGをベースとしたデータセット**EQA**も提案されました。家を環境として特定の物体の位置や属性などについて、質問と回答のペアが含まれています。また、実環境データセットMatterport3Dをベースとした**MP3D-EQA**データセットが提案されたことにより、実環境に近いシミュレーション環境での学習と評価が可能になりました。室内環境をもとにしたQAによって、エージェントとのコミュニケーションや、エージェントの制御が可能になるため、さまざまな実環境ロボットに適用しやすいタスクと言えます。

Vision-and-Language Navigation

　室内環境におけるエージェントや家庭ロボットなどの制御では、効率的に自己ナビゲーションする能力が重要です。単純なナビゲーションのみではなく、エージェントがナビゲートする環境において、人間と同じように環境の意味情報を理解することは、高い性能の実現やデータセットに含まれていないEmbodied環境への汎用性の向上などにつながります。エージェントがEmbodied環境で自然言語の指示通りに自己ナビゲーションする能力の学習と、それを

評価するためのタスク **VLN**（**Vision-and-Language Navigation**）[Anderson18a] が 2018 年に Anderson らにより提案されました。エージェントが Embodied 環境内の任意の位置からスタートし、「左に曲がってからしばらく直進し、突き当たりの階段を登る」といった自然言語の指示に従って、室内環境をナビゲートします。また、Anderson らは前述の Matterport3D をベースとし、人間によりラベル付けされた **R2R**（**Room-to-Room**）データセットを VLN タスクと同時に提案しました。R2R データセットは合計 21,567 個の指示文章、およそ 3,100 単語のボキャブラリから構成し、視覚と言語の両方で高い複雑度を持ちます。VLN タスクのベンチマークとしては、この R2R データセットがよく使われています。また、室外の道路と街並みの 3 次元環境でナビゲーションを行う **TouchDown**[Chen19] タスクと、このデータセットも提案されています。VLN タスクは言語指示と 3 次元環境のナビゲーション情報を結び付けているため、室内環境のロボットナビゲーションや室内環境におけるロボットの撮影動画をもとにしたナビゲーションなど、さまざまな実環境アプリケーションに応用できます。

Remote Embodied Visual Referring Expression

　2 次元画像において、物体を特定する文章とその物体が含まれる画像から物体を検出する **Referring Expression** タスクがあります。2 次元画像ベースの VQA や Image Captioning タスクなどと比較して、画像内の物体領域と文章を明示的に結びつける Referring Expression タスクは解釈性が高く、実環境アプリケーションに適用されれば、その信頼性に大きく影響すると考えられます。また、実環境ではロボットに対して詳細なナビゲーション指示を出すことは少ないため、前述の VLN タスクの実用性が問われます。VLN タスクでは、エージェントが目標地点にたどり着かない場合に、そのナビゲーションの精度を評価しにくい問題があり、実際にエージェントの学習と評価は難しいとされています。人間が室内環境で物体を特定する機会は明示的なナビゲーション指示に比べて多いことから、2020 年 Qi らは Embodied 環境の Referring Expression タスクである **REVERIE**（**Remote Embodied Visual Referring Expression**）を提案しました。3 次元環境の物体を特定できる指示をもとに、エージェントはその物体が存在する位置にたどり着くために環境を観測しながら自己ナビゲーションを行います。例えば「1 階の階段付近の花瓶を探してください」といった指示です。また、REVERIE タスクの提案と同時に、Qi らは R2R と Matterport3D データセットをもとに人手で物体にラベル付けし、その物体を指す文章をアノテーションしたデータセット REVERIE[Qi20] を提案しました。ロボットに物体を指示する場面は、実環境でよく発生するため、VLN タスクと比較しても REVERIE タスクは室内環境における実用性が高いことがわかります。

Semantic Audio-Visual Navigation

　人間がいる生活空間では常にさまざまな音が存在します。ドアを開け閉めする音から他の人間の出入りを認識したり、水滴の音から蛇口の状態を判断したり、電話の呼び出し音から電話に出たりしています。人間はこのような音声信号により環境を認識して行動しています。

Vision and Languageのように、視覚情報と音声信号を組み合わせて認識を行う研究もあります。人間と同じ室内環境や工場環境などで作業することになるエージェントやロボットにも音声信号のセンシングと認識が必須です。Embodied環境で音声信号に対応するために、2021年にChenらが**Semantic Audio-Visual Navigation**[Chen21a]タスクを提案しました。このタスクでは、Embodied環境において、特定の物体（蛇口、電話など）がその物体の出す自然な音（水滴が落ちる音、着信音など）を発信し、エージェントは3次元環境でその音の発生する物体の位置を特定するために自己ナビゲーションを行います。このタスクでは、REVERIEのような物体を特定するための自己ナビゲーション以外に、物体のアピアランスや空間位置とその物体の音を結びつける必要があります。Semantic Audio-Visual Navigationタスクのほか、近年はEmbodied環境で複数の音源を分離、および定位するMove2Hear[Majumder21]タスクや、音源のみを定位するSoundSpaces[Chen20b]タスクなども提案されました。これらのタスクにより、音とEmbodied環境が結び付けられることで、エージェントの見る・対話するといった能力だけでなく、さまざまな行動が可能になりつつあります。室内環境では音声信号が重要な場面は多く、音とEmbodimentの融合はEmbodied AIの適用場面をさらに拡げました。

▌5-4-4　クラシックな Embodied AI の手法

Embodied Question AnsweringやVLNといったEmbodied AIの代表的なタスクは、深層学習流行後の2018年に提案されたため、クラシックなEmbodied AIの手法は主にCNN構造を採用しています。以降で各タスクにおける手法を解説していきます。

主なEmbodied AIの手法は強化学習[注9]を取り入れています。DasらはEmbodied Question Answeringタスクの最初の手法として強化学習ベースの**PACMAN**（"planner-controller" **navigation module**）を提案しました。PACMANは行動（左右へ曲がるや直進、ストップなど）を選択するPlanner、および行動を実際に実行するControllerで構成します。また、学習には階層的な強化学習のしくみを用いていますが、Embodied Question Answeringタスクでは質問を回答するまでに報酬を得にくく、学習が困難になる傾向があります。そこで、同じく2018年にDasらは**Neural Modular Control**[Das18b]を提案し、質問からサブゴールを推定し、そしてサブタスクを段階的に解いていくしくみを用いて高い精度を達成しました。例えば、"バスルームにあるタオルは何色ですか"という質問に、以下のようにしてサブタスクを解いていきます。

- 現在の部屋を識別する（現在の部屋がバスルームではない場合は部屋から出る）
- バスルームを探す（バスルームに入る）
- タオルを探す（タオルの色を識別する）

注9　本書では強化学習の詳細な解説には踏み込みません。ご自身にあった書籍や資料を参照してください。

　Wijmans らは Matterport3D[Chang17] データセットを利用し、Matterport3D の建物内で Embodied Question Answering を行うためのデータセットを提案 [Wijmans19] しました（図 5.10）。また、このデータセットとあわせて Wijmans らは RGB 画像、デプス（深度）画像、点群データを同時に扱うしくみを提案し、RGB 画像とともにデプスや点群などを利用することで性能向上を実現しました。

　VLN タスクは言語指示によって環境内をナビゲーションし、そのナビゲーションの出力はステップバイステップの動作の選択です。VLN タスクを提案した Anderson らは、VLN タスクを **Sequence-to-sequence**[注10] を用いて扱い、RNN 構造により系列となる言語指示データを符号化し（Sequence-to-sequence 構造の Encoder 部分）、そして RNN 構造によりナビゲーションステップごとの行動ラベルをひとつひとつ出力しました（Sequence-to-sequence 構造の Decoder 部分）。Anderson らはさらに、Sequence-to-sequence 構造を強化学習のしくみで学習し、ここでは詳しく解説しませんが Student-force が Teacher-force より性能が良いことを実験により示しました。2019 年に、Wang らは VLN タスクにさまざまな強化学習のしくみを導入した **Reinforced Cross-Modal Matching**[Wang19] を提案し、提案当時は R2R データセットにおいて最も高い精度を実現しました。Reinforced Cross-Modal Matching は、局所・大域に言語指示とエージェントの視覚観測の間の関係を学習するしくみを導入しました。また、強化学習で習得した Policy の汎化性を高めるために **Self-Supervised Imitation Learning** を提案し、エージェント自身が過去に高い報酬が得られたルートから学習することで、未知（Unseen）環境に対する汎化性能を向上しました。2019 年に、その論文はコンピュータビジョンのトップ会議 CVPR において Best Student Paper を受賞しました。

　Embodied 環境で特定の物体を定位するためには、環境内で自己ナビゲーションする能力、そして観測された視覚情報により物体を探し出す能力の両方が不可欠です。この 2 つの能力が相互に有益な情報を共有し合い、ともに学習する利点は多いと言えます。REVERIE の著者である Qi らは、ナビゲーションする Navigator と、言語と視覚情報により物体を定位する Pointer の 2 つのサブネットワーク構成を提案しました。さらに Interaction モジュールにより 2 つのネットワーク間で情報共有するというシンプルなモデルを提案しました。このモデルは 3 つのネットワーク（Navigator、Pointer、Interaction）を用いて REVERIE タスクを End-to-end で学習します。しかし、REVERIE タスクは複雑度が高いため、探索（Exploration）および長期にわたる Planning の性能が下がってしまう傾向があります。そのため、Chaplot らは **Goal Oriented Semantic Exploration**[Chaplot20] を提案し、目標の物体のカテゴリを考慮した Episodic Semantic Map を構築し、学習の効率性が高いモデルを構築しました。このモデルは CVPR2020 の Habitat ObjectNav Challenge というコンペティションにおいて優勝しました。

　視覚と音を同時に扱う Semantic Audio-Visual Navigation タスクは、視覚情報と音声信号を

注10　Sequence-to-sequence とは、Encoder、Decoder から構成される深層学習の構造の一種です。言葉の通り、Sequence-to-sequence では 1 つの Sequence をもう 1 つの Sequence に変換します（例：英語をフランス語に変換するなど）。Sequence-to-sequence は機械翻訳、質問回答、Image Captioning に広く使われています。

同時に処理し、それをもとにナビゲーションします。Chenらは、まず音声信号をスペクトログラム形式で表現し、画像化された音声信号と画像情報をそれぞれCNNを用いて特徴抽出した後、GRU（Gated Recurrent Unit）を用いて時系列処理を行う手法を提案 [Chen20b] しました。全体のフレームワークはActor-criticベースの強化学習フレームで実装しました。Chenらの実験では、音声信号、視覚情報、さらにGPS信号のすべてを使ったフレームワークが最も良い性能を実現し、マルチモーダル融合の必要性を示しました。

5-4-5　Embodied AIへのTransformerの導入

　自然言語処理で成功を収めたBERTモデル [Devlin18] のVision and Languageタスクへの導入も流行しています。例えば、ViLBERT（Vision and Language BERT）がVQAとImage Captioningタスク両方において高い精度を実現しました。これと同じように、2021年にSugliaらがEmbodied AIタスクにBERTモデルを導入した**EmBERT**（**Embodied BERT**）[Suglia21] を提案しました。EmBERTでは言語指示（例：椅子はどこですか）とエージェントが観測した複数枚の画像（エージェントが椅子を探すために自己ナビゲーションする際の仮想カメラで見た画像）をTransformer構造を用いて扱います。

　EmBERTモデルの事前学習の有効性を示すため、Sugliaらの実験では、REVERIEタスク（Embodied環境とインタラクションしないタスク）で事前学習済みのモデルを、Embodied環境で物体をマニピュレーションするALFREDタスクに再学習しました。これによってEmBERT構造を用いた異なるEmbodiedタスクの転移学習の性能を示しました。Embodied AIタスク全般の複雑度は高く、事前学習のメリットが大きいと考えられます。EmBERTはTransformer構造を用いたEmbodied AIタスクでの転移学習の性能向上を示し、事前学習による精度の大幅な改良にも寄与しました。

　VLNタスクでは、人手で作成された言語指示とEmbodied AIのナビゲーション経路で観測されたシーンや物体の情報を密に結び付けることが重要です。VLNの既存手法は、1つのモデルで同時にシーン（例：寝室）と物体（例：椅子）を扱います。Moudgilらは物体の情報、およびシーンの情報を2つのEncoderを用いて扱うTransformer手法を提案 [Moudgil21] し、R2Rデータセットで高い精度を達成しました。VLNタスクでは長期の時系列情報を扱うことがポイントであり、Chenらは、Long Term Action Planning、および視覚と言語のCross-modalの関係性を扱うTransformer構造をVLNタスクに導入した**DUET**（**Dual-scan Graph Transformer**）[Chen22] を提案しました。DUETが提案された当時、R2RデータセットやREVERIEデータセットで最も高い精度を実現しました。Transformer構造以前の既存手法は、RNN構造によって状態の時系列情報を記憶し、VLNタスクの中間出力を符号化していました。RNN構造は短期の時系列データの学習性能が比較的良く、時系列が長くなるほど性能が落ちてしまう傾向があります。Transformer構造は長期の時系列データの扱いにおいて有利であるため、ChenらはTransformerをもとにした**HAMT**（**History Aware Multimodal Transformer**）[Chen21b] を提案し、高精度

を達成しました。また、Pashevichらにより提案された**Episodic Transformer**[Pashevich21] は、自然言語の指示と視覚観測におけるすべての時系列的なエピソード、および過去の行動をすべて Transformer で扱えるようにしました。Episodic Transformer は高精度を達成した他、Embodied AI タスクにおける事前学習の効果も示しました。

　3次元空間で特定の物体を定位するREVERIE タスクにおいては、物体のアピアランスや物体間の位置関係といった視覚情報の認識が重要です。このため、Du らは**VTNet（Visual Transformer Network）**[Du21] を提案し、シーン内部の物体間の関係性、そして物体と画像領域の関係性の2つを学習できるようにしました。VTNet は AI2THOR シミュレータの未知環境の実験で良い結果を残しました。Fukushima らはエージェントの行動軌跡を考慮したうえで指定した物体を定位するための**OMT（Object Memory Transformer）**[Fukushima22] を提案しました。OMT は長期系列で構成する行動軌跡をもとに、物体とシーンの関係性の学習や記憶、および観測したシーンから重要物体に対する Attention 操作などを行っています。OMT モデルも VTNet と同じように、AI2THOR の未知環境の実験において手法提案当時で最も良い性能を達成しました。リモコンがテレビの付近にある傾向やソファがリビングルームにある傾向など、特定の物体が3次元空間のどこに分布するかについては、事前知識が有利に働きます。Gao らは Transformer をもとにした**CKR（Cross-modality Knowledge Reasoning）**[Gao21] モデルを提案し、部屋と物体の関係性を扱う Attention 操作や、外部の物体と部屋の分布の知識を導入することによって、REVERIE タスクで最も高い精度を達成しました。

　Semantic Audio-Visual Navigation タスクにおいては、音声信号（特定の物体の音）と視覚情報（音を発する物体のアピアランスとその物体が3次元空間に置かれがちな位置情報など）の関係性の学習が重要です。Chen らは Transformer をもとにした構造をこのタスクに導入[Chen20b] し、ターゲットとなる物体の3次元特徴やアピアランス特徴、そして音声信号の特徴を Transformer により密に結び付けました。Transformer 構造は Attention 操作により重みを強調して学習できるため、時系列上の異なる長さを持つ観測データに対して柔軟性高く利用でき、音声信号による物体の特定に成功しました。Majumder らは同じ Embodied 環境で音を扱う Audio-Visual Separation[注11] タスクに Transformer をもとにしたメモリモジュールを導入[Majumder21] しました。計算リソースが制限された場合でも、エージェントの行動経路に対する Self-Attention によって効率的なメモリ管理を実現しました。

　Embodied AI タスクでは、クラシックなコンピュータビジョンタスク（画像認識）と比べて、3次元データ、2次元データ、言語データなどさまざまなデータを入力として扱います。さまざまなモダリティをどう融合して認識するかは重要な技術の1つです。また、Embodied AI タスクでは、エージェントの環境内の探索にともなって、より長期の系列データを処理するメモリが必要です。さらに、Embodied AI タスクは複雑度が高いため、大量の学習データが必要となり、事前学習の重要度も高くなります。これらの問題は既存のCNN構造やRNN構造では対

注11 動画から音声分離を行うタスクです。例として、複数の講演者が同時に講演する動画から、それぞれの講演者の音声を分離する研究があります。

応しにくいのですが、Transformer構造はさまざまなモダリティを統一したモデルで融合できます。さらに、これまでのRNN構造と比較して、長期の系列データへの適用性が高く、大規模な事前学習により性能を大幅に向上できるポテンシャルがあります。4章のコンピュータビジョンタスクや本章の他のタスクと比較して、Embodied AIタスクへのTransformer構造の応用は初期段階に位置付けられます。今まさにEmbodied AIタスクの既存の問題に対して、Transformerによって解決の道が示されています。今後もTransformerの活躍がEmbodied AIタスクの中で増えていくでしょう。

5-5　その他のVision and Language サブタスクへの応用

前節までに、Vision and Language分野の代表となるVQA、Image Captioning、Embodied AIといったタスクを取り上げ、それぞれのサブタスクで扱う問題、既存のCNNベースの手法、およびTransformer構造の導入などについて述べてきました。Vision and Language分野では、この他にもさまざまなトピックが研究されています。本節では注目のトピックをいくつか紹介します。

5-5-1　Vision and Language Representation

Vision and Languageタスクで扱うVisionとLanguageのデータは、それぞれ別々の形式で表現されています。Visionの入力としては、画像、動画、または3次元データなどの形式であり、Languageの入力は単語を一定の順番で並べたテキストの形式です。VisionとLanguageの概念をどう対応付けて、この2つを融合した特徴をどうやって表現するかが、すべてのVision and Languageの研究分野にとって中心的な検討事項となっています。また、VisionとLanguageの特徴をうまく表現できれば、あらゆるVision and Languageタスクへの精度向上に貢献するほか、VisionとLanguage以外のモダリティの融合においても、手法の類似度によっては有益な知見の共有につながります。

図5.12：CLIPの構造（[Radford21]より引用）

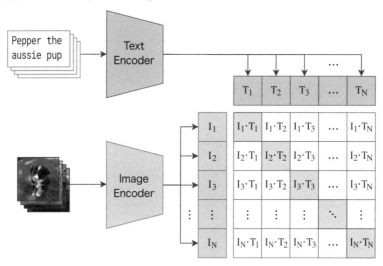

(1) Contrastive pre-training

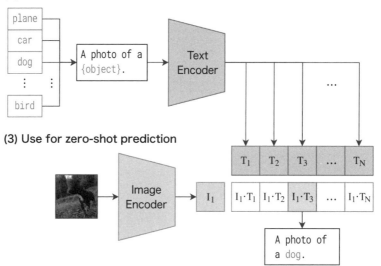

(2) Create dataset classifier from label text

(3) Use for zero-shot prediction

Vision and Languageのクラシックな特徴表現方法は、まずVisionとLanguageをそれぞれ別々にCNN構造やRNN構造を用いてモダリティ単独の特徴表現を得て、それぞれの特徴表現を加算や乗算、または内積によって融合します。ここでは詳しくふれませんが、内積計算の計算コストが高いため、いかに低コストで内積を近似するかに関して、以下に挙げるいくつかの手法が提案されました。

- MLB（Multimodal Low-rank Bilinear Pooling）[Yu17]
- MCB（Multimodal Compact Bilinear Pooling）[Fukui16]
- BAN (Bilinear Attention Networks）[Kim18]

　他にも、Vision と Language の両方をうまく融合する Attention メカニズムに関する研究もあります。以下に代表的な研究を挙げます。

- Stack Attention Network[Yang16]
- Bottom-up and Top-down attention[Anderson18b]

　これらの手法が Vision and Language の特徴表現を少しずつ向上させました。一方で、CNNおよび RNN 構造を用いる場合でも改善の余地がありました。大規模言語データから言語の特徴表現を学習する BERT が成功してからは、BERT を利用した手法や、Transformer をもとにした Vision and Language 特徴表現の手法が増えました。2020 年に、5-2-4 項で紹介した Lu らが提案した **12-in-1** では、1つのモデルで 12 の異なる Vision and Language データセットに対応しました。BERT と同様、画像の領域特徴を系列にし、言語の系列と一緒に Multi-task Vision and Language Transformer により関係学習を行います。また、12-in-1 ではタスクトークンを用意し、同じモデルで異なるタスクの学習を可能にしました。複数の Vision and Language 間の転移学習を可能にした 12-in-1 は、モデル提案当時、複数のタスクで最も高い精度を達成しました。

　同じ時期に、Hu らが **UniT**（**Unified Transformer**）を提案し、Vision and Language タスクのみならず、画像のみの検出タスクや言語のみ扱うタスクも1つのモデルで学習可能にしました。UniT では、画像を扱う Transformer、言語を扱う Transformer、そして Task-specific Query Embedding（それぞれのタスクに特化したクエリ埋め込み）、そして言語・画像の特徴を融合した Transformer Decoder で構成します。出力側では、Task-specific Output Heads（タスクに特化した出力ヘッド）によりタスクに応じた出力を行います。

　また、2021 年 OpenAI により提案された **CLIP**（**Contrastive Language Image Pre-training**）[Radford21] では、Transformer がサブ構造となるモデルを構築し、超大規模な Web 画像とテキストのペアデータから学習を行うことで、Zero-shot 物体認識（1-1-2 項で解説）においてResNet50 を超える結果を得ることに成功しました（図 5.12）。CLIP は Transformer 構造に十分なスケーリング効果があることを示し、さまざまなコンピュータビジョンタスクや Vision and Language タスクの事前学習モデルとして広く用いられています。

　12-in-1、UniT、CLIP などは、Transformer が Vision と Language の2つのモダリティのみではなく、さまざまなモダリティ間の関係の学習に良い結果を残したこと、さらに超大規模データセットで学習することにより、汎化性能の高い特徴表現が得られることを示しました。

▌ **5-5-2** **Text-to-Image Generation**

　人間は観測した世界や身の回りに起きたことをもとに、絵画作品、映像作品、文学作品などのさまざまな創作を行っています。Richard Feynman が "What I cannot create, I do not understand" [Feynman18] とも言っているように、生成はタスクを理解するための重要な要素と言えます。**GANs**（**Generative Adversarial Networks**）[Goodfellow14] の提案により、Image Generation（画像生成）タスクは近年コンピュータビジョンの一大研究分野になりました。1つのラベルから画像を生成するタスクに比べて、**Text-to-Image Generation**（テキスト情報による画像生成）はシーンや人物の属性などを詳細に描写できます。CNN や Transformer をもとにした手法の性能が向上し、Text-to-Image Generation は、画像の解像度や生成画像とテキストの適合度などの面で大きな進歩を遂げました。後述する例では、複雑な文章からリアリティのある高い精度の画像を生成でき、将来的にコマーシャルや芸術コンテンツ作成などへの活用が期待できます。

　テキスト情報は階層構造を持つ一方で、画像は画素の縦横の並びですので、階層構造がありません。そのため、構造化された言語と階層構造を持たない画像との対応関係は学習しにくい、また生成結果を評価しにくいという問題があります。これに対応するため、2015 年にJohnson らは、画像の内容をグラフ構造によって表現する **Scene Graph**[Johnson15] を提案しました（図 5.13）。Scene Graph では画像内に含まれる人物、人物の属性、そして人物の関係ラベルによって画像を表現します。Scene Graph 構造を用いることで、階層ごとに言語と画像の対応付けが可能です。Transformer が導入される前は、Scene Graph を用いた画像生成手法が複数提案されていました。その代表例が Johnson らが 2018 年に提案した **Image Generation from Scene Graph**[Johnson18] です。この手法では、パーサ（parser）構造を用いてテキストから Scene Graph を生成し、Graph Neural Network を用いて Scene Graph から画像内の人物のレイアウトを生成します。そして、このレイアウトをベースに詳細な画像を生成していきます。

図5.13：Scene Graph のイメージ（[Johnson15] より引用）

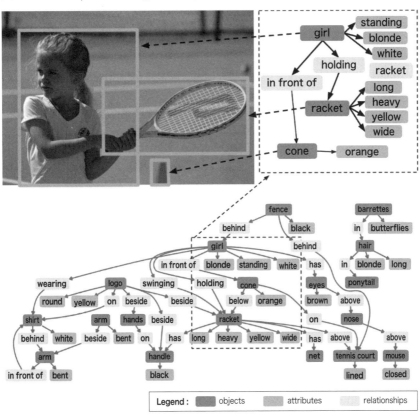

　前述の Scene Graph から画像を生成する手法では、生成画像の解像度が低いという問題や、画像に対する Scene Graph アノテーションに手作業が必要になるという問題がありました。さらに、画像に対する説明文を解析するツールを用いて、画像の Scene Graph 構造と同じように Graph 構造を解析する（Semantic Parsing[注12]）必要があります。つまり、学習データの準備コストが高く、大規模な事前学習に制限があることを意味します。しかし、より高い解像度の画像を生成するためには、膨大な学習データ、および画像データとその画像に紐づく文章を用意することが必要です。モデルの構造を考えると、容易に転移学習できて、画像とテキスト情報を階層ごとに関係付けることなどが、高性能の Text-to-Image Generation を実現するにおいて必要です。

　これらの問題に対応するために CLIP などでは、Transformer がテキストと画像を統一したネットワークによって扱えることを示しました。この CLIP を提案した OpenAI は、同時期に **DALL·E** [Ramesh21]（図5.14）を提案しました。DALL·E では超大規模な Web 画像とテキスト

注12 Semantic Parsing：http://nlpprogress.com/english/semantic_parsing.html

のデータセットを集め、Transformer と Contrastive Learning[注13]をベースとしたモデルを学習し、既存手法よりはるかに高精度な Text-to-Image Generation の性能を示しました。DALL・E は、画像から dVAE[Kingma13][注14]を用いて特徴表現を抽出し、言語側では Transformer を用いて特徴抽出を行います。その後、Transformer 構造により言語と画像の特徴間の関係性を得て、それをベースに画像生成を行います。生成した画像の中から、さらに CLIP をベースとしたモデルによって最も良い画像を選択し出力します。

　2022 年に Ramesh らが提案した DALL・E2[Ramesh22]（図 5.15）では、DALL・E に加え CLIP 構造を用いて画像とテキスト両方の特徴量を抽出し、それをベースに Coarse-to-fine と呼ばれる構造[注15]を用いて画像を生成します。また、DALL・E2 では Diffusion モデル[注16]で画像生成を行っています。DALL・E と比べて DALL・E2 はさらに高解像度・高精度でテキストからリアルな画像を生成できます。DALL・E と DALL・E2 は Vision and Language のみではなく、AI 分野においても注目を浴びています。

図 5.14：DALL・E の構造

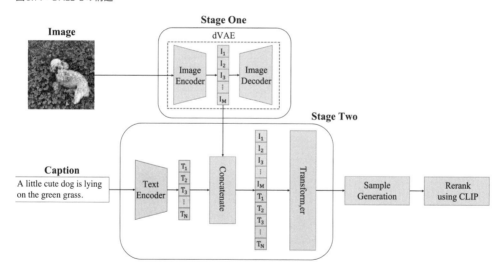

注13 教師ラベルなしで、データだけを用いて特徴表現を学ぶ学習方法です。原論文である A Simple Framework for Contrastive Learning of Visual Representations[Chen20c] を参照してください。

注14 discrete Variational AutoEncoder。VAE での潜在変数 z が連続値であるのに対して、dVAE では潜在変数 z を離散的なベクトルとして表現します。

注15 階層的なネットワーク構造などを用いて、Coarse（粗）から fine（精密）で最適化していくプロセスを意味します。ここでは、階層的なネットワーク構造を用いて、粗い画像から段階的により精密な画像を生成します。

注16 Diffusion モデル（拡散モデル）とは、データにノイズを徐々に追加し、ガウシアンノイズとなるようなプロセスと逆のプロセスをモデル化することでデータを生成する手法です。

図5.15：DALL·E2の構造（[Ramesh22]より引用）

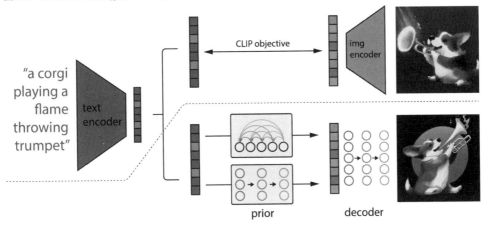

5-5-3　Referring Expression

　人間は身の回りの環境を観測するときに、特定の異なる領域に注目（Attention）しています。人間同士でも特定の領域に注目してコミュニケーションをしながら作業することが多くあります。例えば、"テーブルの上の本を取ってきてください"と指示されたときに、人間はまずテーブル、その次にテーブルの上の本に注目していきます。このように、人間はテキストでシーンの領域を特定できます。これをAIで実現するために、**Referring Expression**タスクが提案されました。画像内の特定の領域を表すテキストをもとに、その領域を画像から検出し、バウンディングボックスを出力します。Referring Expressionタスクは、ロボットに作業するスペースを提示するようなさまざまな実環境アプリケーションに適応できます。さらに、Referring Expressionタスクは画像領域と関連テキスト情報を明示的に結び付けるため、Vision and Languageのその他の下流タスク（例えば、Visual Question AnsweringやScene Graph Generationなど）にも活用できます。

　Referring Expressionタスクの中心となる技術は、テキスト情報と画像領域の対応関係の理解です。Transformerが導入される前は、テキスト情報をもとにした画像内の関連領域へのAttentionメカニズム[注17]や、画像情報とテキスト情報を階層的に対応付けるしくみなどが数々の研究で検討されてきました。**MattNet（Modular Attention Network）**[Yu18]は、テキスト情報を1つのまとまりで扱わずに、テキストから次の3つに分けて特徴を抽出し、それぞれをもとに画像のAttentionを求めています。

注17　コンピュータビジョンでは、人間の視覚の特徴を真似したAttentionというしくみが提案されています。Attentionを実現するしくみによって異なりますが、通常は、画像内の重要な部分の重みを大きくし、重要ではない部分の重みを小さくする設計を取り入れています。

- Subject（主語。例：human）
- Location（場所。例：on the right）
- Relationship（関係。例：holding）

MattNet が提案された当時、Referring Expression で最も用いられるデータセット RefCOCO [Kazemzadeh14] において最も高い性能を示しました。MattNet ベースの手法は、主にテキストと画像の間の優位な関係性を1つのみ考慮して計算コストを抑えていましたが、細かい関係性を捉えきれないという問題がありました。CM-Att-Erase[Qiao20] ではテキストと画像間の複数の関係性を同時に考慮することで、MattNet より高精度化を実現しました。

既存の CNN ベースの Referring Expression 手法は、画像から物体領域を検出する Proposal モデル、そして Proposal とテキストの関係性を学習するモデルの2段階で構成されます。そのため、モデルの汎化性能は Proposal モデルの性能に依存しました。また、モデルが複雑になるため学習が難しく、テキストから画像における物体領域の検出を直接行わないため、精密な領域の検出が困難になる傾向がありました。Transformer 構造を用いることで、画像とテキストの階層的な対応関係の扱いが容易になり、テキストを用いた画像への Attention も柔軟性高く実行できます。これらの利点を享受するため、Proposal モデルを用いない Transformer 構造をベースとした Referring Expression 手法が複数提案されました。**Referring Transformer**[Li21b] では画像とテキストを融合する Visual-lingual Transformer Encoder により符号化し、さらにテキストと融合して直接 Transformer Decoder で画像領域のマスクを出力します。**CMF**（**Cross-level Multi-modal Fusion**）[Miao22] では、マルチレイヤの Intra-（画像とテキストそれぞれの Self-Attention）と Inter-（画像とテキスト間の Cross-Attention）の2つの Attention のしくみを利用して、階層的な画像とテキストの関係学習を行っています。この Transformer をもとにした手法は、モデルがシンプルなうえ高精度を獲得し、将来的には大規模学習によってさらなる精度の向上が期待できます。

▌5-5-4　Change Captioning

人間を取り囲む環境は常に変化しています。年月を経ることによる市街地や自然環境の変化、周期的な季節や時間の変化、人間の活動による生活環境と生産環境の変化など、さまざまな変化があります。人間と共存し、人間に対して適切なサポートをしてくれる AI システムを構築するために、変化を適切に認識する能力が必要です。ロボットの例でいえば、不審だと判断した変化を人間に報告するには家の環境を監視する必要があり、家の整理をするには元の場所からの変化を認識する必要があります。しかし、現在のコンピュータビジョンはある時刻で撮影された画像や動画など、静的なシーンに対する認識が主流です。この問題に対応するため、2018 年に Jhamtani らが2枚の画像から変化を検出し、その変化内容を自然言語で記述する **Change Captioning**[Jhamtani18] タスク、およびデータセット Spot-the-diff を提案しま

した。以降、2枚の画像から1つだけ変化を認識し、テキストで記述する研究がいくつか提案されました。日常生活では、1つのシーンで同時に複数の変化が含まれるシーンが多いため、2021年にQiuらが2枚の画像から同時に複数の変化を検出、そして言語により記述する**Multi-change Captioning**[Qiu21] タスクとデータセット（図5.16）を提案しました。我々を取り囲む環境は常に変化するため、静的なシーンのみならず、Change Captioning のような環境の変化に対する認識は、さまざまな場面において重要です。

図5.16：Multi-Change Captioning データセットの2つの例

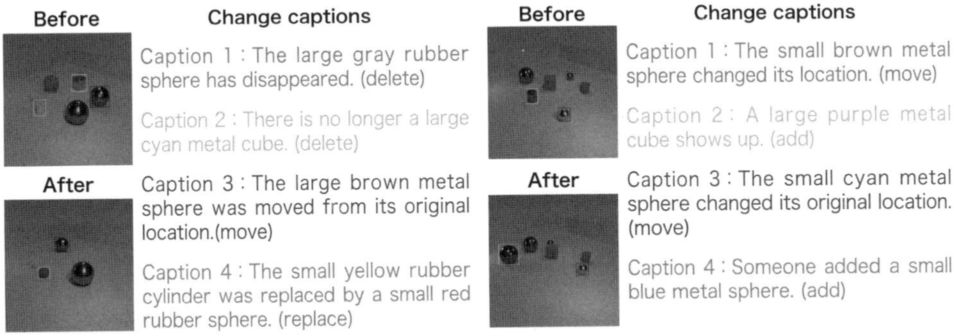

Before

Change captions

Caption 1：The large gray rubber sphere has disappeared. (delete)

Caption 2：There is no longer a large cyan metal cube. (delete)

After

Caption 3：The large brown metal sphere was moved from its original location.(move)

Caption 4：The small yellow rubber cylinder was replaced by a small red rubber sphere. (replace)

Before

Change captions

Caption 1：The small brown metal sphere changed its location. (move)

Caption 2：A large purple metal cube shows up. (add)

After

Caption 3：The small cyan metal sphere changed its original location. (move)

Caption 4：Someone added a small blue metal sphere. (add)

Jhamtani ら [Jhamtani18] が Change Captioning タスクを提案すると同時に提案した手法では、変化前後の2枚の画像間のピクセルレベルの差分を求めて、その差分をもとにクラスタリングし、変化内容を認識するためにRNNによって記述文を生成しました。しかし、変化前後の画像間の撮影条件や角度が変化すると、ピクセルレベルの差分では変化を認識できないことがありました。この問題に対応するため、Parkらはピクセルレベルの代わりに、CNNによる画像特徴量差分をもとにした手法 **DUDA**（**Dual Attention Dynamic Attention**）[Park19] を提案し、同時に新たな Change Captioning データセット CLEVR-Change も提案しました。DUDA では Dual Attention で変化前・変化後の特徴と変化後・変化前の特徴の2つに対してそれぞれ Attention を求めます。さらにRNNベースの Dynamic Speaker と呼ばれるしくみにより動的に画像に Attention を行いながら変化を説明する文章を生成しました。DUDA が提案された当時、CLEVR-Change と Spot-the-diff データセットにおいて最も高い Change Captioning の精度を実現し、さらにこの論文はICCV2019 の Best Paper Honorable Mention を受賞しました。

DUDA は Jhamtani らの手法と比べて、カメラ変動に対する頑健性は向上しました。しかし、変化前後の画像間に激しいカメラの変動や撮影条件の変化がある場合、特徴量差分のしくみで対応できないことがあります。また、差分をもとにした手法のため、シーンに複数の複雑な変化パターンが含まれると、うまく変化を認識できない傾向があります。Change Captioning の中心的なしくみは、変化前後の画像間の密な相関関係から変化を認識し、変化とテキストの関係性を理解することです。これらの対応関係はTransformer構造を用いれば扱いやすくなりそうです。そこで、Qiuらが **MCCFormers**（**Multi-Change Captioning Transformers**）[Qiu21] を提案

しました（図5.17）。MCCFormersでは変化前後の画像間のCross-Attention操作をEncoder、画像特徴とテキスト情報のCross-Attention TransformerをDecoderで構成します。MCCFormersが提案された当時、DUDAなどの既存手法と比べてシングル変化と複数変化両方において最も高い精度を獲得しました。

図5.17：MCCFormersの構造

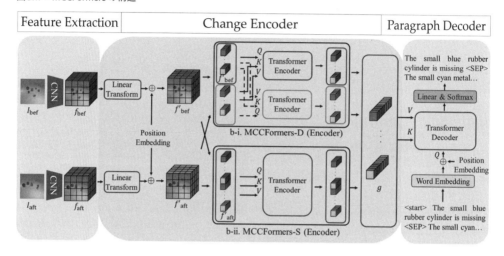

5-6 | Vision and Languageのまとめと展望

　前節までにコンピュータビジョンと自然言語処理を融合したタスクVision and Languageを取り上げ、Transformerの応用について紹介しました。まずVision and Languageタスクで最も代表的なタスクVQA、Image Captioning、そして注目を浴びているEmbodied AIサブタスクを取り上げ、それぞれのサブタスクの問題設定、応用先、CNNをベースとした手法、そしてTransformerの導入の現状などについて述べました。Vision and Language Representation、Text-to-Image Generation、Referring Expression、Change CaptioningなどのタスクにおいてTransformerが与えた影響についてもかんたんに説明しました。さらに、検討が続くCLIPやDALL·E、DALL·E2に関してもふれました。

　Vision and Language分野全体はコンピュータビジョンや自然言語処理などの伝統的なAI分野と比べて、新しい研究分野です。本章の冒頭でもお伝えした通り、深層学習が流行する前は、コンピュータビジョンと自然言語処理それぞれの分野で困難な課題が山積しており、コンピュータビジョンと自然言語処理の融合となるVision and Languageに関する研究は成熟していませ

んでした。深層学習の流行により CNN、RNN を利用した手法が提案され、近年になって Vision and Language タスクの応用が検討できるようになりはじめました。

　当初の Vision and Language では、画像を CNN 構造、言語を RNN 構造（便宜的に CNN-RNN 構造と呼びます）で処理し、そして Encoder-Decoder 形式によって画像から言語、言語から画像に変換していました。また、Vision と Language の特徴融合に関しても、Attention や Bilinear Pooling などが提案されました。このようなモデルをベースとした手法が複数の Vision and Language タスクを実行可能にし、活用につながりました。しかし、CNN-RNN 構造をもとにしたモデルでは、言語と画像というまったく異なる形式のデータを扱うため、画像と言語の対応関係の学習が困難でした。また、Vision and Language タスクはそれぞれ単独のモーダルを扱う場合より大量の学習を必要としましたが、CNN-RNN 構造は大規模な事前学習への適応性が低いという問題もありました。このため、CNN-RNN 構造をもとにした Vision and Language 手法はさまざまな方向から改善の余地がありました。

　Transformer 構造は、言語処理分野で最初に流行しました。特に BERT モデルの成功によって注目されるようになり、さまざまな Vision and Language タスクへ導入されました。初期の Vision and Language Transformers（12-in-1 [Lu19]、ViLBERT [Lu20] など）は、Transformer に入力する前に、CNN を用いて画像の特徴抽出を行う手法が主流でした。そして、Full Transformer を採用した画像認識モデル ViT が提案され、画像も言語と同様に完全に Transformer 構造の中で扱えるようになり、Vision and Language でも CNN を用いない Full Transformer 的な手法が導入されました。Vision and Language タスクの中心となるのは、Vision と Language の対応関係の理解です。CNN-RNN 構造と比較して、入力する時点でデータを系列化できれば、より柔軟性の高い Transformer の Attention 計算が可能になり、異なるモダリティごとの特徴の学習やモダリティ間の関係性の学習もできます。そのため、Vision and Language タスクのニーズに対して適応性がより高くなります。また、Vision and Language タスクは大量の学習データが必要なのに対して、Transformer 構造は1つのモデルであらゆるモダリティを扱えるため、各モダリティ間や各タスク間の転移学習も可能にしました。そのため、大規模事前学習により性能の向上が見込めるほか、学習に必要なデータや学習時間を削減できます。このような利点があるため、Transformer 構造が Vision and Language タスクに導入されてからは、さまざまなタスクで高い精度を獲得し、CNN を置き換えて主流になっていると言えます。今後は、CLIP や DALL·E、DALL·E2 が成功を収めるとともに、Transformer がさらに Vision and Language タスクに浸透し、Vision and Language のようなマルチモダリティの研究は AI において主流分野になっていくことが期待できます。

　人間は五感を利用して環境を観測し、言語によりコミュニケーションを行っています。今後、人間とともに作業する AI がさまざまな応用場面を迎えるにあたって、言語と視覚を代表とするあらゆるモダリティを融合し、理解する能力が必要とされています。現在、Vision and Language タスクにおける、Embodied AI タスクや、動画や3次元データと Language を融合したタスクなどでは、精度やモデルの解釈性などにおいて改善する余地が十分に残っています。

今後、Transformer 構造がこれらのサブタスクへ応用されるにあたって、さらに Vision and Language 分野が盛り上がる可能性があります。また、視覚のみならず、音、触覚、環境や物体に関わるその他の物理量、ロボティクスの Embodiment などのさまざまなモダリティが Transformer 構造により融合し、実環境をさまざまなセンシング情報により理解し、人間と同様に行動する AI の実現に近づくことが期待できます。

　最後に、本章をここまで読んでいただいた読者が、Vision and Language タスクで扱っている問題、各タスクの応用先、Transformer の導入がこのタスクにもたらした影響などについて理解が進み、さらに今後の Transformer の応用が進む方向や、Vision and Language タスクおよび AI 分野のトレンドを把握する際の一助になれば幸いです。

参考文献

[Achlioptas20] Panos Achlioptas, Ahmed Abdelreheem, et al. "Referit3d: Neural listeners for fine-grained 3d object identification in real-world scenes" ECCV, pages 422-440, 2020.

[Agrawal15]Aishwarya Agrawal, Jiasen Lu, et al. "VQA: Visual Question Answering", ICCV, 2015.

[Agrawal19] Harsh Agrawal, Karan Desai, et al. "Nocaps: Novel object captioning at scale" ICCV, pages 8948-8957, 2019.

[Anderson18a] Peter Anderson, Qi Wu, et al. "Vision-and-Language Navigation: Interpreting Visually-Grounded Navigation Instructions in Real Environments" CVPR, pages 3674-3683, 2018.

[Anderson18b] Peter Anderson, Xiaodong He, et al. "Bottom-Up and Top-Down Attention for Image Captioning and Visual Question Answering" CVPR, pages 6077-6086, 2018.

[Antol15] Stanislaw Antol, Aishwarya Agrawal, et al. "VQA: Visual Question Answering" ICCV, pages 2425-2433, 2015.

[Chang17] Angel Chang, Angela Dai, et al. "Matterport3d: Learning from rgb-d data in indoor environments" arXiv:1709.06158, 2017.

[Chaplot20] Chaplot D S, Gandhi D P, et al. "Object goal navigation using goal-oriented semantic exploration" NeurIPS, pages 4247-4258, 2020.

[Chen15] Xinlei Chen, Hao Fang, et al. "Microsoft coco captions: Data collection and evaluation server." arXiv:1504.00325, 2015.

[Chen19] Howard Chen, Alane Suhr, et al. "Touchdown: Natural language navigation and spatial reasoning in visual street environments" CVPR, pages 12538-12547, 2019.

[Chen20a] Chen D Z, Chang A X, Nießner M. "Scanrefer: 3d object localization in rgb-d scans using natural language" ECCV, pages 202-221, 2020.

[Chen20b] Changan Chen, Unnat Jain, et al. "Soundspaces: Audio-visual navigation in 3d environments" ECCV, pages 17-36, 2020.

[Chen20c] Ting Chen, Simon Kornblith, et al. "A simple framework for contrastive learning of visual representations." ICML, 2020.

[Chen21a] Changan Chen, Ziad Al-Halah1, Kristen Grauman "Semantic audio-visual navigation" CVPR, pages 15516-15525, 2021.

[Chen21b] Shizhe Chen, Pierre-Louis Guhur, et al. "History aware multimodal transformer for vision-and-language navigation" NeurIPS, pages 34, 2021.

[Chen22] Shizhe Chen, Pierre-Louis Guhur, et al. "Think Global, Act Local: Dual-scale Graph Transformer for Vision-and-Language Navigation" arXiv:2202.11742, 2022.

[Das17] Abhishek Das, Satwik Kottur, et al. "Visual Dialog" CVPR, pages 326-335, 2017.

[Das18a] Das A, Datta S, et al. "Embodied question answering" CVPR, pages 1-10, 2018.

[Das18b] Abhishek Das, Georgia Gkioxari, et al. "Neural modular control for embodied question answering" PMLR, pages 53-62, 2018.

[Devlin18] Devlin J, Chang M W, et al. "Bert: Pre-training of deep bidirectional transformers for language understanding". arXiv:1810.04805, 2018.

[Dosovitskiy21] Alexey Dosovitskiy, Lucas Beyer, et al. "An Image is Worth 16x16 Words: Transformers for Image Recognition at Scale" ICLR, 2021.

[Du21] Du H, Yu X, Zheng L "VTNet: Visual transformer network for object goal navigation" arXiv:2105.09447, 2021.

[Feynman18] Feynman R P, Morinigo F B, et al. "Feynman lectures on gravitation" CRC Press, 2018.

[Fukui16] Fukui A, Park D H, Yang D, et al. "Multimodal compact bilinear pooling for visual question answering and visual grounding". arXiv:1606.01847, 2016.

[Fukushima22] Fukushima R, Ota K, Kanezaki A, et al. "Object Memory Transformer for Object Goal Navigation" arXiv:2203.14708, 2022.

[Gao21] Gao C, Chen J, Liu S, et al. "Room-and-object aware knowledge reasoning for remote embodied referring expression" CVPR, pages 3064-3073, 2021.

[Goodfellow14] Ian Goodfellow, Jean Pouget-Abadie, et al. "Generative Adversarial Nets" NeurIPS, 2014.

[Goyal17] Goyal Y, Khot T, Summers-Stay D, et al. "Making the v in vqa matter: Elevating the role of image understanding in visual question answering" CVPR, pages 6904-6913, 2017.

[Heilbron15] Caba Heilbron F, Escorcia V, Ghanem B, et al. "Activitynet: A large-scale video benchmark for human activity understanding" CVPR, pages 961-970, 2015.

[Hu21] Hu R, Singh A "Unit: Multimodal multitask learning with a unified transformer" ICCV, pages 1439-1449, 2021.

[Huang16] Huang T H, Ferraro F, et al. "Visual storytelling" NAACL, pages 1233-1239, 2016.

[Hudson19] Drew A. Hudson, Christopher D. Manning "Gqa: A new dataset for real-world visual reasoning and compositional question answering." CVPR, 2019.

[Jhamtani18] Jhamtani H, Berg-Kirkpatrick T "Learning to describe differences between pairs of similar images". arXiv:1808.10584, 2018.

[Ji21] Ji J, Luo Y, Sun X, et al. "Improving image captioning by leveraging intra-and inter-layer global representation in transformer network"AAAI, pages 1655-1663, 2021.

[Jiang20] Jiang H, Misra I, Rohrbach M, et al. "In defense of grid features for visual question answering" CVPR, pages 10267-10276, 2020.

[Johnson15] Johnson J, Krishna R, Stark M, et al. "Image retrieval using scene graphs" CVPR, pages 3668-3678, 2015.

[Johnson17] Johnson J, Hariharan B, Van Der Maaten L, et al. "Clevr: A diagnostic dataset for compositional language and elementary visual reasoning" CVPR, pages 2901-2910, 2017.

[Johnson18] Johnson J, Gupta A, Fei-Fei L "Image generation from scene graphs" CVPR, pages 1219-1228, 2018.

[Kazemzadeh14]: Kazemzadeh S, Ordonez V, Matten M, et al. "Referitgame: Referring to objects in photographs of natural scenes" EMNLP, pages 787-798, 2014.

[Kim18] Kim J H, Jun J, Zhang B T "Bilinear attention networks" NeurIPS, 2018.

[Kingma13] Kingma D P, Welling M "Auto-encoding variational bayes" arXiv:1312.6114, 2013.

[Kolve17] Kolve E, Mottaghi R, Han W, et al. "Ai2-thor: An interactive 3d environment for visual ai" arXiv:1712.05474, 2017.

[Krishna17] Krishna R, Hata K, Ren F, et al. "Dense-captioning events in videos" ICCV,pages 706-715, 2017.

[Li21a] Li C, Xia F, Martín-Martín R, et al. "Igibson 2.0: Object-centric simulation for robot learning of everyday household tasks" arXiv:2108.03272, 2021.

[Li21b] Li M, Sigal L "Referring transformer: A one-step approach to multi-task visual grounding" NeurIPS, page 34, 2021.

[Lin14] Tsung-Yi Lin, Michael Maire, et al. "Microsoft COCO: Common Objects in Context" ECCV, pages 740-755, 2014.

[Liu17] Liu C, Lin Z, Shen X, et al. "Recurrent multimodal interaction for referring image segmentation" ICCV, pages 1271-1280, 2017..

5

[Liu21] Liu W, Chen S, Guo L, et al. "Cptr: Full transformer network for image captioning" arXiv:2101.10804, 2021.

[Lu18] Lu J, Yang J, Batra D, et al. "Neural baby talk" CVPR, pages 7219-7228, 2018.

[Lu19] Lu J, Batra D, Parikh D, et al. "Vilbert: Pretraining task-agnostic visiolinguistic representations for vision-and-language tasks" NeurIPS, page 32, 2019.

[Lu20] Lu J, Goswami V, Rohrbach M, et al. "12-in-1: Multi-task vision and language representation learning" CVPR, pages 10437-10446, 2020.

[Luo21] Luo Y, Ji J, Sun X, et al. "Dual-level collaborative transformer for image captioning" arXiv:2101.06462, 2021.

[Majumder21] Majumder S, Al-Halah Z, Grauman K "Move2hear: Active audio-visual source separation" ICCV, pages 275-285, 2021.

[Miao22] Miao P, Su W, Wang L, et al. "Referring Expression Comprehension via Cross-Level Multi-Modal Fusion" arXiv:2204.09957, 2022.

[Moudgil21] Moudgil A, Majumdar A, Agrawal H, et al. "SOAT: A Scene-and Object-Aware Transformer for Vision-and-Language Navigation" NeurIPS, page 34, 2021.

[Nagaraja16] Nagaraja V K, Morariu V I, Davis L S. "Modeling context between objects for referring expression understanding" ECCV, pages 792-807, 2016.

[Park19] Park D H, Darrell T, Rohrbach A "Robust change captioning" ICCV, pages 4624-4633, 2019.

[Pashevich21] Alexander Pashevich, Cordelia Schmid, Chen Sun "Episodic Transformer for Vision-and-Language Navigation" ICCV , pages 15942-15952, 2021.

[Plummer15] Plummer B A, Wang L, Cervantes C M, et al. "Flickr30k entities: Collecting region-to-phrase correspondences for richer image-to-sentence models"ICCV, pages 2641-2649, 2015.

[Qi20] Qi Y, Wu Q, Anderson P, et al. "Reverie: Remote embodied visual referring expression in real indoor environments" CVPR, pages 9982-9991, 2020.

[Qiao20] Qiao Y, Deng C, Wu Q "Referring expression comprehension: A survey of methods and datasets" IEEE Transactions on Multimedia, pages 4426-4440, 2020.

[Qiu21] Yue Qiu, Shintaro Yamamoto, et al. "Describing and Localizing Multiple Changes with Transformers" ICCV, pages 1971-1980, 2021.

[Radford21] Alec Radford, Jong Wook Kim, et al. "Learning Transferable Visual Models From Natural Language Supervision" ICML, pages 8748-8763 , 2021.

[Ramesh21] Ramesh A, Pavlov M, Goh G, et al. "Zero-shot text-to-image generation" PMLR, pages 8821-8831, 2021.

[Ramesh22] Ramesh A, Dhariwal P, Nichol A, et al. "Hierarchical text-conditional image generation with clip latents" arXiv:2204.06125, 2022.

[Savva19] Savva M, Kadian A, Maksymets O, et al. "Habitat: A platform for embodied ai research" ICCV, pages 9339-9347, 2019.

[Shen20] Shen B, Xia F, Li C, et al. "iGibson 1.0: A Simulation Environment for Interactive Tasks in Large Realistic Scenes" IROS, pages 7520-7527, 2020.

[Shridhar20] Shridhar M, Thomason J, Gordon D, et al. "Alfred: A benchmark for interpreting grounded instructions for everyday tasks" CVPR, pages 10740-10749, 2020.

[Sidorov20] Sidorov O, Hu R, Rohrbach M, et al. "Textcaps: a dataset for image captioning with reading comprehension" ECCV, pages 742-758, 2020.

[Singh19] Singh A, Natarajan V, Shah M, et al. "Towards vqa models that can read" CVPR, 8317-8326, 2019.

[Song17] Song S, Yu F, Zeng A, et al. "Semantic scene completion from a single depth image" CVPR, pages 1746-1754, 2017.

[Straub19] Straub J, Whelan T, Ma L, et al. "The Replica dataset: A digital replica of indoor spaces" arXiv:1906.05797, 2019.

[Suglia21] Suglia A, Gao Q, Thomason J, et al. "Embodied bert: A transformer model for embodied, language-guided visual task completion" arXiv:2108.04927, 2021.

[Szot21] Szot A, Clegg A, Undersander E, et al. "Habitat 2.0: Training home assistants to rearrange their habitat" NeurIPS, page 34, 2021.

[Tapaswi16] Tapaswi M, Zhu Y, Stiefelhagen R, et al. "Movieqa: Understanding stories in movies through question-answering" CVPR, pages 4631-4640, 2016.

[Vinyals15] Vinyals O, Toshev A, Bengio S, et al. "Show and tell: A neural image caption generator" CVPR, pages 3156-3164, 2015.

[Wang19] Wang X, Huang Q, Celikyilmaz A, et al. "Reinforced cross-modal matching and self-supervised imitation learning for vision-language navigation" CVPR, pages 6629-6638, 2019.

[Wang22] Wang H, Zhang C, Yu J, et al. "Spatiality-guided Transformer for 3D Dense Captioning on Point Clouds" arXiv:2204.10688, 2022.

[Weihs21] Weihs L, Deitke M, Kembhavi A, et al. "Visual room rearrangement" CVPR, 5922-5931, 2021.

[Wijmans19] Wijmans E, Datta S, Maksymets O, et al. "Embodied question answering in photorealistic environments with point cloud perception" CVPR, pages 6659-6668, 2019.

[Xia18] Xia F, Zamir A R, He Z, et al. "Gibson env: Real-world perception for embodied agents" CVPR, pages 9068-9079, 2018.

[Xu15] Xu K, Ba J, Kiros R, et al. "Show, attend and tell: Neural image caption generation with visual attention" PMLR, pages 2048-2057, 2015.

[Yang16] Yang Z, He X, Gao J, et al. "Stacked attention networks for image question answering" CVPR, pages 21-29, 2016.

[Yu17] Yu Z, Yu J, Fan J, et al. "Multi-modal factorized bilinear pooling with co-attention learning for visual question answering" ICCV, pages 1821-1830, 2017.

[Yu18] Yu L, Lin Z, Shen X, et al. "Mattnet: Modular attention network for referring expression comprehension" CVPR, pages 1307-1315, 2018.

[Zellers19] Zellers R, Bisk Y, Farhadi A, et al. "From recognition to cognition: Visual commonsense reasoning" CVPR, pages 6720-6731, 2019.

[Zhang21] Zhang Y, Shi X, Mi S, et al. "Image captioning with transformer and knowledge graph" Pattern Recognition Letters, pages 43-49, 2021.

[Zhao21] Zhao L, Cai D, Sheng L, et al. "3DVG-Transformer: Relation modeling for visual grounding on point clouds" ICCV, pages 2928-2937, 2021.

[Zhou18] Zhou, Luowei, et al. "End-to-end dense video captioning with masked transformer." CVPR, 2018.

[Zhou21a] Zhou Y, Ren T, Zhu C, et al. "TRAR: Routing the Attention Spans in Transformer for Visual Question Answering" ICCV, pages 2074-2084, 2021.

[Zhou21b] Zhou Y, Zhang Y, Hu Z, et al. "Semi-Autoregressive Transformer for Image Captioning" ICCV, pages 3139-3143, 2021.

5

第 **6** 章

Vision Transformer の 派生手法

ViT(Vision Transformer) は画像認識モデルの新たなデファクトス
タンダートモデルで、2020 年は Transformer センセーションな年
であったと言えるでしょう。コンピュータビジョンに新たなブームを巻
き起こした ViT は、構造上の使い勝手の良さから後々多くの派生手
法が登場しています。本章では、そのような ViT の派生手法につい
て紹介します。

箕浦大晃

6-1 | ViT派生手法の分類

　図6.1にViTの派生手法の分類をまとめました。ViTを各タスクへ特化させたり、畳み込み（Convolution）と複合させたりと、派生手法がいくつか提案されています。また、ViTの中でも構造によるものと教師ラベルの与え方に起因するもので分類できます。

　今までコンピュータビジョン分野を牽引してきた畳み込みが終焉を迎えたかといえばそうではなく、ViTの性能を上げるためのテクニックをCNNに用いると、既存のCNNモデルの性能も向上することが知られています。さらに、ViTはSelf-Attention構造で大域的（グローバル）特徴を捉えますが、それをシンプルなMLP（Multi-Layer Perceptron）構造に置き換えることで認識性能が上がったり、そもそも畳み込みもSelf-Attentionも必要とせずプーリング（Pooling）だけ用いた手法も提案されたりするなど、コンピュータビジョン分野における各手法のアプローチは混沌を極めています。

　本章では、ViTの派生手法（ViT手法）の中から代表的なものをいくつか説明します。また、教師あり学習にかかる人的コストや時間コストの解決を試みる自己教師あり学習についてふれ、自己教師あり学習とViTを組み合わせた手法についても説明します。最新のMLPやCNNモデルの詳細については8章で紹介します。

図6.1：Vision Transformer の派生手法の分類（図中の SA は Self-Attention を意味する。本章では太枠で囲んでいる手法を紹介）

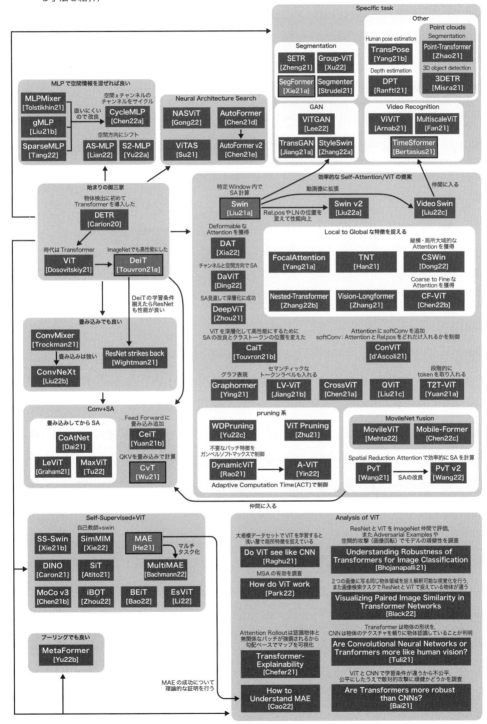

6-2 | Swin Transformer

　ViT は画像をパッチに分割し、パッチ特徴量間の対応関係を取得する Self-Attention により、シンプルな構造でありながら高い認識精度を達成しています。一方で Self-Attention の計算量は、Self-Attention への "入力の長さ（パッチ数）の二乗" に比例します。画像認識では、解像度の高い画像を扱うタスクが多く、それらのタスクに ViT の構造をそのまま適用するのは困難です。また、図 6.2(b) のように ViT では画像を特定サイズのパッチに分割しているため、多様な物体スケール（物体の大きさ）の変化を捉えることが困難です。本節では、画像認識における多様な物体スケールに対応可能かつ、Self-Attention の計算量を削減した ViT 手法である **Swin Transformer**[Liu21a] について解説します。Swin Transformer では、図 6.2(a) のように細かく分割された画像パッチを深い層で結合することで階層的な特徴マップを構築します。このとき、広く分割された Window（局所窓）内のみで Self-Attention を計算します。具体的には、図 6.2(a) の最下層の場合、16×16 に細かく分割したパッチから、4×4 に広く分割した Window 内のみで Self-Attention を計算します。この構造により、計算量問題や多様な物体スケールに対応できます。

図 6.2：Swin Transformer と ViT の Self-Attention の計算範囲（[Liu21a] より引用）

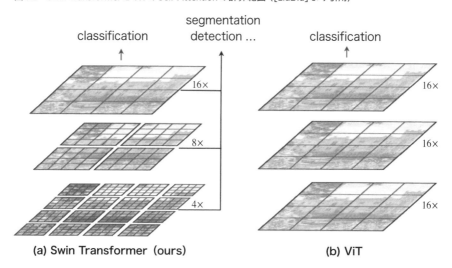

▌6-2-1　ネットワーク構造

　Tinyモデル（3-3節で解説）を例にしたSwin Transformerのネットワーク構造[注1]を図6.3に示します。Swin Transformerは、Stageごとに特徴マップのサイズを小さくする構造を持ちます。これらのStageがCNNのような階層的構造を表現しています。Swin Transformerは、図6.3(a)で示すように、4つのブロックで画像特徴量を抽出します。まず、Patch Partitionで画像をViTのように重複しないパッチに分割します。Stage1では、分割したパッチからLinear Embeddingでパッチ特徴量を得ます。そして、Swin Transformer Blockでパッチ間の対応関係を取得します。Swin Transformer Blockの中身は図6.3(b)に示すように、偶数番目の層でW-MSA（Window based Multi-head Self-Attention）、奇数番目の層でSW-MSA（Shifted Window based Multi-head Self-Attention）を用いてパッチ間の対応関係を捉えます。W-MSAとSW-MSAについては6-2-4項で詳しく解説します。Stage2では、Patch Mergingを用いて特徴マップサイズを小さくします。具体的には、2×2の隣接するパッチ特徴量をチャンネルC次元方向に連結し、$4C$次元に連結された特徴量に対し、全結合層を適用してチャンネルが$2C$次元になるよう線形変換をします。そしてSwin Transformer Blockでパッチ間の対応関係を捉える、といった流れをそれ以降のStageで重ねていきます。最終的に特徴マップのサイズを$\frac{H}{32} \times \frac{W}{32}$ピクセル（pixel）まで小さくした後に、Global Average Pooling[注2]と全結合層でクラス分類を行います。

図6.3：TinyモデルにおけるSwin Transformerの概略図（[Liu21a]より引用）

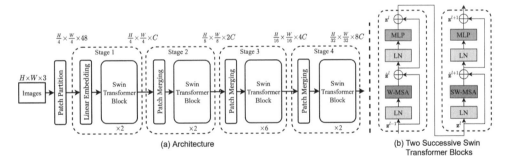

(a) Architecture

(b) Two Successive Swin Transformer Blocks

▌6-2-2　Patch PartitionとLinear Embedding

　前述の通りSwin Transformerでは、Patch PartitionでViTと同じく固定サイズのパッチに分解し、Linear Embeddingで各パッチ特徴量を得ます。図6.4にそれぞれの概略図を示します。**Patch Partition**では、$H \times W \times 3$のRGB画像をViTのように重複しないパッチに分割します。

注1　HとWはともに224、Cは96です。
注2　https://paperswithcode.com/method/global-average-pooling

パッチサイズのデフォルトは4×4です。分割したパッチを**Linear Embedding**（実装上ではカーネルサイズ4×4、ストライド4の畳み込み）を用いて各パッチ特徴量を得ます。

図6.4：Patch PartitionとLinear Embeddingの概略図

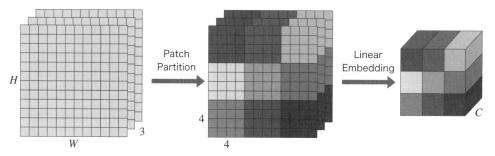

6-2-3　Patch Merging

Patch Mergingでは、各Stageで得た特徴マップサイズを小さくします。図6.5にPatch Mergingの概略図を示します。図6.5左では、$H/4 \times W/4 \times C$の特徴マップのグリッドがパッチ特徴量を表しています。Patch Mergingではパッチ特徴量を各色で表現します。各色で表された近傍2×2のパッチをチャンネル方向に結合し、サイズを半分にした$H/8 \times W/8 \times 4C$の特徴マップを得ます。最終的には得た特徴マップのチャンネル次元を$2C$になるように全結合層を適用します。

図6.5：Patch Mergingの概略図（Stage2の処理例）

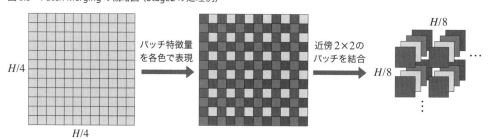

6-2-4　Swin Transformer Block

Swin Transformer Blockでは、Self-Attentionでパッチ間の対応関係を捉えるために、Shifted Windowと呼ばれる方法を用います。図6.6にShifted Windowの概略図を示します。パッチを広く分割したWindow内のみSelf-Attentionで計算することで、計算量を削減することができます。以下でそれぞれについて説明します。

図6.6：Shifted Windowの概略図（[Liu21a]より引用）。左図が W-MSA、右図が SW-MSA、太枠が Window、細枠がパッチを表す

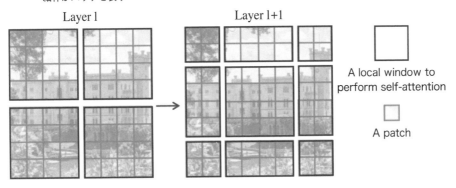

Window-based Multi-Head Self-Attention

W-MSA（Window-based Multi-Head Self-Attention）は偶数番目の層で適用され、図6.6左が Self-Attention の範囲を示します。Self-Attention の計算量は、クエリ、キー、バリュー、そして線形変換するための全結合層が4つと、クエリとキー間の行列積です。そのため、$h \times w$ 個のパッチが存在する Self-Attention 全体の計算量は以下のようになります。

$$\Omega(MSA) = 4hwC^2 + 2(hw)^2C$$

ここで第1項が4つの全結合層、第2項が行列積にかかる計算量です。W-MSA では、$M \times M$（図6.6の例では 2×2）の Window に特徴マップサイズを分割し、Window 内のパッチでのみ Self-Attention で計算します。そのため、Self-Attention 全体の計算量は以下のようになります。

$$\Omega(W - MSA) = 4hwC^2 + 2M^2hwC$$

ここで、どのくらい計算量が削減されるか具体的な数値を入れてみましょう。hw が196、C が16、M が7とします。このとき $\Omega(MSA)$ にかかる計算量は上式に各シンボルを当てはめると1,430,016となります。一方で、$\Omega(W-MSA)$ にかかる計算量は508,032となり、計算量は約3分の1に削減できます。

Shifted Window-based Multi-Head Self-Attention

SW-MSA（Shifted Window-based Multi-Head Self-Attention）は奇数番目の層で適用され、図6.6右が Self-Attention の範囲です。SW-MSA は特徴マップ上の Window を $M/2 \times M/2$ だけ移動させた W-MSA です。W-MSA と交互に適用することで、隣接した Window 間でパスがつながります。しかし、図6.6右のような構造では Window 数が多くなり計算量が増加してしまい

ます。そこで、特徴マップを分割したWindowを右下へ2×2移動するcyclic shiftを適用することで、パッチ間の対応関係を効率的に計算します。具体的には、複数のWindowがある場合、特定の箇所をマスク（mask）してWindow間のAttention Weightを0にします。図6.7の例では、左上のWindowはマスクせず、右下のWindowは各領域（A、B、C、それ以外の領域）で表されるパッチ間を計算しないようにマスクします。各WindowでSelf-Attentionを計算した後、reverse cyclic shiftで元の特徴マップの位置に戻します。

図6.7：cyclic shiftの概略図（[Liu21a]より引用）

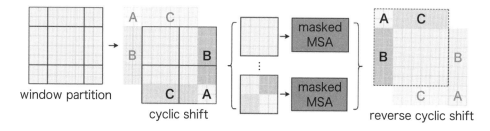

6-2-5 Relative Position Bias

Swin Transformerでは、ViTのように各パッチ特徴量に絶対的な位置情報は付与しません。その代わり、下式のようにSelf-Attentionの計算時にWindow内の相対的な位置関係でAttention Weightの強度を調整する**Relative Position Bias** Bを適用します。

$$Attention(Q, K, V) = \mathrm{Softmax}(QK^\top/\sqrt{d} + B)V$$

Relative Position Biasの概略図を図6.8に示します。パッチ間の位置関係を関連付ける（Relative）ことによって、Multi-Head Self-AttentionでCNNの畳み込み演算を表現できることが報告されています[Cordonnier20]。

図6.8：Relative Posion Biasの概略図。強調されたパッチを基準に他のパッチ間との相対的な位置関係を表す

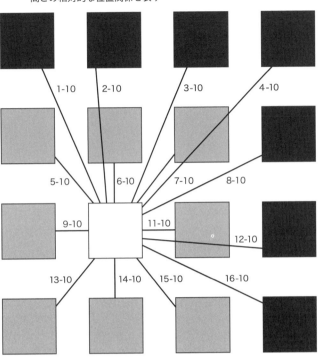

6-2-6　Swin Transformerのまとめ

　Swin Transformerは、小領域のWindow内のみでSelf-Attentionを計算する機構により、ViTが抱えていた計算量問題を解決しつつ認識性能を向上させたことから、ViTモデルのベースラインとなっています。Swin Transformerはコンピュータビジョンで CNN のように汎用的に使われるモデルとして注目されており、Videoに応用したVideo Swin Transformer[Liu22c]、自己教師あり学習に応用したSimMIM[Xie22]が提案されています。また、Swin Transformerはモデルが大きくなるにつれ学習が不安定になる傾向があること、Windowの大きさを変更すると性能が劣化することから、構造を見直し改良したSwin Transformer v2[Liu22a]が提案されています。Swin TransformerはViT系の論文におけるCNNのような立ち位置を確立し、今後さらなる発展が期待されます。

6-3 | DeiT

ViT は CNN を凌駕する性能を叩き出せる反面、学習率や Dropout、重み減衰といったハイパーパラメータを細かく設定しなければならないため、学習が難しいことが知られています。また、CNN と同程度の性能を発揮するためには 3 億枚のデータセットを用いて事前学習する必要があり、データが不十分だと過学習が起こりやすいことも知られています。この原因はデータが持つ帰納バイアス（Inductive Bias）とデータ数によるものだと考えられます。帰納バイアスとはモデルがデータに対して持っている仮定のことです。例えば、CNN ではカーネルにより局所領域のデータのみを捉えるため、局所領域に強い帰納バイアスが生じます。一方で、ViT では Self-Attention が各パッチ特徴量を計算するため、CNN に比べて帰納バイアスが弱いと言えます。そのため、少ないデータで学習すると強い帰納バイアスが生じる CNN、膨大なデータで学習すると弱い帰納バイアスが生じる ViT の性能が良くなると考えられます。では、CNN のように少ないデータで ViT を効率的に学習させるにはどうすればよいでしょうか。Facebook AI の研究者らは**知識の蒸留**（Knowledge Distillation）[Hinton15] で学習することで、小さいデータセットのみで事前学習をした場合においても同程度のパラメータ数を持つ CNN に劣らない精度を達成できる **DeiT**（**Data-efficient image Transformers**）[Touvron21a] を提案しました。知識の蒸留とは、学習済みのネットワーク（教師ネットワーク）の出力分布を目標の分布として、未学習のネットワーク（生徒ネットワーク）の学習に利用する方法です。直感的には、学校の先生が 1 人の生徒にマンツーマンで勉強を教えているイメージです。DeiT では CNN を教師ネットワーク、ViT モデルを生徒ネットワークとしています。

6-3-1　ネットワーク構造

DeiT のネットワーク構造を図 6.9 に示します。DeiT では ViT 構造に新たに **Distillation Token** と呼ばれる学習可能なパラメータを追加しています。Distillation Token は最終層でクラス数の次元に線形変換され、教師ネットワークである CNN の出力と損失を求めます。これにより Distillation Token は、クラストークン（Class Token）や各パッチ特徴量と相互作用しながら CNN が学習により獲得した知識を学習できます。また、ViT と同様にクラストークンは教師ラベルとの損失を求めて学習を行います。推論時にはクラストークンと Distillation Token の 2 つの平均を最終的な出力とします。

図6.9：DeiTのネットワーク構造。図は教師ネットワークの出力をソフトターゲットとした例

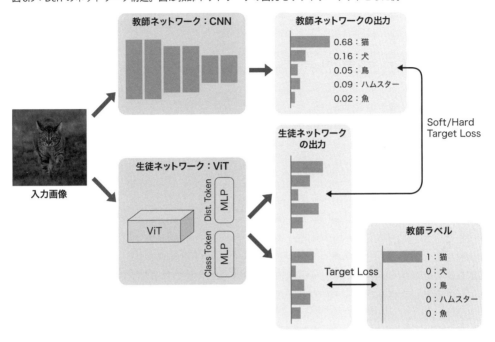

通常のクラス分類ではターゲット[注3]として$[0,0,1,0]$のようなOne-hotベクトルが用いられるのに対し、知識の蒸留ではターゲットとして$[0.1,0.1,0.75,0.05]$のような教師ネットワークのソフトマックス関数の出力をそのまま用います。前者のように、1が1つだけ存在するターゲットをハードターゲット、後者のように確率分布のようになっているターゲットをソフトターゲットと呼びます。一般的に知識の蒸留では、教師ネットワークの出力をソフトターゲットとして、生徒ネットワークの出力分布がこれと近似するようSoft Taget Lossを学習に利用します。一方でDeiTでは、Soft Target Lossもしくは教師ネットワークの出力をハードターゲット、つまり教師ラベルと同じOne-hotベクトルとしたHard Target Lossのどちらかを学習に利用しています。Soft Target LossとHard Target Lossは次のように計算されます。

$$L_{soft} = (1 - \lambda)L_{CE}(\psi(Z_s), y) + \lambda\tau^2\mathrm{KL}(\psi(Z_s/\tau), \psi(Z_t/\tau))$$

$$L_{hard} = \frac{1}{2}L_{CE}(\psi(Z_s), y) + \frac{1}{2}L_{CE}(\psi(Z_s), y_t)$$

以下は式の補足です。

注3 クラス分類時の判断材料のことです。ここではカテゴリカル変数に符号化しています。

- L_{CE}はクロスエントロピー（Cross-entropy）
- KLはカルバック・ライブラー情報量（Kullback–Leibler divergence）[注4]
- Z_sは生徒ネットワークの出力のlogit
- Z_tは教師ネットワークの出力のlogit
- yは教師ラベル
- y_tはCNNの予測ラベル
- $\psi(\cdot)$はソフトマックス関数
- τは温度パラメータ
- λ：制御値（DeiTでは制御値$\lambda = 0.1$で設定）

Soft Target Loss（L_{soft}）の右式第1項で生徒ネットワークの出力と教師ラベル間のエントロピーを計算します。第2項では生徒ネットワークの出力が教師ネットワークの出力に近似するようカルバック・ライブラー情報量で計算します。このとき、温度パラメータを調節することで、確率分布の形状をなだらかにしたり先鋭化したりすることができます。ここで、温度パラメータによる確率分布の変化を図6.10に示します。温度パラメータが1の確率分布は、通常のソフトマックス関数による確率分布と同様になります。温度パラメータが1未満の確率分布は、ネットワーク出力の中で最も大きな値が1に近く、それ以外の値が0に近くなります。温度パラメータが1より大きい確率分布は、ネットワーク出力の中で最も大きな値が小さくなり、それ以外の値が大きくなります。知識の蒸留では、温度パラメータを1より大きくすることで教師ネットワークの知識を生徒ネットワークへ伝えやすくします。DeiTでは$\tau = 3.0$で設定しています。

図6.10：温度パラメータによる確率分布の変化

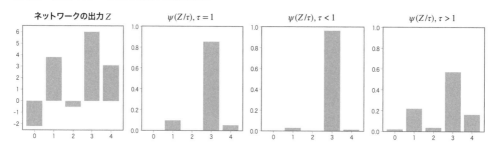

■ 6-3-2　蒸留でなぜ性能が向上するのか？

DeiTを用いて、教師ネットワークと生徒ネットワーク間の損失計算にSoft Target LossとHard Target Lossを用いて比較実験したところ、Hard Target Lossの方が性能向上した報告が

注4　確率分布同士の距離のようなものを表す指標です。

あります。では、蒸留によってなぜ生徒ネットワークの性能が向上するのでしょうか。はっきり言ってしまえば、理論的な証明はCNNモデルによる蒸留が行われている頃から存在していません。ただ、優秀な教師ネットワークから得られた知識を生徒ネットワークに伝えることで、生徒ネットワークの精度が向上すると考えられています。

　クラス分類問題を解くネットワークを教師ありで学習させる場合、教師ラベル（Hard Target）として正解クラスのみ1、他のクラスが0のデータを使用することを想定します。例えば、正解クラスが猫である場合は、猫のクラスのみ1、それ以外のクラスが0だと考えてください。これに対して、学習済みの教師ネットワークの出力値（Soft Target）は、図6.9のように、猫クラス以外にも0より大きな値が存在します。一般的に、この値は正解クラスと見た目が近いほど大きく、遠いほど小さくなります。この例では、猫クラスと見た目が近い犬クラスが2番目に大きな値を持っており、大きく見た目の異なる魚クラスは非常に小さな値となっています。つまり、学習済みのネットワークの出力値には、入力画像に対する正解クラスの類似度情報（ここでは猫クラスの0.68）の他に、正解クラス以外の類似度情報も含まれています。優秀な教師ネットワークから得られた、この類似度情報を生徒ネットワークに伝えることで、生徒ネットワークの性能が向上すると考えられています。教師ネットワークの出力値をHard Targetで考える場合、図6.9では猫クラスが1、それ以外が0で猫クラスに特化した知識が生徒ネットワークに伝えられます。一方で、仮に教師ネットワークが犬クラスだと誤認識した場合、生徒ネットワークには誤った知識が伝えられてしまいます。しかし、教師ネットワークはある程度優秀[注5]で猫クラスと高い類似性を持つクラス情報を生徒ネットワークに伝えることができるため、生徒ネットワークの性能は向上すると考えられます。実際にDeiTでは、知識の蒸留の他に、ラベル平滑化による正則化の効果[注6]、データ拡張を学習に利用することで生徒ネットワークの高性能化を実現しています。

6-3-3　DeiTのまとめ

　DeiTは蒸留やデータ拡張を用いることで、少ないデータ数でViTを学習した場合においてもCNNに劣らない精度を達成しました。このDeiTの成功により、Swin Transformerをはじめとする多くのViT系モデルがDeiTで用いられたデータ拡張をデファクトスタンダードにしています。また、DeiTで設定したデータ拡張を変更し、DeiTの認識性能を上回ったDeiT iii[Touvron21c]が同著者によって提案されています。ViTで蒸留を用いた手法が急速に拡大したわけではありませんが、自己教師あり学習をはじめとする学習テクニックでViTの性能を向上させようとする試みが提案されており、今後もViTの発展に期待できます。

[注5]　ImageNetで約80%の性能を叩き出す教師ネットワークの知識を用います。

[注6]　Müllerらの検証実験[Müller19]によると、ラベル平滑化が知識の蒸留に悪影響を及ぼすことが示されています。ただし、Shenらの検証実験[Shen21]では、知識の蒸留とラベル平滑化には互換性があるとし、ラベル平滑化が悪影響を及ぼすのはロングテールなクラス分布やクラス数の増加であると示しています。

ViTを改善する試みはSwin TransformerやDeiT以外にも数多く提案されています。本節で説明する**CvT**（**Convolutional Vision Transformer**）[Wu21] は、Transformer と CNN を組み合わせたモデルです。画像の大域的特徴を捉える Transformer に対して、CNN は局所的特徴を捉えるため、CvT は両者の強みを活かすように設計されています。この文献で CNN とTransformer を組み合わせたのは、ImageNet のような少量データを Transformer で学習するとCNN の性能に及ばないという背景があるためです。これは、局所領域に強い帰納バイアスを持つ CNN が Transformer の性能を上回るからだと考えられます。例えば、CNN は画像のシフトや、スケール、位置不変性に強いと言われています。しかし、画像全体の特徴を捉えることは難しく、複数回の畳み込みを行うことで補っています。反対に Transformer は一貫して画像全体の特徴を捉えることができます。CNN と Transformer を組み合わせることで、それぞれの利点を保ちつつ、少ないデータにおいても性能向上したと考えられます。

■ 6-4-1　ネットワーク構造

図6.11 に CvT のネットワーク構造を示します。CvT は3つの Stage で構成された階層型のネットワークであり、Stage ごとに特徴マップサイズを減らしていきます。まず、Convolutional Token Embedding で入力画像を畳み込んだ2次元の特徴マップを1次元に flatten し、パッチ特徴量として出力します。ViT では画像を固定パッチに分割する際に重ならないように処理する一方、CvT ではパッチ間である程度重なりながら畳み込み処理をします。また、ViT ではこのパッチ特徴量に位置埋め込みを加算していますが、CvT では加算しません。次に、Convolutional Transformer Block にパッチ特徴量を入力して、パッチ間の対応関係を Self-Attention で計算します。Convolutional Transformer Block の処理過程を図6.11(b) に示します。パッチ特徴量を2次元の特徴マップに変換した後に、クエリ、キー、バリューそれぞれで畳み込みによる線形変換を行います。畳み込み処理を適用することで、局所的空間におけるパッチ間の相対的位置をモデル化できます。これは、Swin Transformer の Relative Position Bias と似たようなしくみです。その後、Multi-Head Attention でパッチ間の対応関係を捉えます。このブロックによる処理を Stage 内で N 回繰り返し、Stage を重ねるごとに特徴マップサイズを減らしていきます。ViT や DeiT では最初の層からクラストークンが追加されていますが、CvTでは Stage3（深い層）からクラストークンが追加されています。追加されたクラストークンを用いて、MLP Head でクラス分類します。

図6.11：CvTのネットワーク構造。文献[Wu21]より引用

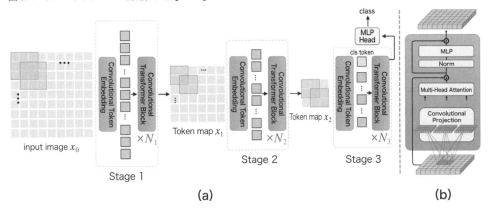

(a)　　　　　　　　　　　　　　　　　　(b)

6-4-2　Convolutional Projection for Attention

　図6.11(b)の **Convolutional Projection** は、クエリ、キー、バリューそれぞれの特徴量に対する線形変換を畳み込み層で行っています。ViTでは線形変換に全結合層を用いていましたが、CvTでは畳み込み層に置換することで、局所的特徴を獲得するのが容易になり、Attention機構が持つ意味的な曖昧さを低減できます（どのパッチ空間が識別にとって重要になるかを曖昧にしない）。また、Convolutional Projectionの畳み込み層ではDepth-Wise Convolution[注7]を適用しています。これは、Transformer Blockに畳み込み層を追加した従来研究[Gulati20]が、設計の複雑さゆえに計算コストが増加したのを防ぐ目的です。

　図6.12に異なる線形変換の概略図を示します。(a)はViTで使われている全結合層による線形変換、(b)は畳み込みによる線形変換を示します。(b)は1次元のパッチ特徴量を2次元の特徴マップに変換した後、畳み込み処理によって2次元のクエリ、キー、バリューを求めます。畳み込み処理では、Depth-Wise Convolution、バッチ正規化、Point-Wise Convolution[注8]を順に適用しています。その後、1次元にflattenしてSelf-Attentionでパッチ間の対応関係を取得します。Self-Attentionの計算量は入力の系列長の二乗に比例し、画像のパッチ数が増えると計算量が膨大になる問題があります。そのため、(c)のようにキーとバリューの計算時に畳み込みのストライドを2にすることで、Self-Attentionの計算量とConvolutional Projectionの計算量を抑えることができます。論文中ではこれをSqueezed Convolutional Projectionと呼称しており、CvTは基本的にこの構造を適用しています。

注7　特徴マップごとに空間方向に畳み込み計算します。そのためチャンネル方向を計算することはありません。
注8　カーネルサイズ 1×1 で畳み込み計算します。そのため、空間方向を計算することはありません。

図6.12：異なる線形変換の概略図（[Wu21]より引用）。(a)は入力ベクトル（パッチ特徴量）に対して全結合層で線形変換、(b)は畳み込みによる線形変換、(c)は畳み込みの計算量を減らすためにキーとバリューを計算する畳み込みのストライドを2に設定。CvTは基本的に(c)を採用している

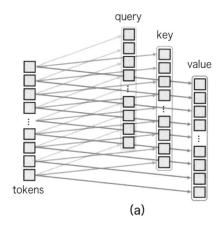

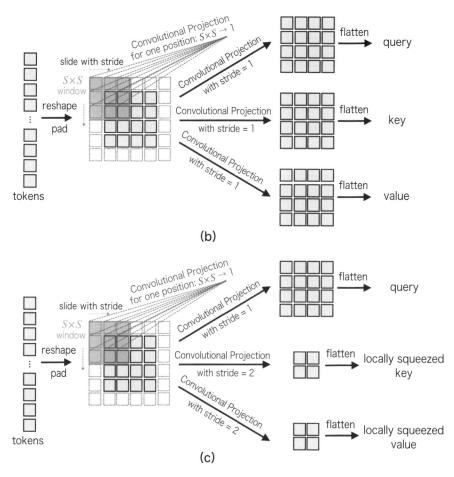

▌6-4-3　CvT のまとめ

ViT に CNN を組み合わせることで、局所的特徴を捉える畳み込みと大域的特徴を捉える Self-Attention それぞれの利点を維持でき、少ないデータ数でも性能向上を実現しました。画像認識では、どちらの情報も重要になることが想定されますが、CNN が画像認識で成功したのは畳み込みを繰り返すことで局所的特徴から大域的特徴を捉える、いわば Local to Global な特徴を保持しているからだと考えられており、少ないデータ数で学習した ViT でこの特徴を捉えるのは困難でした。一方で、Raghu らは膨大なデータ数で ViT を事前学習すると、CNN と似たように浅い層で局所的特徴を捉え、深い層になるにつれ大域的特徴を捉えていたことを報告しています [Raghu21]。今後は Local to Global な特徴を捉える CNN と ViT を組み合わせた構造にも目が離せません。

6-5 ｜ SegFormer

本節では、セマンティックセグメンテーションタスクにおいて、軽量かつ性能も良い **SegFormer**[Xie21a] を解説します。セマンティックセグメンテーションタスクの代表的なベンチマークの ADE20K データセットを用いて、各セグメンテーションモデルの性能比較を図6.13 に示します。SegFormer は他手法と比べて軽量かつ高精度なことがわかります。

セマンティックセグメンテーションとは、ピクセルレベルでのクラス識別を行うタスクであり、物体の種類に加えて形状の認識を行います。Transformer が流行する以前は、一般的に全層畳み込みのみを用いたネットワーク「Fully Convolutional Network」設計を採用し、バックボーンに VggNet や ResNet といった代表的な CNN モデルを使っていました。CNN が進化を続け、その性能の向上に比例してセマンティックセグメンテーションの精度も向上したことから、バックボーンとなる構造設計が重要なのは明らかです。

セマンティックセグメンテーションタスクにおける Transformer の応用は、SegFormer の他に **SETR（SEgmentation TRansformer）**[Zheng21] があります。SETR は Encoder のバックボーンに ViT を採用しており、Decoder 部分では特徴マップをアップサンプリング[注9] するためのいくつかの CNN 構造を提案しています。しかし、ViT 構造をそのまま採用するため、単一スケールの低解像度特徴が出力される、解像度に応じて計算コストが増加するという問題があります。これらの問題を解決するために、SegFormer は Encoder 部分において Swin Transformer のような階層型構造を提案し、マルチスケールな特徴を出力します。これにより、解像度の変化に頑健かつ階層化されたことで高解像度の細かい特徴と低解像度の荒い特徴の両方を抽出でき

注9　画像の解像度を上げる方法です。一般的に画像認識分野のアップサンプリングはバイリニア補間が用いられます。

ます。Decoder部分では、シンプルかつ軽量なMLPを用いて各階層で得た特徴を集約します。これにより、深い層で得られる局所的なパッチ間の対応関係（Attention）と浅い層で得られる大域的なAttentionを取得できます。したがって、SegFormerはEncoderとDecoderの両方を再設計したモデルであると言えます。

図6.13：ADE20Kデータセットにおける各モデルのmIoUとモデルパラメータ数（[Xie21a]より引用）

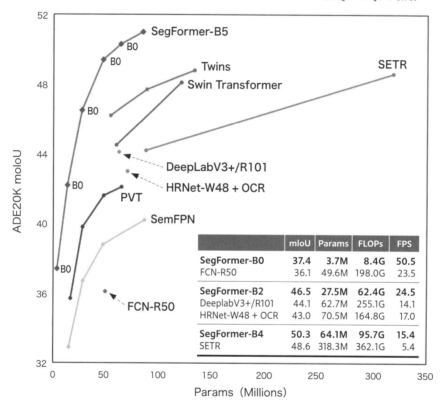

6-5-1　ネットワーク構造

では、SegFormerはどのような構造なのでしょうか。SegFormerは図6.14のようにEncoder部分では4つの階層型のTransformer Block、DecoderではMLPで構成されています。SegFormerは$H \times W \times 3$の入力画像をViTのように分割するのですが、ここではオーバーラップしながら4×4のパッチに分割します。これは局所的な連続性をパッチ内で保つためです。分割したパッチはOverlap Patch Embeddingsを用いて各パッチ特徴量を取得します。ちなみに、Overlap Patch EmbeddingsはGoogleによるViTの公式実装[注10]と同様に二次元の畳み込み処理

注10 https://github.com/google-research/vision_transformer

で計算されています。取得したパッチ特徴量から各 Transformer Block でパッチ間の対応関係を取得しつつ、元の解像度 $\frac{1}{1}$ から $\{\frac{1}{4}, \frac{1}{8}, \frac{1}{16}, \frac{1}{32}\}$ へと解像度を下げていきます。各階層で得られた特徴を MLP Layer へ入力し、特徴マップをアップサンプリングした後に MLP で解像度 $\frac{H}{4} \times \frac{H}{4}$、カテゴリ数 N_{cls} 分のセグメンテーション結果を出力します。本節では Transformer Block 内と、MLP の処理について説明します。

図6.14：SegFormer のネットワーク概略図（[Xie21a] より引用）

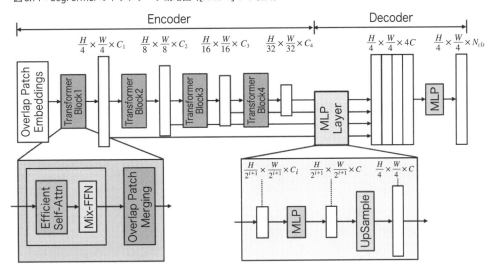

6-5-2　Overlap Patch Merging

Overlap Patch Merging は各 Transformer Block 内の最後に適用され、オーバーラップされた畳み込み処理で特徴マップの解像度を下げます。各 Overlap Patch Merging の畳み込み処理はカーネルサイズ $K = \{7, 3, 3, 3\}$、ストライド $S = \{4, 2, 2, 2\}$、パディング $P = \{3, 1, 1, 1\}$ で設定されているため、図6.14のように特徴マップの解像度は $\{\frac{1}{4}, \frac{1}{8}, \frac{1}{16}, \frac{1}{32}\}$ となります。オーバーラップした畳み込み処理により、パッチ周辺の局所的な連続性を維持できます。特徴マップの解像度を下げたい場合、Swin Transformer では周辺のパッチ同士をチャンネル次元に連結していましたが、ViT の派生手法では CvT のように畳み込み処理を使うことが一般的です。

6-5-3　Efficient Self-Attention

ここで ViT の弱点をおさらいしましょう。ViT では Self-Attention にかかる計算量が入力の長さ（パッチ数：$N = H \times W$）の二乗に比例します。これはクエリとキー間の行列積にかかる計算量がネックになるためでした。セマンティックセグメンテーションのような高解像度の画

像を扱うタスクでは、階層型とはいえViTの構造をそのまま適用するのは現実的ではありません。そのため、SegFormerではSelf-Attentionの計算量を削減するために、PvT[Wang21]で提案されたキーとバリューを縮小させて特徴マップのスケールを階層ごとに縮小する**SRA（Spatial Reduction Attention）**を導入しています。このSRAはEfficient（効率的な）Self-Attentionとも呼ばれています。

図6.15にSRAの概略図を示します。Self-Attention構造に従い$N \times d$のパッチ特徴量からクエリ、キー、バリュー特徴量を求めます。ここで、キーとバリュー特徴量を求める際に、元の特徴マップサイズと同じになるようにリサイズしてから畳み込み処理を行います。畳み込みをする際には、周辺の空間情報をどれだけ畳み込むかを決める削減率Rを設定します。削減率は各ブロックで異なり、それぞれ$R = \{8, 4, 2, 1\}$です。この削減率をもとに、キーとバリュー特徴量をそれぞれ求め、Self-Attention構造で計算します。

図6.15：Spatial Reduction Attentionの概略図

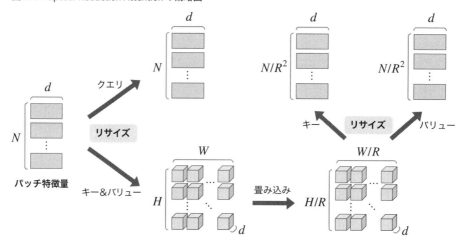

6-5-4　Mix-FFN

SegFormerは、ViTのような位置埋め込みの代わりに、入力画像サイズの変化に対して頑健にする目的で3×3の畳み込み処理（Depth-Wise Convolution）とMLPで位置情報の漏れを抑える[Islam20]**Mix-FFN**を導入しています。これは、評価時の入力画像の解像度が学習時の解像度と異なる場合、ViTのような位置埋め込み設計では評価時の解像度を学習時の解像度に補間する必要があり、補間により性能が低下します。性能低下を防ぐためにMix-FFNにより位置情報を取得するのがねらいです。Mix-FFNは次のように定式化できます。

$$\mathbf{x}_{out} = \text{MLP}(\text{GELU}(\text{Conv}_{3 \times 3}(\text{MLP}(\mathbf{x}_{in})))) + \mathbf{x}_{in}$$

　ここで $\mathbf{x}_{in}$ は Efficient Self-Attention の各パッチ特徴量です。Mix-FFN では、各パッチ特徴量を単一の全結合層、Depth-Wise Convolution、活性化関数 GELU を通して全結合層で位置情報を取得しています。全結合層で各パッチの次元方向を特徴付け、Depth-Wise Convolution で周辺パッチの位置に関する特徴付けを行います。つまり、ResNet 等の代表的な CNN モデルで用いられるような $\{1 \times 1, 3 \times 3, 1 \times 1\}$ 畳み込み処理を行っているイメージです。

▌6-5-5　MLP Decoder

　各階層で得た特徴量からカテゴリ数 N_{cls} 分のセグメンテーション結果を MLP Decoder で出力します。具体的には、図6.14の MLP Layer 部分が **MLP Decoder** になります。まずは、MLP Layer における処理についてです。各階層 i で得たパッチ特徴量 $N_i \times d_i, \forall i, (i = \{1, 2, 3, 4\})$ のチャンネル方向 d_i に対して全結合層で計算することで、チャンネル間の相関を捉えつつ、チャンネルの次元を統一させます。次に各階層のパッチ特徴量の空間（パッチ数）N_i に対して、バイリニア補間で元の解像度の $\frac{1}{4}$ サイズまでアップサンプリングし、それぞれをチャンネル方向に連結します。ここで、1階層目のパッチ特徴量 $N_1 \times d_1$ は解像度が $\frac{1}{4}$ なので全結合層後にアップサンプリングは行いません。最後にチャンネル方向に対して全結合層を用いて、カテゴリ数 N_{cls} 分のセグメンテーション結果を出力します。

　では、なぜ全結合層だけで良いのでしょうか。一般的にセマンティックセグメンテーションでは、画像のコンテキスト情報を捉えるために大きな受容野[注11]を維持することが中心的な問題として挙げられています [Peng17] [Chen18]。Effective Receptive Field[Luo16] と呼ばれる受容野を可視化する方法を用いて、CNN（DeepLabv3+[Chen18]）と Transformer（SegFormer）の各ベースモデルの受容野を分析した結果を図6.16に示します。DeepLabv3+ は局所的な畳み込みを繰り返し行うことで受容野を広げていく性質を持つため、Stage が進むごとに受容野が広がっていることが確認できます。しかし、Stage4 でも受容野は限定的です。一方で、SegFormer は Stage 初期でも受容野は広範囲に広がっていることがわかります。また、図6.16右のように Stage4 とヘッドの受容野を拡大すると、Stage4 の受容野と比較してヘッドの受容野は局所的注意が密になってることがわかります。つまり、Decoder を MLP にすることで Encoder で捉えた局所的な特徴を補完してより強力な表現を獲得できる、ということです。図6.17に各モデルのセグメンテーション結果を示します。図6.17のように、SegFormer は歩行者の足元間の歩道、建物と木の領域を細かく分類できていることがわかります。

注11　畳み込みカーネルで計算される小領域のことです。

図6.16：CNNとTransformerの各ベースモデルの受容野（[Xie21a]より引用）

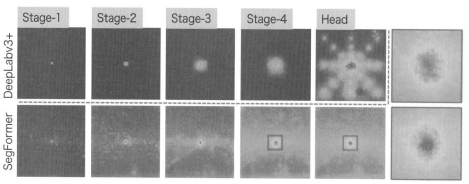

図6.17：各モデルのセグメンテーション結果（[Xie21a]より引用）

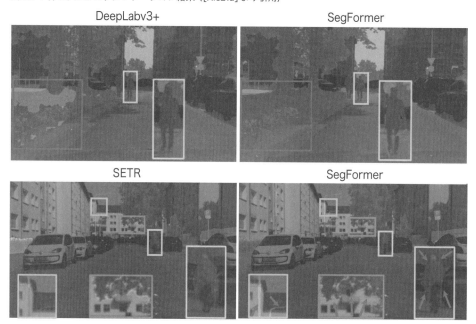

▌6-5-6　SegFormerのまとめ

　既存モデルのSETRはSelf-Attentionにかかる計算コストがネックでしたが、SegFormerは効率的なSelf-Attentionに置換することで、計算コストを大きく増加させることなくに性能の向上を実現しました。セグメンテーションタスクに言えることですが、SegFormerは既存のCNNと比べてパラメータ数は少ないものの、メモリ容量の少ないエッジデバイスで機能するのかが不明であり、実応用性がはっきりしていません。そのため、パラメータ数を少なくしたViTモデルの登場が待たれます。

6-6 | TimeSformer

　本節では、Transformerを動画像認識タスクへ応用した**TimeSformer**[Bertasius21]について解説します。動画像認識は動画像の特徴を捉えて対象を認識する技術であり、例えばブレイクダンスをしている人の動画像を見て「これはブレイクダンスの動画だ」とコンピュータに認識させます。従来の動画像認識は、2次元または3次元CNNで動画像のフレーム（時間）と静止画（空間）の時空間特徴を捉えることで、高い精度を実現していました。一方で、CNNは局所的な帰納バイアスが強く、大規模データによる事前学習が主流となった今では、モデルの表現度を過度に制限する可能性があります。また、時空間特徴を捉えるためにカーネルを設定しますが、受容野を超えた特徴を捉えることができません。層を深くすることで受容野は自然と拡張されますが、これは短距離の情報を集約することであって、長距離の依存性を捉えるには本質的な制限があります。そこで、TimeSformerは畳み込み演算を時空間特徴を捉えるSelf-Attention構造に置き換えることで、これらの問題に対処しています。

　TimeSformerが捉える時空間Self-Attention構造の視覚化例を図6.18に示します。5つの構造の中から、時間と空間を別々で捉えるDivided Space-Time Attention(T+S)が最も認識精度が高いことが報告されています。

図6.18：TimeSformerのSelf-Attention構造の視覚化例（[Bertasius21]より引用）。ViT同様、各フレームをパッチに分割して5つの構造のいずれかで特徴を捉える。5つの構造はそれぞれ、空間特徴のみ捉えるSpace Attention、すべての時空間特徴を捉えるJoint Space-Time Attention、時間と空間を別々で捉えるDivided Space-Time Attention、時間と空間にまたがって局所的・大域的特徴を捉えるSparse Local Global Attention、時間・幅・高さを別々で捉えるAxial Attentionがあり、それぞれの構造で比較実験を行っている

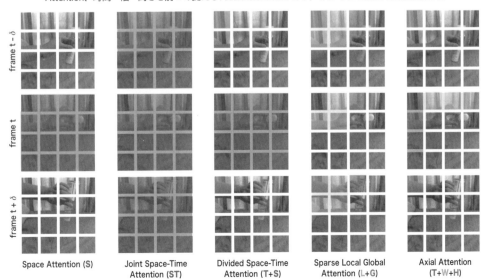

▌6-6-1 モデル構造

TimeSformer のモデル構造について説明します。TimeSformer は動画 $X \in \mathbb{R}^{H \times W \times 3 \times F}$ をフレーム F ごとに重複しない N 個のパッチに分割します。パッチサイズを $P \times P$ としたとき、N 個のパッチがフレーム全体に広がります。そのため、1 フレームのパッチ数は $N = HW/P^2$ になります。そして ViT 同様に、パッチを $p = 1, \ldots, N$、フレームを $t = 1, \ldots, F$ で表す $\mathbf{x}_{(p,t)} \in \mathbb{R}^{3P^2}$ として平坦化されます。各パッチ $\mathbf{x}_{(p,t)}$ は重み行列 $E \in \mathbb{R}^{D \times 3P^2}$ (実装上では Conv2D) を通し、位置埋め込み $\mathbf{e}_{(p,t)}^{pos} \in \mathbb{R}^D$ を加算して、埋め込みベクトル $\mathbf{z}_{(p,t)}^{(0)} \in \mathbb{R}^D$ として線形変換されます。

$$\mathbf{z}_{(p,t)}^{(0)} = E\mathbf{x}_{(p,t)} + \mathbf{e}_{(p,t)}^{pos}$$

これはつまり、ViT が分解したパッチを線形変換していたのに対し、TimeSformer では各フレーム全体で線形変換を行っているということです。このとき、動画像認識のために学習可能なクラストークンベクトル $\mathbf{z}_{0,0}^0 \in \mathbb{R}^D$ を追加します。埋め込まれたベクトル $\mathbf{z}$ から、上述の 5 つのいずれかの Self-Attention 構造でパッチ間の対応関係を取得し、動画像認識するという流れになります。5 つの構造を簡略化したブロック構造を図 6.19 に示します。ベクトル $\mathbf{z}$ から各 Self-Attention でパッチ間の対応関係を取得し、全結合層を各ブロックの最後に適用します。また、残差機構を利用して各ブロック内の Self-Attention から情報を集約します。

図 6.19：図 6.18 の 5 つの構造を簡略化したブロック構造。文献 [Bertasius21] から引用

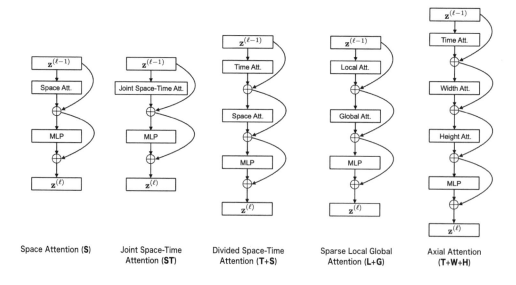

TimeSformer における Self-Attention の計算方法について説明します。Self-Attention で用いられるクエリ、キー、バリュー特徴量は、ViT と同様に Layer Normalization[Ba16] と全結合層により求められます。

$$\mathbf{q}_{(p,t)}^{(l,a)} = W_Q^{(l,a)} \mathrm{LN}(\mathbf{z}_{(p,t)}^{(l-1)}) \in \mathbb{R}^{D_h}$$

$$\mathbf{k}_{(p,t)}^{(l,a)} = W_K^{(l,a)} \mathrm{LN}(\mathbf{z}_{(p,t)}^{(l-1)}) \in \mathbb{R}^{D_h}$$

$$\mathbf{v}_{(p,t)}^{(l,a)} = W_V^{(l,a)} \mathrm{LN}(\mathbf{z}_{(p,t)}^{(l-1)}) \in \mathbb{R}^{D_h}$$

以下で式を補足します。

- l：層
- $a = 1, \dots, A$：ヘッドのインデックス（A：ヘッド数）
- $D_h = D/A$：各ヘッドの次元数

Self-Attention の Attention Weight $\alpha_{(p,t)}^{(l,a)} \in \mathbb{R}^{NF+1}$ はクエリとキーの行列積で求められます。Joint Space-Time Attention のように全フレームに広がった全パッチの対応関係は以下のように計算されます。

$$\alpha_{(p,t)}^{(l,a)} = \mathrm{Softmax}\left(\frac{\mathbf{q}_{(p,t)}^{(l,a)^\top}}{\sqrt{D_h}} \cdot [\mathbf{k}_{(0,0)}^{(l,a)} \{\mathbf{k}_{(p',t')}^{(l,a)}\}_{\substack{p'=1,\dots,N \\ t'=1,\dots,F}}]\right)$$

　これにより、時空間すべてのパッチとの関係性を捉えることができます。ただし、上記の Self-Attention は時空間すべてのパッチを計算するため、膨大な計算コストがかかります。図6.20 は Joint Space-Time Attention と Divided Space-Time Attention にかかる計算コストを示しています。448×448 の解像度以上、入力フレーム数を 32 以上にすると Joint Space-Time Attention はメモリ上限を超え計算不可能になります。これはクエリとキーの内積にかかる計算コストがパッチ数の 2 乗になるためです。そのため、時間と空間の特徴を別々で捉える Divided Space-Time Attention を用いて計算コストの問題を解決しています。Divided Space-Time Attention の Self-Attention は以下のように計算されます。

$$\alpha_{(p,t)}^{(l,a)\mathrm{space}} = \mathrm{Softmax}\left(\frac{\mathbf{q}_{(p,t)}^{(l,a)^\top}}{\sqrt{D_h}} \cdot [\mathbf{k}_{(0,0)}^{(l,a)} \{\mathbf{k}_{(p',t)}^{(l,a)}\}_{p'=1,\dots,N}]\right)$$

$$\alpha_{(p,t)}^{(l,a)\mathrm{time}} = \mathrm{Softmax}\left(\frac{\mathbf{q}_{(p,t)}^{(l,a)^\top}}{\sqrt{D_h}} \cdot [\mathbf{k}_{(0,0)}^{(l,a)} \{\mathbf{k}_{(p,t')}^{(l,a)}\}_{t'=1,\dots,F}]\right)$$

space はフレームごとのパッチ全体を Self-Attention により計算、*time* は各パッチを他のフレームの同じ空間的位置にある全パッチを Self-Attention により計算し、それぞれの Attention

Weightを算出します。各Attention WeightをValue特徴量と乗算することで、時間と空間それぞれのパッチ間の対応関係を取得します。その後、ViT同様に層ごとに残差機構とMLPを介して計算します。また、Sparse Local Global AttentionとAxial Attentionではそれぞれが表すパッチ領域（図6.18参照）との対応関係を取得するSelf-Attentionを計算します。最終的には、付与したクラストークンから動画像クラスを分類します。図6.21に、TimeSformerが獲得したAttention Weightの可視化例を示します。可視化方法にはAttention Rollout[Abnar19]を利用しています。図6.21から、ルービックキューブや手などの前景物体の動的変化に対応していることがわかります。また、認識に関係がない背景にはほぼすべてのフレームで着目していないことがわかります。このことから、TimeSformerは重要な要素となる物体に焦点を合わせながら動画像認識していることがわかります。

図6.20：高い解像度と多いフレーム数でモデルを学習する際にかかる計算コスト（[Bertasius21]より引用）。Tesla V100 GPU（GPU数32、メモリ数32GB）が搭載されている環境で実施

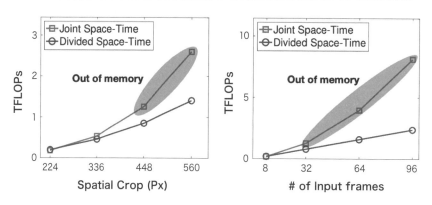

図6.21：TimeSformerで学習したSelf-AttentionのAttention Weightの可視化例（[Bertasius21]より引用）。1行目は入力画像、2行目はSelf-Attentionで獲得したAttention Weightがどの位置に着目したかを表した結果。各サンプルで右方向に行くほど後半フレームを表す。詳細は記載されていないが、SpaceのAttention Weightを各フレームで可視化したものだと推測される

▌ 6-6-2　TimesFormerのまとめ

　Transformerが自然言語分野で登場したこともあり、コンピュータビジョンにTransformerが応用できるとわかってから動画像分野に急速に発展していきました。TimeSformerは時間と空間を別々のSelf-Attentionで計算することで、計算の効率化かつ高性能化を実現しています。この空間と時間を別々で計算する似た手法にViViT[Arnab21]があります。また、3次元畳み込みニューラルネットワークのように空間と時間を一度に捉えるVideo Swin Transformer[Liu22c]も提案されています。現状はどちらが動画像認識タスクにとってよいか定かではありませんが、今後の動向に注目です。

6-7 ｜ MAE

　ViTは3億枚のデータセットを用いて事前学習し、転移学習によって性能が向上すると知られています。3億枚のデータセットによる事前学習は「教師あり学習」であり、すべてのサンプルに人が正解ラベルを付与するアノテーションを必要とします[注12]。そのため、ViTで高い認識精度を得るには、多くの人的コストと時間コストが必要です。**自己教師あり学習**（Self-supervised Learning）は、ラベルのないデータに対して擬似的な問題（Pretext Task）を適用することで、データから自動的にラベルを付与して学習する方法です。付与されたラベルはクラス情報などを含まないため、自己教師あり学習したモデルは事前学習モデルとしてクラス分類や物体検出などの下流タスクに利用されます。

　図6.22に自己教師あり学習の代表的な手法を示します。2020年では、対照学習[注13]に基づいた手法が提案され、別の視点としてポジティブペア[注14]のみを利用する手法も提案されています。2021年からはViTの登場により、ViTをベースとした自己教師あり学習が提案されてきています。DINO[注15][Caron21]やMoCov3[Chen21b]は対照学習をベースにViTのための自己教師あり学習を実現しています。一方で、SiT[Atito21]やMAE[He21]、BEiT[Bao22]など、ViTから出力される各パッチトークンと入力パッチ間で損失を計算することで、元の入力画像に復元させるような自己教師あり学習も提案されています。本節では、MAEについて概説します。

注12　JFT-300MはWebから自動収集されたラベルを持つデータセットですが、約20%のノイズがあり完璧なデータセットに近づけるためには人の介入が不可欠です。

注13　対照学習とは、画像間の関係に基づいて画像から抽出した特徴量を埋め込む学習です。元画像が同じ特徴量間の類似度を大きく、異なる画像の特徴量間の類似度を小さくするように学習します。

注14　類似度を大きくする関係にあるペアをポジティブペア、小さくする関係にあるペアをネガティブペアと呼びます。

注15　DINOはCNNでもViTでも適用可能な自己教師あり学習手法です。

図6.22：代表的な自己教師あり学習手法

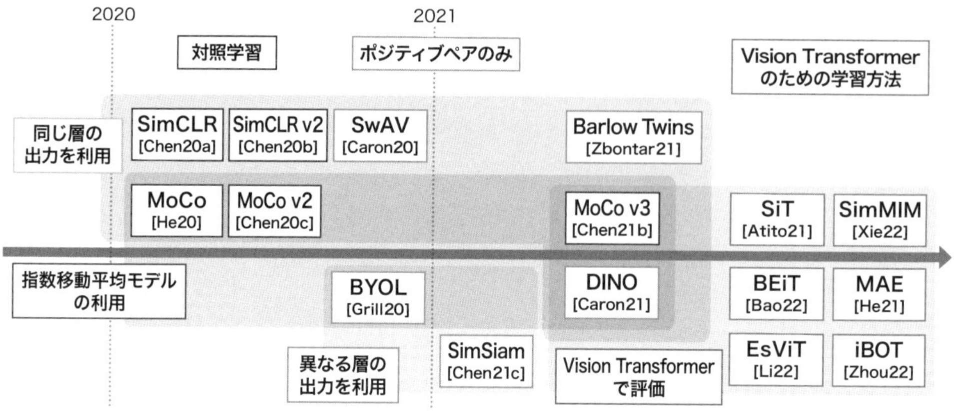

▌6-7-1　ネットワーク構造

　MAE（**Masked AutoEncoder**）のネットワーク構造を図6.23に示します。MAEは名前の通りAutoEncoder構造になっており、入力されたパッチをEncoderで圧縮して、圧縮された特徴量からDecoderで元の入力画像に復元処理を行っています。EncoderとDecoderのどちらもViT構造になっていますが、入力される情報が異なります。

　Encoderでは、パッチに分割された入力画像の一部にランダムにマスク処理を行い、マスクされていないパッチのみを入力します。これが"Masked"の由来です。ViT同様に各パッチに対して線形変換や位置埋め込みを行った後に、各パッチ間の対応関係をEncoderで獲得します。Self-Attentionの計算量はパッチ数の二乗に比例しますが、マスクされていないパッチのみで計算されるため、少ない計算コストでEncoderを学習できます。

　Decoderでは符号化（エンコード）されたパッチトークンとマスクトークンを入力します。このマスクトークンは学習可能なパラメータであり、全マスクトークンで共有されています。全マスクトークンのパラメータが共有されているということは、各マスクトークンのDecoderの出力は同じになり、マスクトークンのパラメータだけではターゲット画像をうまく復元できないことを意味します。したがって、マスクトークンは画像内の位置に関する情報を持たせるために、Decoderにおいても各トークンに位置埋め込みを行います。Decoderではマスクされたパッチに対してのみ損失が計算されます。すなわち、Decoderの最終層で分割したパッチの次元数と等しくなるようにマスクトークンを線形変換し、そのマスクトークンと入力画像のマスクされた真値との平均二乗誤差で学習します[注16]。また、パッチ内で全ピクセルの平均と標準偏差を計算し、それを使用してそのパッチを正規化する処理を行うことでモデルの高性能化

注16 例えば、入力画像を$16 \times 16 \times 3$のパッチに分割し、マスク領域を含むパッチ数をNとしたとき、マスクトークンとパッチトークンは$N \times 768$次元です。Decoderの出力は$N \times 768$で各マスクトークンのみを$16 \times 16 \times 3$にリサイズし、入力画像のマスクされた真値との損失を計算します。

を実現しています。具体的には、ImageNet における ViT-L モデルの教師あり学習の精度が76.5%、MAE の精度が82.5% です。

図6.23：MAE のネットワーク構造（[He21] より引用）

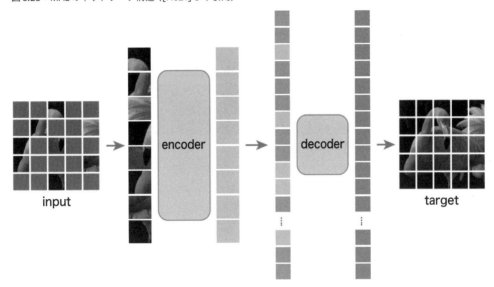

6-7-2　MAE の性能向上の理由を復元結果から考える

　なぜ、MAE が教師あり学習の精度を上回ることができるのでしょうか。性能向上の理由は、自己教師あり学習により、わずかな情報から全体の情報をうまく予測できる良い表現を内部で学習できたため（つまり、小さなパッチがそれぞれ rich な情報として予測に利用できるモデルになっている）と考えられます。ImageNet の検証用データに対し、ランダムにマスクされた入力画像を MAE に入力し、Decoder で復元した画像結果を図6.24 に示します。マスクされた入力画像を復元した画像と真値を比較するとうまく再構成できていることがわかります。このことから、MAE は画像を全体的に捉えて再構成している、すなわち画像の意味的な情報を学習したことを示唆しています。つまり、入力画像をマスクしてもマスクされていないパッチから部分的に特徴を捉えることで、マスクされたパッチを補間しつつ画像の意味的情報を表現できるということです。

図6.24：ImageNetにおける復元結果（[He21] より引用。マスクの割合は75%）。マスク画像（左）、MAEの復元結果（中央）、真値（右）

　また、図6.25にマスクの割合を75%で学習して、入力画像をそれぞれ75%、85%、95%マスクした際の復元画像を示します。75%と85%でマスクした場合では物体を正確に復元できていますが、95%マスクするとシマウマの数やピーマンを正確に復元できていないことがわかります。特に後者では、ピーマンの代わりにトマト（同じ野菜）で復元していることから、マスクされていないパッチから部分的な特徴を捉え画像全体を再構成していることがわかります。

図6.25：マスクの割合75%で事前学習したモデルを用いてマスクの割合が高い入力に適用した際の復元画像（[He21] より引用）。左から、真値、マスクの割合75%における復元画像、マスクの割合85%における復元画像、マスクの割合95%における復元画像

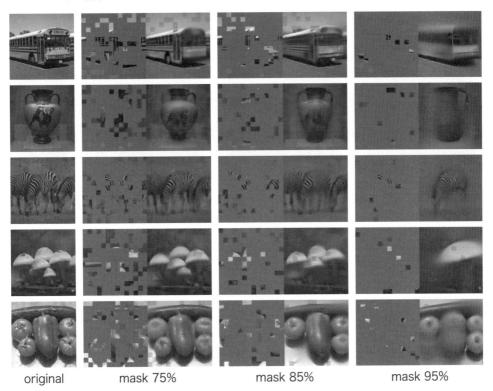

original   mask 75%   mask 85%   mask 95%

　さらに、異なる入力マスクで学習した際の復元画像の結果を図6.26に示します。図6.26中央のBEiTで提案されているブロック単位のマスキングでは、大きなブロックを切り抜くため、ランダムマスキングより学習が難しく精度が低くなる傾向があり、これによって復元画像がボヤけていることがわかります。また、図6.26右のグリッド単位のマスキングでは、復元画像はシャープに見えますが品質はランダムマスキングより劣っていることがわかります。ランダムにマスキングすることで、画像全体の意味的な情報をまんべんなく学習でき、結果的に品質の良い復元画像が得られたと考えられます。これらの結果から、richな情報として予測に利用できるモデルを獲得できるのかがより良い自己教師あり学習の鍵と考えられ、今後の動向にも注目が集まります。

図6.26：異なる入力マスクで学習した際の復元画像（[He21] より引用）。左から、ランダムマスキング、ブロック単位のマスキング、グリッド単位のマスキング

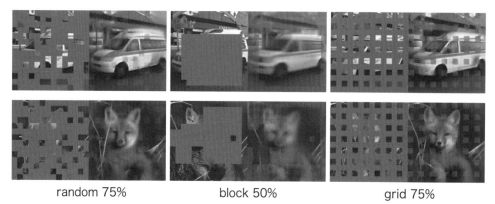

random 75%　　　　　　block 50%　　　　　　grid 75%

▍6-7-3　MAEのまとめ

　MAEはマスク領域をうまく復元するようにEncoder-DecoderのViTモデルで自己教師あり学習しています。従来の自己教師あり学習は対照学習に基づいた手法が主流でしたが、入力画像をマスクし、元の入力画像に復元させるMAEのような自己教師あり学習が登場してから、ViTと自己教師あり学習の組み合わせは年々増加しています。自己教師あり学習は、2020年から毎年新しい手法が提案されていますが、今後も爆発的に増えることが予想されます。

参考文献

[Abnar19] Samira Abnar, Willem Zuidema "Quantifying Attention Flow in Transformers" ACL, pages 4190–4197, 2019.

[Arnab21] Anurag Arnab, Mostafa Dehghani, et al. "ViViT: A Video Vision Transformer" ICCV, pages 6836-6846, 2021.

[Atito21] Sara Atito, Muhammad Awais, Josef Kittler "SiT: Self-supervised vlsion Transformer" arXiv:2104.03602, 2021.

[Ba16] Jimmy Lei Ba, Jamie Ryan Kiros, Geoffrey E. Hinton "Layer Normalization" arXiv:1607.06450, 2016.

[Bachmann22] Roman Bachmann, David Mizrahi, et al. "MultiMAE: Multi-modal Multi-task Masked Autoencoders" arXiv:2204.01678, 2022.

[Bao22] Hangbo Bao, Li Dong, et al. "BEiT: BERT Pre-Training of Image Transformers" ICLR, 2022.

[Bai21] Yutong Bai, Jieru Mei, et al. "Are Transformers More Robust Than CNNs?" NeurIPS, 2021.

[Bertasius21] Gedas Bertasius, Heng Wang, Lorenzo Torresani "Is Space-Time Attention All You Need for Video Understanding?" ICML, 2022.

[Bhojanapalli21] Srinadh Bhojanapalli, Ayan Chakrabarti, et al. "Understanding Robustness of Transformers for Image Classification" ICCV, pages 10231-10241, 2021.

[Black22] Samuel Black, Abby Stylianou, et al. "Visualizing Paired Image Similarity in Transformer Networks" WACV, pages 3164-3173, 2022.

[Cao22] Shuhao Cao, Peng Xu, David A. Clifton "How to Understand Masked Autoencoders" arXiv:2202.03670, 2022.

[Carion20] Nicolas Carion, Francisco Massa, et al. "End-to-End Object Detection with Transformers" ECCV, pages 213-229 2020.

[Caron20] Mathilde Caron, Ishan Misra, et al. "Unsupervised Learning of Visual Features by Contrasting Cluster Assignments" NeurIPS, 2020.

[Caron21] Mathilde Caron, Hugo Touvron, et al. "Emerging Properties in Self-Supervised Vision Transformers" ICCV, pages 9650-9660, 2021.

[Chefer21] Hila Chefer, Shir Gur, Lior Wolf "Transformer Interpretability Beyond Attention Visualization" ICCV, pages 782-791, 2021.

[Chen18] Liang-Chieh Chen, Yukun Zhu, et al. "Encoder-Decoder with Atrous Separable Convolution for Semantic Image Segmentation" ECCV, pages 801-818, 2018.

[Chen20a] Ting Chen, Simon Kornblith, et al. "A Simple Framework for Contrastive Learning of Visual Representations" ICML, pages 1597-1607, 2020.

[Chen20b] Ting Chen, Simon Kornblith, et al. "Big Self-Supervised Models are Strong Semi-Supervised Learners" NeurIPS, 2020.

[Chen20c] Xinlei Chen, Haoqi Fan, et al. "Improved Baselines with Momentum Contrastive Learning" arXiv:2003.04297, 2020.

[Chen21a] Chun-Fu (Richard) Chen, Quanfu Fan, Rameswar Panda "CrossViT: Cross-Attention Multi-Scale Vision Transformer for Image Classification" ICCV, pages 357-366, 2021.

[Chen21b] Xinlei Chen, Saining Xie, Kaiming He "An Empirical Study of Training Self-Supervised Vision Transformers" ICCV, pages 9640-9649, 2021.

[Chen21c] Xinlei Chen, Kaiming He "Exploring Simple Siamese Representation Learning" CVPR, pages 15750-15758, 2021.

[Chen21d] Minghao Chen, Houwen Peng, et al. "AutoFormer: Searching Transformers for Visual Recognition" ICCV, pages 12270-12280, 2021.

[Chen21e] Minghao Chen, Kan Wu, et al. "Searching the Search Space of Vision Transformer" NeurIPS, 2021.

[Chen22a] Shoufa Chen, Enze Xie, et al. "CycleMLP: A MLP-like Architecture for Dense Prediction" ICLR, 2022.

[Chen22b] Mengzhao Chen, Mingbao Lin, et al. "Coarse-to-Fine Vision Transformer" arXiv:2203.03821, 2022.

[Chen22c] Yinpeng Chen, Xiyang Dai, et al. "Mobile-Former: Bridging MobileNet and Transformer" CVPR, 2022.

[Cordonnier20] Jean-Baptiste Cordonnier, Andreas Loukas, Martin Jaggi "On the Relationship between Self-Attention and Convolutional Layers" ICLR 2020.

[d'Ascoli21] Stéphane d'Ascoli, Hugo Touvron, et al. "ConViT: Improving Vision Transformers with Soft Convolutional Inductive Biases" ICML, 2021.

[Dai21] Zihang Dai, Hanxiao Liu, et al. "CoAtNet: Marrying Convolution and Attention for All Data Sizes" arXiv:2106.04803, 2021.

[Ding22] Mingyu Ding, Bin Xiao, et al. "DaViT: Dual Attention Vision Transformers" arXiv:2204.03645, 2022.

[Dong22] Xiaoyi Dong, Jianmin Bao, et al. "CSWin Transformer: A General Vision Transformer Backbone with Cross-Shaped Windows" CVPR, 2022.

[Dosovitskiy21] Alexey Dosovitskiy, Lucas Beyer, et al. "An Image is Worth 16x16 Words: Transformers for Image Recognition at Scale" ICLR, 2021.

[Fan21] Haoqi Fan, Bo Xiong, et al. "Multiscale Vision Transformers" ICCV, pages 6824-6835, 2021.

[Gong22] Chengyue Gong, Dilin Wang, et al. "with Gradient Conflict aware Supernet Training" ICLR, 2022.

[Graham21] Benjamin Graham, Alaaeldin El-Nouby, et al. "LeViT: a Vision Transformer in ConvNet's Clothing for Faster Inference" ICCV, pages 12259-12269, 2021.

[Grill20] Jean-Bastien Grill, Florian Strub, et al. "Bootstrap Your Own Latent - A New Approach to Self-Supervised Learning" NeurIPS, 2020.

[Gulati20] Anmol Gulati, James Qin, et al. "Conformer: Convolution-augmented Transformer for Speech Recognition" Interspeech, 2020.

[Han21] Kai Han, An Xiao, et al. "Transformer in Transformer" NeurIPS, 2021.

6

[He20] Kaiming He, Haoqi Fan, et al. "Momentum Contrast for Unsupervised Visual Representation Learning" CVPR, pages 9729-9738, 2020.

[He21] Kaiming He, Xinlei Chen, et al. "Masked Autoencoders Are Scalable Vision Learners" arXiv:2111.06377, 2021.

[Hinton15] Geoffrey Hinton, Oriol Vinyals, Jeff Dean "Distilling the Knowledge in a Neural Network" NeurIPS, 2015.

[Islam20] Md Amirul Islam, Sen Jia, Neil D. B. Bruce "How much Position Information Do Convolutional Neural Networks Encode?" ICLR, 2020.

[Jiang21a] Yifan Jiang, Shiyu Chang, Zhangyang Wang "TransGAN: Two Pure Transformers Can Make One Strong GAN, and That Can Scale Up" NeurIPS, 2021.

[Jiang21b] Zihang Jiang, Qibin Hou, et al. "All Tokens Matter: Token Labeling for Training Better Vision Transformers" NeurIPS, 2021.

[Lee22] Kwonjoon Lee, Huiwen Chang, et al. "ViTGAN: Training GANs with Vision Transformers" ICLR, 2022.

[Li22] Chunyuan Li, Jianwei Yang, et al. "Efficient Self-supervised Vision Transformers for Representation Learning" ICLR, 2022.

[Lian22] Dongze Lian, Zehao Yu, et al. "AS-MLP: An Axial Shifted MLP Architecture for Vision" ICLR, 2022.

[Liu21a] Ze Liu, Yutong Lin, et al. "Swin Transformer: Hierarchical Vision Transformer Using Shifted Windows" ICCV, pages 10012-10022, 2021.

[Liu21b] Hanxiao Liu, Zihang Dai, et al. "Pay Attention to MLPs" NeurIPS, 2021.

[Liu21c] Zhenhua Liu, Yunhe Wang, et al. "Post-Training Quantization for Vision Transformer" NeurIPS, 2021.

[Liu22a] Ze Liu, Han Hu, et al. "Swin Transformer V2: Scaling Up Capacity and Resolution" CVPR, 2022.

[Liu22b] Zhuang Liu, Hanzi Mao, et al. "A ConvNet for the 2020s" CVPR, 2022.

[Liu22c] Ze Liu, Jia Ning, et al. "Video Swin Transformer" CVPR, 2022.

[Luo16] Wenjie Luo, Yujia Li, et al. "Understanding the Effective Receptive Field in Deep Convolutional Neural Networks" NeurIPS, 2016.

[Mehta22] Sachin Mehta, Mohammad Rastegari "MobileViT: Light-weight, General-purpose, and Mobile-friendly Vision Transformer" ICLR, 2022.

[Misra21] Ishan Misra, Rohit Girdhar, Armand Joulin "An End-to-End Transformer Model for 3D Object Detection" ICCV, pages 2906-2917, 2021.

[Müller19] Rafael Müller, Simon Kornblith, Geoffrey E. Hinton "When does label smoothing help?" NeurIPS, 2019.

[Park22] Namuk Park, Songkuk Kim "How Do Vision Transformers Work?" ICLR, 2022.

[Peng17] Chao Peng, Xiangyu Zhang, et al. "Large Kernel Matters -- Improve Semantic Segmentation by Global Convolutional Network" CVPR, pages 4353-4361, 2017.

[Raghu21] Maithra Raghu, Thomas Unterthiner, et al. "Do Vision Transformers See Like Convolutional Neural Networks?" NeurIPS, 2021.

[Ranftl21] René Ranftl, Alexey Bochkovskiy, Vladlen Koltun "Vision Transformers for Dense Prediction" ICCV, pages 12179-12188, 2021.

[Rao21] Yongming Rao, Wenliang Zhao, et al. "DynamicViT: Efficient Vision Transformers with Dynamic Token Sparsification" NeurIPS, 2021.

[Shen21] Zhiqiang Shen, Zechun Liu, et al. "Is Label Smoothing Truly Incompatible with Knowledge Distillation: An Empirical Study" ICLR, 2021.

[Strudel21] Robin Strudel, Ricardo Garcia, et al. "Segmenter: Transformer for Semantic Segmentation" ICCV, pages 7262-7272, 2021.

[Su21] Xiu Su, Shan You, et al. "ViTAS: Vision Transformer Architecture Search" arXiv:2106.13700, 2021.

[Tang22] Chuanxin Tang, Yucheng Zhao, et al. "Sparse MLP for Image Recognition: Is Self-Attention Really Necessary?" AAAI, 2022.

[Tolstikhin21] Ilya Tolstikhin, Neil Houlsby, et al. "MLP-Mixer: An all-MLP Architecture for Vision" NeurIPS, 2021.

[Touvron21a] Hugo Touvron, Matthieu Cord, et al. "Training data-efficient image transformers & distillation through attention" ICML, pages 10347-10357, 2021.

[Touvron21b] Hugo Touvron, Matthieu Cord, et al. "Going deeper with Image Transformers" ICCV, pages 32-42, 2021.

[Touvron21c] Hugo Touvron, Matthieu Cord, Hervé Jégou "DeiT III: Revenge of the ViT" arXiv:2204.07118, 2022.

[Trockman21] Asher Trockman, J. Zico Kolter "Patches Are All You Need?" arXiv:2201.09792, 2021.

[Tu22] Zhengzhong Tu, Hossein Talebi, et al. "MaxViT: Multi-Axis Vision Transformer" arXiv:2204.01697, 2022.

[Tuli21] Shikhar Tuli, Ishita Dasgupta, et al. "Are Convolutional Neural Networks or Transformers more like human vision?" Cogsci, 2021.

[Wang21] Wenhai Wang, Enze Xie, et al. "Pyramid Vision Transformer: A Versatile Backbone for Dense Prediction Without Convolutions" ICCV, pages 568-578, 2021.

[Wang22] Wenhai Wang, Enze Xie, et al. "PVTv2: Improved Baselines with Pyramid Vision Transformer" CVMJ, 2022.

[Wightman21] Ross Wightman, Hugo Touvron, Hervé Jégou "ResNet strikes back: An improved training procedure in timm" NeurIPS, 2021.

[Wu21] Haiping Wu, Bin Xiao, et al. "CvT: Introducing Convolutions to Vision Transformers" ICCV, pages 22-31, 2021.

[Xia22] Zhuofan Xia, Xuran Pan, et al. "Vision Transformer with Deformable Attention" CVPR, 2022.

[Xie21a] Enze Xie, Wenhai Wang, et al. "SegFormer: Simple and Efficient Design for Semantic Segmentation with Transformers" NeurIPS, 2021.

[Xie21b] Zhenda Xie, Yutong Lin, et al. "Self-Supervised Learning with Swin Transformers" arXiv:2105.04553, 2021.

[Xie22] Zhenda Xie, Zheng Zhang, et al. "SimMIM: A Simple Framework for Masked Image Modeling" CVPR, 2022.

[Xu22] Jiarui Xu, Shalini De Mello, et al. "GroupViT: Semantic Segmentation Emerges from Text Supervision" CVPR, 2022.

[Yang21a] Jianwei Yang, Chunyuan Li, et al. "Focal Self-attention for Local-Global Interactions in Vision Transformers" NeurIPS, 2021.

[Yang21b] Sen Yang, Zhibin Quan, et al. "TransPose: Keypoint Localization via Transformer" ICCV, pages 11802-11812, 2021.

[Yin22] Hongxu Yin, Arash Vahdat, et al. "A-ViT: Adaptive Tokens for Efficient Vision Transformer" CVPR, 2022.

[Ying21] Chengxuan Ying, Tianle Cai, et al. "Do Transformers Really Perform Bad for Graph Representation?" NeurIPS, 2021.

[Yu22a] Tan Yu, Xu Li, et al. "S2-MLP: Spatial-Shift MLP Architecture for Vision" WACV, pages 297-306, 2022.

[Yu22b] Weihao Yu, Mi Luo, et al. "MetaFormer is Actually What You Need for Vision" CVPR, 2022.

[Yu22c] Fang Yu, Kun Huang, et al. "Width & Depth Pruning for Vision Transformers" AAAI 2022.

[Yuan21a] Li Yuan, Yunpeng Chen, et al. "Tokens-to-Token ViT: Training Vision Transformers From Scratch on ImageNet" ICCV, pages 558-567, 2021.

[Yuan21b] Kun Yuan, Shaopeng Guo, et al. "Incorporating Convolution Designs Into Visual Transformers" ICCV, pages 579-588 2021.

[Zbontar21] Jure Zbontar, Li Jing, et al. "Barlow twins: Self-supervised learning via redundancy reduction" ICML, pages 12310-12320, 2021.

[Zhang21] Pengchuan Zhang, Xiyang Dai, et al. "Multi-Scale Vision Longformer: A New Vision Transformer for High-Resolution Image Encoding" ICCV, pages 2998-3008, 2021.

[Zhang22a] Bowen Zhang, Shuyang Gu, et al. "StyleSwin: Transformer-based GAN for High-resolution Image Generation" CVPR, 2022.

[Zhang22b] Zizhao Zhang, Han Zhang, et al. "Nested Hierarchical Transformer: Towards Accurate, Data-Efficient and Interpretable Visual Understanding" AAAI, 2022.

[Zhao21] Hengshuang Zhao, Li Jiang, et al. "Point Transformer" ICCV, pages 16259-16268, 2021.

[Zheng21] Sixiao Zheng, Jiachen Lu, et al. "Rethinking Semantic Segmentation From a Sequence-to-Sequence Perspective With Transformers" CVPR, pages 6881-6890, 2021.

[Zhou21] Daquan Zhou, Bingyi Kang, et al. "DeepViT: Towards Deeper Vision Transformer" arXiv:2103.11886 , 2021.

[Zhou22] Jinghao Zhou, Chen Wei, et al. "iBOT : Image BERT Pre-training with Online Tokenizer" ICLR, 2022.

[Zhu21] Mingjian Zhu, Yehui Tang, et al. " KDD, 2021

6

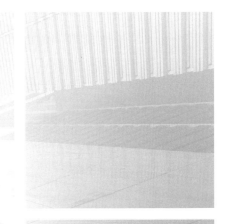

第 **7** 章

Transformerの
謎を読み解く

自然言語処理で提案された Transformer は、画像や音声など、他分野でも有効性が確認され、今やあらゆる分野で利用が検討される汎用的なモデルとしての地位を確立してきています。それゆえに、Transformer を使いこなすにはどのようにするのがよいのか、その知見の蓄積には大きな関心が寄せられてきています。本章では、自然言語処理における Transformer とコンピュータビジョンにおける Transformer（主に Vision Transformer）の両面から、Transformer にまつわるさまざまな謎がどのように解明され、知見として蓄積されてきているかについて網羅的に解説します。

品川政太朗

7-1 | Transformerの謎に 人々は驚き困惑した

　今でこそさまざまな問題にTransformerが適用され、Transformerを使うのが一般的になってきていますが、Transformerを提案した論文である"Attention Is All You Need"[Vaswani17]がarXivプレプリントとして登場した2017年6月、筆者を含む多くの人々が驚き、困惑していたのを覚えています。Transformerのモデル構成は大部分が天下り的に説明されたもので、「なぜこれが良いのか」という部分は謎のままでした。モデル構成の図を初めて見た瞬間に思考を停止するのは、もはやお約束として誰もが通る道だと言えます。

　当時、Transformerの魅力として確かに言えたことは、それまで主流だったLSTMやGRUなどのRNNベースのモデルに比べて、各ステップを並列に計算して高速に訓練を実行できることでした。Encoderのみのモデルで分類やテキスト生成などさまざまなタスクに使えてしまうBERT[Devlin19]や、Decoderのみでさまざまなタスクを無理やり1つの言語モデルで解いてしまうGPT-1[Radford17]、GPT-2[Radford19]、GPT-3[Brown20]など、代表的な役者が揃い、「Transformerを使うとすごいことができそうだ」という認識は瞬く間に広がりました。こうして、自然言語処理分野における、Transformerベースの手法による大規模学習時代が到来し、今日では画像や音声など、さまざまな研究分野でTransformerが標準的に使われるようになってきています。

　Transformerが標準的な手法として普及するにつれ、棚上げされていたTransformerの謎の解明には大きな関心が寄せられてきています。

- 「Transformerはこのモデル構成がベストなのか？」
- 「学習方法にもっと工夫すべき点があるのではないか？」
- 「Transformerはモデル内部のどこで何を学習しているのか？」

　これらの疑問に答えるような研究も日進月歩で進んでおり、さまざまな面白い知見が明らかになってきました。本章では、Transformerの謎がどのように解明されてきたかを解説します。TransformerをよりDeepに知りたい読者のみなさまにご満足いただけると幸いです。

7-2 | Positional Embedding の謎

　位置埋め込み（**Positional Embedding**）は、位置情報を明示的に考慮できない Self-Attention にトークン位置情報を付加する役割を持ち、Transformer の性能を向上させるのに欠かせない存在です。近年の進展で、この位置埋め込みの作り方にもさまざまな方法が提案されました。では、どの手法を使うのが良いのでしょうか？ 目的によって使い分けた方がよいのでしょうか？本節では、これまで提案されてきた主な位置埋め込みの類型を紹介します。

　位置情報（位置埋め込み）を抽出する手法をまとめて、**位置符号化**（**Positional Encoding**）と呼びます。位置符号化の種類は、大きく分けて**どのように位置埋め込みを作るか**、**位置埋め込みをどのように入力するか**の2つの観点で類型化できます。

▌ 7-2-1　Sinusoidal Positional Encoding

　まずはじめに、Transformer の原典となる "Attention Is All You Need"[Vaswani17] で用いられた **Sinusoidal Positional Encoding** を振り返りましょう。Sinusoidal Positional Encoding は、**sin 関数と cos 関数で表現した学習不要の位置埋め込み**をつくり、図7.1のように、**トークン埋め込みと位置埋め込みの加算**によって位置埋め込みを入力し位置符号化を行うしくみです。

図7.1：トークン埋め込みと位置埋め込みの加算による位置符号化

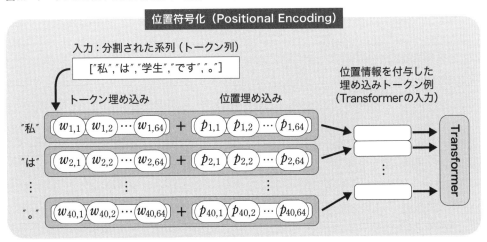

　位置符号化では、まず入力をトークンと呼ばれる単位に分割します。入力が自然言語の文なら、トークナイザと呼ばれる分割器によって、文を図7.1のように単語やサブワードと呼ば

れる単位に分割します。画像なら、画像自体や特徴量抽出後の特徴量をグリッド状のパッチに分割します。これらのトークンは、埋め込み層による線形変換などの操作によってトークン埋め込み（Token Embedding）のベクトルに変換されます。Sinusoidal Positional Encodingでは、このそれぞれのトークン埋め込みに位置埋め込みを加算することで位置情報を付与します。

sin関数とcos関数で表現した学習不要の位置埋め込み

Sinusoidal Positional Encodingの位置埋め込みは、トークンの各位置（図7.1のトークン埋め込みの縦方向）と、トークン埋め込みのベクトルの各成分（図7.1のトークン埋め込みの横方向）について、それぞれ個別に以下の数式で計算します。

$$p_{t,2i} = \sin(w_i \cdot t) = \sin\left(\frac{1}{10000^{2i/d_{model}}} \cdot t\right)$$

$$p_{t,2i+1} = \cos(w_i \cdot t) = \cos\left(\frac{1}{10000^{2i/d_{model}}} \cdot t\right)$$

図7.2に位置埋め込みの可視化を示しました。これを図7.1や上式と見比べていきましょう。この図は64次元のトークン埋め込みのベクトルが40個あるという設定です。tはトークンの位置、iはベクトルの各成分にsinとcosの組を交互に並べたときの組の番号に対応しています。つまり、図7.2のある位置tのトークンのベクトルは、各成分が左から順に以下のように並んだベクトルになります。

$$\left(p_{t,0}, p_{t,1}, p_{t,2}, p_{t,3}, \ldots, p_{t,63}, p_{t,64}\right)$$
$$= \left(\sin(w_0 \cdot t), \cos(w_0 \cdot t), \sin(w_1 \cdot t), \cos(w_1 \cdot t), \ldots, \sin(w_{32} \cdot t), \cos(w_{32} \cdot t)\right)$$

この各要素が図7.2の横方向の並びに対応します。図7.2はトークンの埋め込みが64次元の例であり、$i = 0, 1, \ldots, 32$であることから、32組のsinとcosの組ができます。iが大きい右側の領域は、$w_i \approx 0$であるため、$\sin 0 = 0$と$\cos 0 = 1$の縞模様になっていることがわかります。一方、iが小さい左側の領域は、さまざまな値が表れているのが見てとれます。iが小さい成分ほど、縦方向の位置の変化に対して激しく変化しています。こうなる理由を、もう一度式を見て確認しましょう。

d_{model}はトークン埋め込みの次元を表しています。つまり、$w_i = 10000^{2i/d_{model}}$は、単位円上を動けるあるベクトル$[\cos(w_i \cdot t), \sin(w_i \cdot t)]$の周波数（周期の逆数）に相当します。$i$はトークン埋め込みのベクトルの第$2i, 2i+1$成分に対応していることから、位置埋め込みは**さまざまな周期の単位円上のベクトル**によって構成されているということです。例えるなら、時計の針のような、周期の異なる針が32種類あり、早い周期で回転する針が、順に図7.2の左側から配置されていると考えると想像しやすいかもしれません。

図7.2：Sinusoidal Positional Encoding の位置埋め込みの可視化

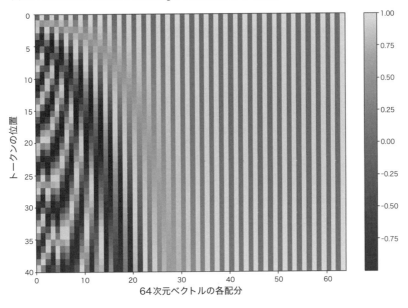

トークン埋め込みと位置埋め込みの加算

Sinusoidal Positional Encoding において、sin 関数と cos 関数により作成された位置埋め込みはトークン埋め込みに単純に加算されます（図7.1）。

Sinusoidal Positional Encoding の利点

Sinusoidal Positional Encoding には、3つの利点があります。1つ目の利点は、**内積によって自然に相対位置の近さを表現できる点**です。ある位置 t の位置埋め込みのベクトルを $p_t = [p_{t,0}, p_{t,1}, p_{t,2}, p_{t,3}, \dots, p_{t,d_{model}-1}, p_{t,d_{model}}]^T$ としたとき、位置 t と位置 t' の位置埋め込みの内積は、以下のように cos 関数内の t と t' の位相差で表現されることがわかります[注1]。

注1 ただし、実際の計算ではクエリ（query）、キー（key）、バリュー（value）を計算する際に線形変換が入るのでこの式は成り立ちません。このような関係が学習されやすくなるだろうという表現が正確です。後述する相対位置符号化では、この問題が起きないため、より相対位置関係を表現するのに適切な方法であると言えます。

$$
\begin{aligned}
p_t^T \cdot p_{t'} = {} & \sin(w_1 \cdot t) \cdot \sin(w_1 \cdot t') \\
& + \cos(w_1 \cdot t) \cdot \cos(w_1 \cdot t') \\
& \cdots \\
& \sin(w_{d_{model}} \cdot t) \cdot \sin(w_{d_{model}} \cdot t') \\
& + \cos(w_{d_{model}} \cdot t) \cdot \cos(w_{d_{model}} \cdot t') \\
= {} & \sum_i^{d_{model}/2} \cos(w_i(t - t'))
\end{aligned}
$$

2つ目の利点は、**位置埋め込みのベクトルのノルムが常に一定であるという点**です。例えば、図7.2の例では、すべての位置tに対して位置埋め込みのノルムは$||p_t||^2 = p_t^T \cdot p_t = 32$となります。つまり、位置埋め込みのベクトルにはノルムの自由度がないため、より学習しやすい表現となっていることが期待されます。3つ目の利点は、**学習不要であるという点**です。これによりモデルを若干軽量化でき、学習の安定化や学習時間が短縮される効果も期待できます[注2]。

Sinusoidal Positional Encoding の謎

Sinusoidal Positional Encoding には、2つの謎がありました。1つは**どのように位置埋め込みを作るか**についてです。sin関数とcos関数というのは本当に効果がある妥当な方法なのでしょうか。Vaswaniらの論文 ("Attention Is All You Need") [Vaswani17] では、「2つのトークンの相対位置（位置の差）が2つのトークンの内積で表現できるので、効果があると期待できる」という旨の主張がされていました。実際の論文の記述は以下のようになっています。

> "We chose this function because we hypothesized it would allow the model to easily learn to attend by relative positions, since for any fixed offset k, *PE~pos+k~* can be represented as a linear function of *PE~pos~*." ([Vaswani17] 3.5節より引用)

しかし、Vaswaniらの検証によって実際に報告されたのは、Sinusoidal Positional Encoding が、位置埋め込みを一から学習する場合と比べて性能が劣らないということのみです。一方で、sin関数とcos関数を使うことの重要性については十分な検証が示されたとは言えませんでした。例えば、Sinusoidal Positional Encoding よりも、もっと単純な関数でもそれほど精度が落ちないという可能性も残されていると言えます。

この疑問の解消につながりそうな知見としては、Sinusoidal Positional Encoding が位置情報として実際に良い表現であることを示唆している論文 [Ravishankar21] があります。この論文では、

注2　パラメータが固定化されることによる利点として一般的によく言われることであり、実際のところは定かではありません

絶対位置で一から学習したBERTの位置埋め込みがSinusoidal Positional Encodingの位置埋め込みのように滑らかな波形状となっており、Sinusoidal Positional Encodingが位置情報を表現するのに良い表現であると報告されています。

　もう1つの謎は、**位置をどのように入力するか**についてです。本当にトークンと位置埋め込みを加算するのが適切な方法なのでしょうか。これについても、Vaswaniらによる具体的な言及や検証はありません。おそらく、最も簡単で直感的な方法として加算を選択したのだと思われます。

▌ 7-2-2　どのように位置埋め込みを作るか

　位置符号化における位置埋め込みの作成方法の種類には、大きく分けて**学習なしの方法**と**一から学習する方法**があります。加えて、上記の2つを混合したような、**一部学習する方法**[Wang21] も存在します（表7.1）。

表7.1：位置埋め込みの作成方法の種類

位置埋め込みの作成方法	学習が必要	代表的なモデル
Sinusoidal Positional Encoding	—	Transformer, DETR
学習可能なパラメータを利用	✓	BERT, GPT, T5, ViT
一部学習可能な位置埋め込み	✓	BERT [Wang21]

　学習なしの手法として認知されている代表的な手法は、先ほど紹介した Sinusoidal Positional Encoding です。対して、一から学習する方法は、ニューラルネットワークにおいて学習されるバイアスパラメータと同じように、学習可能なパラメータベクトルを用意して適当に初期化し、これを入力トークンに対してそれぞれ特定の位置に配置して学習することを指します。例えば、Transformer を扱う著名なライブラリである Hugging Face における Vision Transformer は、以下のようにゼロベクトルで初期化しています。

```
self.position_embeddings = nn.Parameter(torch.zeros(1, num_patches + 1, config.hidden_size))
```

引用: https://github.com/huggingface/transformers/blob/v4.19.2/src/transformers/models/vit/modeling_vit.py#L93

　nn.Parameter は学習可能なパラメータを定義するクラスです。バッチサイズを1、トークン数を num_patches + 1、チャンネルサイズを hidden_size とする3階のテンソルを作成していることを示しています。また、num_patches + 1 はパッチの数に加えて、分類に用いるクラストークン（Class Token）を追加していることを示しています。

　一部学習する方法は、Sinusoidal Positional Encoding をベースにしつつ、この中でハイパー

パラメータとなっていたw_iを学習可能なパラメータとして学習する方法 [Wang21] です。Wangらは、これにより、さまざまな自然言語分類タスクで構成されているベンチマークであるGLUEや、スパン予測の自然言語ベンチマークであるSQuADにおける性能を向上させることができたと報告しています。先ほど紹介した通り、相対位置の内積は$\sum_i^n \cos\bigl(w_i\bigl(t - t'\bigr)\bigr)$で表すことができますが、これは相対位置$t - t'$が大きくなることにより負の値をとる可能性が高くなります。相対位置関係を表す表現ベクトルが持つ特性として期待されることは、近い位置ほど似ていること（コサイン類似度が高い値を持つこと）、遠い位置ほど似ていないこと（cos類似度がゼロになること）です。負の値になることは想定されません。Wangらの実験は、この負の値の発生が実際に性能の劣化につながることを報告しています。そこで、周波数の部分だけ学習することにすれば、自動で周波数パラメータw_iが調整され、性能劣化を防ぐことができるというわけです。

7-2-3　位置埋め込みをどのように入力するか

位置埋め込みは、入力トークン列とともにTransformerに入力されます。最も一般的に知られているのはVaswaniらが提案した直接足し合わせる方法 [Vaswani17] でしょう。しかし、この方法以外にも、目的に応じて良い方法が提案されてきています。表7.2に一覧を示します。

表7.2：位置埋め込みの入力方法

位置符号化方法	クエリ（Query）	キー（Key）	バリュー（Value）	Attention
絶対位置	最初の層$(l = 1)$: $(w_i + p_i)W^{Q,1}$ 他の層：$x_i^l W^{Q,l}$	最初の層$(l = 1)$: $(w_j + p_j)W^{K,1}$ 他の層：$x_j^l W^{K,l}$	最初の層$(l = 1)$: $(w_j + p_j)W^{V,1}$ 他の層：$x_j^l W^{V,l}$	$\dfrac{QK^T}{\sqrt{d}}$
相対位置	$x_i^l W^{Q,l}$	$x_j^l W^{K,l} + a_{j-i}^l$	$x_j W^{V,l} + a_{j-i}^l$	$\dfrac{QK^T}{\sqrt{d}}$
T5 [Raffel20], Swin Transformer [Liu21]	$x_i^l W^{Q,l}$	$x_j^l W^{K,l}$	$x_j^l W^{V,l}$	$\dfrac{QK^T}{\sqrt{d}} + b_{j-i}$
TUPE （絶対位置）	$x_i^l W^{Q,l}$	$x_j^l W^{K,l}$	$x_j^l W^{V,l}$	$\dfrac{QK^T}{\sqrt{2d}} + \dfrac{(p_i U^Q)(p_j U^K)^T}{\sqrt{2d}}$
TUPE （絶対位置+相対位置）	$x_i^l W^{Q,l}$	$x_j^l W^{K,l}$	$x_j^l W^{V,l}$	$\dfrac{QK^T}{\sqrt{2d}} + \dfrac{(p_i U^Q)(p_j U^K)^T}{\sqrt{2d}} + b_{j-i}$

絶対位置

絶対位置（Absolute Positional Encoding）による位置符号化は、Sinusoidal Positional Encoding[Vaswani17] が採用している入力方法です。通常、トークン埋め込み$\{w_1, \ldots, w_N\}$に一度だけ足し合わせます。このとき、Transformer Blockにおけるi, j番目のトークン間で得

られる Attention α_{ij}^{Abs} は最初の Block とその他の Block でそれぞれ以下のように表せます。p_i、p_j がそれぞれ i、j 番目のトークンの位置埋め込みです。

最初の層, 入力トークン w_i, w_j 間の Attention:

$$\alpha_{ij}^{Abs} = \frac{1}{\sqrt{d}} \left((w_i + p_i)\, W^{Q,1} \right) \left((w_j + p_j)\, W^{K,1} \right)^T$$

他の層, 入力トークン x_i, x_j 間の Attention:

$$\alpha_{ij}^{Abs} = \frac{1}{\sqrt{d}} \left(x_i\, W^{Q,1} \right) \left(x_j\, W^{K,1} \right)^T$$

相対位置

相対位置 (Relative Positional Encoding) による位置符号化は、絶対位置の場合と異なり、Transformer Block 内に位置情報を挿入します。初期に提案された方法 [Shaw18] では、相対位置に基づく位置埋め込みをキーとバリューにそれぞれ挿入します。いま、l 層目の i 番目と j 番目の入力トークン間の相対位置埋め込みを、キーとバリューについてそれぞれ $a_{j-i}^{K,l}, a_{j-i}^{V,l}$ とすると、Attention α_{ij}^{Rel} の計算は以下のようになります。

$$\alpha_{ij}^{Rel} = \frac{1}{\sqrt{d}} \left(x_i^l\, W^{Q,l} \right) \left(x_j^l\, W^{K,l} + a_{j-i}^{K,l} \right)^T$$

$$z_i = \sum_{j=1}^{n} \alpha_{ij}^{Rel} \left(x_j\, W^V + a_{j-i}^{V,l} \right)$$

ここで、$a_{j-i}^{K,l}, a_{j-i}^{V,l}$ はそれぞれ、相対位置のパターンの種類だけ一から学習可能な埋め込みを用意します。例えば、全体の系列長が k であり、前後 k トークンの相対位置に対応できるようにモデルを構築する場合、$a_{-k}, \dots, a_k$ までの $2k + 1$ 個の位置埋め込み用のパラメータを用意する必要があります。

派生形：Attention のバイアスとしての相対位置符号化

自然言語処理で用いられる T5[Raffel19] や画像処理で用いられる Swin Transformer[Liu21]、後述する TUPE[Ke21] では、相対位置の挿入をより簡略化して、Attention のバイアス b_{j-i} として相対位置情報を挿入します。b_{j-i} の位置埋め込みの作り方は、通常の相対位置埋め込みと同じように一から埋め込みを学習します。

$$\alpha_{ij}^{T5} = \frac{1}{\sqrt{d}} \left(x_i^l\, W^{Q,l} \right) \left(x_j^l\, W^{K,l} \right)^T + b_{j-i}$$

TUPE

TUPE（**Transformer with Untied Positional Encoding**）[Ke21] は、図 7.3 の右図のように、i 番目と j 番目のトークン w_i, w_j と位置埋め込み p_i, p_j を別々に計算し、Transformer Block 内の Attention 計算の際に足し合わせる手法です。TUPE では、前述した Attention のバイアスとしての相対位置バイアス b_{j-i} を加えると、自然言語処理の分類タスクのベンチマークである GLUE で性能が向上することが報告されています。

TUPE（絶対位置）

$$\alpha_{ij} = \frac{1}{\sqrt{2d}} \left(x_i^l W^{Q,l} \right) \left(x_j^l W^{K,l} \right)^T + \frac{1}{\sqrt{2d}} \left(p_i U^Q \right) \left(p_j U^K \right)^T$$

TUPE（絶対位置＋相対位置）

$$\alpha_{ij} = \frac{1}{\sqrt{2d}} \left(x_i^l W^{Q,l} \right) \left(x_j^l W^{K,l} \right)^T + \frac{1}{\sqrt{2d}} \left(p_i U^Q \right) \left(p_j U^K \right)^T + b_{j-i}$$

図 7.3：通常の絶対位置符号化（左）、TUPE による絶対位置符号化（右）。図は Ke ら [Ke21] より引用

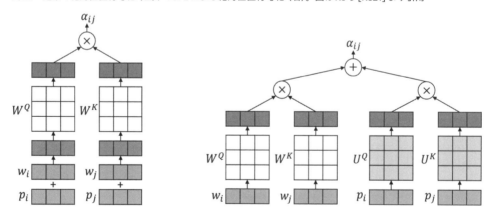

　なぜこの方法が良いのでしょうか？ TUPE では、まず、絶対位置符号化による最初の層の Attention α_{ij}^{Abs} が以下の 4 つの項に分解できることを紹介しています。

$$\alpha_{ij}^{Abs} = \frac{\left((w_i + p_i)\,W^{Q,1}\right)\left((w_j + p_j)\,W^{K,1}\right)^T}{\sqrt{d}}$$

$$= \frac{\left(w_i W^{Q,1}\right)\left(w_j W^{K,1}\right)^T}{\sqrt{d}} + \frac{\left(w_i W^{Q,1}\right)\left(p_j W^{K,1}\right)^T}{\sqrt{d}}$$

$$+ \frac{\left(p_i W^{Q,1}\right)\left(w_j W^{K,1}\right)^T}{\sqrt{d}} + \frac{\left(p_i W^{Q,1}\right)\left(p_j W^{K,1}\right)^T}{\sqrt{d}}$$

　クエリ（Q）とキー（K）の内積はクエリとキーの類似性を表していることから、これらの項はそれぞれ、トークン間の相関、トークンと位置埋め込み間の相関、位置埋め込みとトークン間の相関、位置埋め込み間の相関を表していると言えます。図7.4は、位置埋め込みを一から学習するモデルであり、かつよく使われるモデルであるBERTの学習済みモデルにおける上記の相関関係を示しています。

図7.4：BERTにおけるトークン埋め込みと位置埋め込みの相関の可視化（[Ke21] より引用）。左からトークン-トークン間、トークン-位置間、位置-トークン間、位置-位置間の相関を表示している

　驚くことに、トークン埋め込みと位置埋め込みの間に相関はほとんどありません。BERTはわざわざ、トークン埋め込みと位置埋め込みの間に相関がなくなるように学習をしていることになります。したがって、TUPEでは、トークン埋め込みと位置埋め込みの相互作用を計算する項を明示的に排除することで、性能向上を図っていると言えます。

　加えて、TUPEでは、Transformerの先頭にある特殊トークンであるクラストークンが、先頭に近い位置にあるトークンと相関関係を持つことを防ぐため、クラストークンとその他のトークン間の位置埋め込みのみを別の学習可能パラメータ θ_1, θ_2 と置くことによって、さらに性能を向上できることを示しています（図7.5）。

7

図7.5：TUPEのクラストークンとその他のトークン間の位置埋め込みのみを別の学習可能パラメータθ_1, θ_2
　　　と置く方法の模式図（[Ke21]より引用）

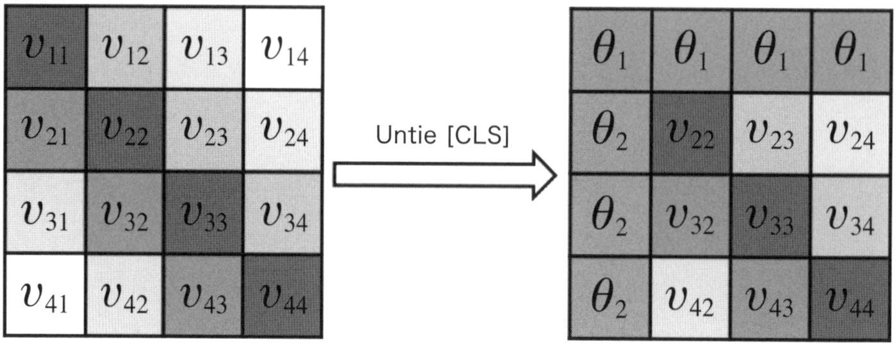

どの方法が一番望ましいのか？

　ここまで、近年の位置符号化の方法について紹介してきました。さて、どの方法が一番望ましいのでしょうか？結論から言うと、問題設定によって異なる傾向にあるようです。Sinusoidal Positional Encodingの位相情報を学習するハイブリッドな手法を提案したWangらは、自然言語処理タスクにおいて、絶対位置は相対位置よりも分類タスクに強く、相対位置は絶対位置よりもスパン予測（文書中の該当箇所の範囲の予測）に強いということを報告[Wang21]しています。近年の傾向としては、原典となるTransformer以降に新しく出てきた多くのモデル（BERT、GPT、T5、ViT）が、学習可能なパラメータを利用して一から学習する方法を採用していることから、「**どのように位置埋め込みを作るか**」という側面では、絶対位置よりも相対位置が良く、「**位置埋め込みをどのように入力するか**」という側面ではTUPEのように、入力時よりもAttentionのバイアスとして入れるのが良い、という認識が広まってきていると思われます。しかし、物体検出器のDETR[Carion20]や多言語の言語モデル[Ravishankar21]など、Sinusoidal Positional Encodingの方が最終的な性能が優れていると報告されている場合もあり、一から学習する方法が必ずしも良いとは限りません。

　Ravishankarら[Ravishankar21]の報告は興味深いため、説明を追加します。Ravishankarらは、多言語文で学習させた文生成において、Sinusoidal Positional Encodingと一から学習する絶対位置の位置符号化の方が、相対位置符号化やTUPEなど、近年提案されてきた他の手法よりも優れていると報告しました。この要因として、多言語のテキストデータのように、分布の異なる情報源（系列長が異なる情報源）を学習する際には位置情報をよく表現できるSinusoidal Positional Encodingが都合が良いと考察されています。また、Sinusoidal Positional Encodingと同じく良いと報告されていた、一から学習する絶対位置による位置埋め込みは、Sinusoidal Positional Encodingに似てsin関数とcos関数の組み合わせで表現されるような滑らかな波形状になっており、TUPEは粗いギザギザな波形となっていることが示されています[注3]。

注3　ただし、Ravishankarら[Ravishankar21]の結果はWikipediaや聖書など、限定的なデータセットで行われたものであり、十分なデータ量がある場合には結果が逆転する可能性があることを申し添えておきます。

さらに知りたい読者へ

位置符号化についてさらに詳細を知りたい読者のために、おすすめの論文をいくつか紹介します。

- Position Information in Transformers: An Overview（arXiv）[Schmitt21]
  位置埋め込みについての網羅的なサーベイ論文
- Rethinking Positional Encoding in Language Pre-training.（ICLR2021）[Ke21]
  TUPE を提案した論文。絶対位置や相対位置の符号化方法の差異について丁寧に説明
- On Position Embeddings in BERT（ICLR2021）[Wang21]
  位置埋め込みを学習可能とするか否か、絶対位置と相対位置どちらにするか、両方の観点から比較を行った研究

7-3 | Multi-Head Attention の謎

Multi-Head Attention は、Self-Attention に工夫を加えた Transformer の主要モジュールです。2-3 節 で は、Vision Transformer の 内部 モジュール として、Self-Attention と Multi-Head Attention のしくみを詳しく紹介しました。ここでは、Multi-Head Attention の特徴を Self-Attention と比較しながらおさらいしましょう。

通常の Self-Attention では、各トークン埋め込みで構成される行列をクエリとキーの行列に線形変換した後、内積計算をしてから正規化することで Attention を計算します。図7.6の例は、クエリとキーのトークンの数を4、トークンの次元を30とした例です。クエリは横ベクトルで並んでいるトークンによる4×30行列、キーは縦ベクトルで並んでいる30×4行列です。このクエリとキーによる内積の結果は4×4行列になります。

対して、Multi-Head Attention では、トークン埋め込みをチャンネル方向に均等に分割して次元の小さい複数のベクトルとし、それぞれでクエリとキーの内積を計算して、複数の内積の結果を得ます。図7.6の例では、クエリとキーを構成している30次元の各トークンを3分割して、3つの4×10行列のクエリ$\{Q_1, Q_2, Q_3\}$、3つの10×4行列のキー$\{K_1, K_2, K_3\}$としています。(Q_1, K_1)、(Q_2, K_2)、(Q_3, K_3)でそれぞれ内積を計算する処理単位をヘッド（head）と呼び、ヘッドが複数あるので「Multi-Head」と呼ばれているわけです。

このように複数のヘッドに分割する利点は、クエリとキーで内積を計算する際に、クエリとキーのさまざまな関係性を取りこぼさないようにする点にあります。これを順を追って説明します。まず、内積とは、ベクトルの成分ごと（要素ごと）の積の和です。行ベクトルによる行列であるクエリと、列ベクトルによる行列であるキーから、あるベクトルをそれぞれ1つ選んで

$q = (q_1, q_2, \cdots, q_{30})$、$k = (k_1, k_2, \cdots, k_{30})^T$とすると、Self-Attentionの場合の内積は以下の式で与えられます。

$$q \cdot k = \sum_{i=1}^{30} q_i k_i$$

Multi-Head Attentionの場合、このベクトル同士の計算は以下のように分割されて計算されることになります。

（ヘッド1）

$$q^{(1)} \cdot k^{(1)} = \sum_{i=1}^{10} q_i k_i$$

（ヘッド2）

$$q^{(2)} \cdot k^{(2)} = \sum_{i=11}^{20} q_i k_i$$

（ヘッド3）

$$q^{(3)} \cdot k^{(3)} \sum_{i=21}^{30} q_i k_i$$

ここで、$q^{(h)}, k^{(h)}$はそれぞれh番目のヘッドのクエリとキーです。この内積計算すべてのクエリとキーの組み合わせについて行うと、図7.6の右下の図のように、Self-Attentionでは4×4の行列が1つ、Multi-Head Attentionでは4×4の行列がヘッドの数だけ（この場合は3つ）できます。ここで、Self-AttentionとMulti-Head Attentionの内積計算の式から、Multi-Head Attentionのすべてのヘッドにおける内積を合計すると、Self-Attentionの場合（ヘッドが1つの場合）の内積に一致することがわかります。

このことからわかるSelf-Attentionの難点は、内積の結果が、クエリとキーのベクトル成分同士の掛け算が大きくなる成分に大きく依存することです。つまり、他の成分同士の関係性が無視される問題が起き得ます。図7.6の右下の図は、例としてヘッド1の内積が大きい場合を示しました。Self-Attentionのようにヘッドが1つの場合だと、ヘッド2とヘッド3に対応するクエリとキーのベクトル成分同士の関係性が無視されてしまいます。一方で、Multi-Head Attentionでは、分割されたクエリとキーごとに内積を計算するため、Self-Attentionよりもクエリとキーの多様な関係性を取り込みやすいという利点があります。

図7.6：Self-Attention におけるクエリ、キーの内積計算（左図）と、Multi-Head Attention におけるクエリ、キーの内積計算（右図）。右図はヘッドの数が3の場合

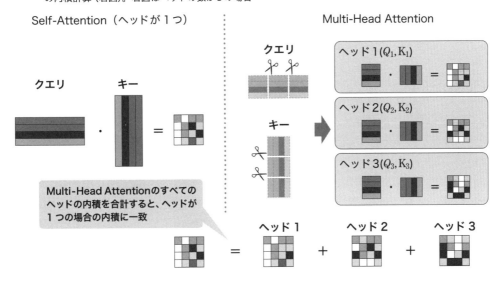

7-3-1 実は冗長になりがちなので多様性の確保が重要

驚くことに、自然言語処理分野におけるいくつかの研究は、学習済みの Transformer の Multi-Head Attention の大部分のヘッドを刈り込んでも（つまり、大部分のヘッド内の Attention の値を0にしてしまっても）、大きな性能の低下が起きないと報告 [Voita19] [Michel19] しています。この結果は、複数のヘッドが同じような特徴を参照するように学習してしまっている、あるいは、タスクを解くのに重要でない特徴を学習しているということを示唆しています。

ということで、各ヘッドに、別々の役割を持たせるように多様性を持たせて学習させると、より効率的に学習が進みそうです。ここでは、Transformer の Multi-Head Attention に多様性を持たせるためのテクニックについて紹介します。

Disagreement Regularization

Disagreement Regularization[Li18] は損失関数に多様性を向上させる項を追加することで直接的に多様性の向上を促そう、という手法です。各ヘッドのバリュー V_i, Attention Map A_i, 出力 O_i（ただし、$i = 1, 2, \ldots, H$）を用いて、以下のように3つの損失関数を計算します。

$$D_{\text{subspace}} = \frac{1}{H^2} \sum_{i=1}^{H} \sum_{j=1}^{H} \frac{V^i \cdot V^j}{\|V^i\| \, \|V^j\|}$$

$$D_{\text{position}} = \frac{1}{H^2} \sum_{i=1}^{H} \sum_{j=1}^{H} \left\| A^i \odot A^j \right\|$$

$$D_{\text{output}} = \frac{1}{H^2} \sum_{i=1}^{H} \sum_{j=1}^{H} \frac{O^i \cdot O^j}{\left\| O^i \right\| \left\| O^j \right\|}$$

ここで、D_{subspace} と D_{output} は、バリューのベクトル同士、出力のベクトル同士でコサイン類似度を最小化するような損失関数であることを意味します。一方、D_{position} は Attention Map の行列における要素ごとの積を最小化する形になっています。この手法を用いる際に、3つの項すべてを加えてしまうと逆に性能が低下することが報告されています。実際には、どれか1つでも加えれば十分に性能向上に寄与することが示されています。3つのうち1つを加える場合では、$D_{\text{subspace}} > D_{\text{output}} > D_{\text{position}}$ の順に性能が良く、Attention Map の多様性向上による寄与は軽微であるとされています。

Multi-Head Attention with diversity

Multi-Head Attention with diversity は、画像とテキストの共通の埋め込み空間 (VSE：Visual Semantic Embedding) を作るための表現学習を行ううえで、Transformer の Multi-Head Attention の多様性を向上させる損失関数を導入すると性能が上がるという研究です。

VSE は、画像とその画像に対応するテキストの組によるデータセットを用いて、画像の埋め込みとテキストの埋め込みを同時に学習する方法です。同じ組の画像とテキスト同士は近い埋め込みになるように、異なる組の画像とテキスト同士は離れた埋め込みとなるように学習することで、画像とテキストの双方向の検索や生成に利用できます。

Huang らの実験 [Huang19] では、英語とドイツ語という多言語情報と画像の VSE を学習し、英語／ドイツ語の説明文からの画像検索、画像から英語／ドイツ語の説明文検索のタスクで有効性を確認しています。

さて、多様性を向上させる損失関数について説明します。ある画像と説明文のペアから画像のミニバッチ V と説明文のミニバッチ E を作成したとき、p 番目の画像特徴量 v_p の各ヘッドのバリューを $V_p = \{v_p^1, v_p^2, \dots, v_p^K\}$、英語の文の p 番目のトークン埋め込み e_p の各ヘッドのバリューを $E_p = \{e_p^1, e_p^2, \dots, e_p^K\}$ とすると、多様性を向上させるための損失関数 $\mathcal{L}^D(V, E)$ は以下のように表現できます[注4]。

注4　原論文 [Huang19] では鍵括弧の中身が $\left[\alpha_D - \frac{v_p^k \cdot e_p^{k \neq r}}{\|v_p^k\| \|e_p^{k \neq r}\|} \right]_+$ となっていますが、このように定式化するとヘッド間の多様性が減少するように学習が進むため、おそらく誤字だと思われます。

$$\mathcal{L}_p^D(V_p, E_p) = \sum_k \sum_r \left[\alpha_D + \frac{v_p^k \cdot e_p^{k \neq r}}{\left\| v_p^k \right\| \left\| e_p^{k \neq r} \right\|} \right]_+$$

$$\mathcal{L}^D(V, E) = \sum_p \mathcal{L}_p^D(V_p, E_p)$$

ここで、$[\cdot]_+ = \max(0, \cdot)$ であり、α_D はマージンです。この式は、図7.7に示すように、ヘッド間の類似度が少なくともマージン α_D より離れるように学習を促すということを意味しています。図7.7の例では画像と英語の埋め込みについて計算していますが、実験では画像、英語、ドイツ語の3つのモダリティについて、同一モダリティおよび異なるモダリティ間で損失関数を計算しています。

図7.7：Multi-Head Attention with diversity の概要図。
埋め込み同士がマージン α_D よりも近いと損失
が発生するしくみになっている

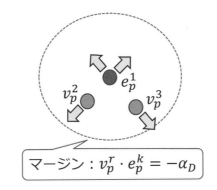

DeepViT

DeepViT[Zhou21] では、Multi-Head Attention の計算に学習可能なパラメータ Θ（Θ は Attention と同じサイズの正方行列）を加える Re-Attention によって、ヘッド間の相互作用を生み出し、Block 間での Attention の多様性向上とともに ImageNet-1k による画像認識性能の向上を達成したと報告しています。

$$\text{Re-Attention}(Q, K, V) = \text{Norm}\left(\Theta^\top \left(\text{Softmax}\left(\frac{QK^\top}{\sqrt{d}} \right) \right) \right) V$$

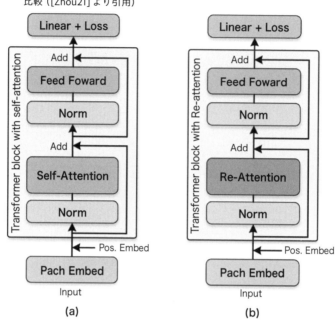

図7.8：通常のViT（左図）とRe-AttentionによるDeepViT[Zhou21]（右図）の
比較（[Zhou21]より引用）

また、多層化による性能向上は通常のViTでは24層程度で限界を迎えるのに対して、DeepViTでは32層まで可能であることも報告しています。この要因には、Transformer Block間の類似度が低いことが関係しているとZhouらによって指摘されており、Attentionを計算する際のクエリ、キー、バリューの埋め込みの次元を増やすことや、Re-Attentionを用いることでTransformer Block間の類似度を下げることができ、性能向上につながると報告しています。

Rectified Linear Attention

Encoder-Decoderモデルにおいて、Attentionを計算する際のソフトマックス関数をReLUに置き換えることでAttentionをスパース化し、多様性も向上させる**ReLA**（**Rectified Linear Attention**）と呼ばれる方法[Zhang21]が提案されています（図7.9）。ReLUを用いることによりクエリとキーの内積は大きくなることが想定されるため、安定化のためLayerNorm（正確にはRMSNorm[Zhang19]）が導入されています。ReLAによって、翻訳タスクにおいて、性能向上が確認できたと報告されています。

図7.9：通常の Attention 計算（左図）と ReLA による Attention 計算（右図）の比較（[Zhou21] より引用）

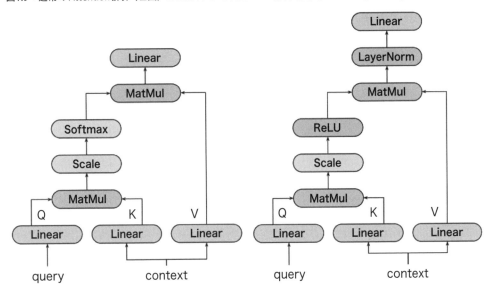

7-3-2　2層の Feed Forward Network の謎

2層の MLP、別名 **FFN（Position-wise Feed Forward Network）** は、Transformer Block を構成する要素であり、以下のようにトークン x ごとに同じ非線形変換を行うモジュールです。FFN は、画像ドメインにおいては画像の各位置をトークンとした場合にカーネルサイズが1の畳み込み層（1 × 1 convolution）を2回適用していると解釈できます。

$$\mathrm{FFN}(x) = \max(xW_1 + b_1, 0)W_2 + b_2$$

FFN は、Transformer Block を構成する要素でありながら、具体的な重要性にはあまりふれられていません。Transformer を提案した論文 [Vaswani17] でも、説明が天下り的で、具体的な動機が説明されていません。この FFN にはどのような重要性があるのでしょうか。

1つ明らかに言えることは、この2層のみによる変換で、単純ながら複雑な関数を表現するための強力な非線形変換を実現できるという点です。この点は、FFN の入力 x がクエリ、1つ目の重み層 W_1 がキー、2つ目の重み層 W_2 がバリューであると考えると、直感的に理解できると思います。FFN も Self-Attention のようなクエリ、キー、バリューによる強力な非線形変換を実現しているわけです。

実際に、自然言語処理における言語モデルにおいては、キーである1つ目の重み層 W_1 が、ある単語がある位置に出現するときに反応するような特定のパターンに反応することを示し、バリューである2つ目の重み層 W_2 は、キーに対応する次の単語の出現確率を制御していること [Geva21] を明らかにしました。つまり、非明示的で辞書的な対応関係が重み W_1 と W_2 に埋

め込まれていると解釈できるわけです。

　ちなみに、単純な2層の線形層が強力な非線形変換であることは、もともとニューラルネットワークの**万能近似定理**（Universal Approximation Theorem：普遍性定理）[Cybenko89] としてよく知られています。万能近似定理は、隠れ層が一層（つまり、重みの層が二層）の場合に、十分隠れ層のサイズが大きければ、任意の関数が近似できることを示す定理です。

　近年の画像ドメインにおけるTransformerでは、2層の線形層に対して新しい工夫を導入する試みもなされています。トークンが画像である場合は、自然言語と異なり、位置的に近いトークンは似るという特徴を持ちます。このことから、位置ごとに非線形変換を行うFFN（カーネルサイズ1の畳み込み層を使っているのと同じ）ではなく、代わりに3×3や5×5の畳み込み層を用いて局所的な空間方向を考慮した変換が、画像認識の性能向上につながるという報告 [Yuan21] [Mao21] があります。

7-4 | Layer Normalizationの謎

　2章の2-4-1項で紹介したように、**Layer Normalization**（**LayerNorm**）はシグモイド（Sigmoid）関数やReLU関数といった活性化関数（Activation Function）の層に入力されるベクトルである**活性**（**Activation**）に対して正規化を行うモジュールであり、Transformer Blockを構成する一要素としても採用されています。TransformerにおけるLayerNormの重要性については、自然言語処理、コンピュータビジョンの両分野から分析が進んできています。まず、ニューラルネットワークにおける正規化の重要性とその代表的な手法である**Batch Normalization**（**BatchNorm**）にふれつつ、LayerNormについておさらいしましょう。

　正規化の操作は、ニューラルネットワークの学習において、学習の安定化や高速化に欠かせない存在です。正規化という用語自体は、RGBの画像の値域を$[0, 255]$から$[0, 1]$にしたり、Attentionの内部で内積の合計が1になるようにしたりといった値のスケール調整の操作も指しますが、本節で扱う正規化とは、入力の分布を平均0、分散1にする操作を指します。この正規化操作は、ニューラルネットワークの層の1つとして解釈して、**正規化層**（**Normalization Layer**）とも呼ばれますので、以後、本章では後者の正規化を正規化層と呼び分けることにします。

　正規化層による正規化の利点は、活性の分布の偏りやスケールを調整し、学習の安定化と高速化を図ることができる点です。例えば、BatchNormを導入することには目的関数を滑らかにする効果があり、これにより勾配の挙動を安定化し、より高速な学習ができるという報告 [Santurkar18] があります。直感的にも、シグモイド関数やReLU関数といった活性化関数は入力が0周辺のときに非線形性を持つため、入力が0周辺に集中するように入力を調整することで、

ニューラルネットワークが学習によって複雑な関数を表現しやすくなることが予想できます。このような点から、正規化層は重要なモジュールだと言えるでしょう。

図7.10 は、BatchNorm と LayerNorm の正規化方法をそれぞれ図示したものです。今、ある重み層に入力を通して得られた活性 $a \in \mathbb{R}^{B \times T \times C}$ があるとします。B はミニバッチのサイズ、T はトークンのサイズ、C はチャンネルのサイズを表しています。この活性 a は、入力に対して重み層の重みを積和して得られるベクトル、つまり、活性化関数の層に入力されるベクトルのことです。

図7.10：BatchNorm と LayerNorm

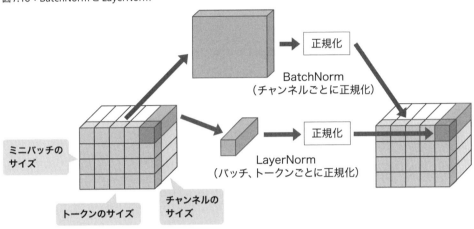

BatchNorm では、活性 a をチャンネルごとに正規化します。活性の各要素を $a_{b,t,c}$ とすると、BatchNorm は以下のように表せます。

BatchNorm

$$\mu_c = \frac{1}{BT} \sum_{b=1}^{B} \sum_{t=1}^{T} a_{b,t,c}$$

$$\sigma_c^2 = \frac{1}{BT} \sum_{b=1}^{B} \sum_{t=1}^{T} \left(a_{b,t,c} - \mu_c \right)^2$$

$$\widehat{a}_{b,t,c} = \frac{a_i - \mu_c}{\sqrt{\sigma_c^2 + \epsilon}}$$

$$y_{b,t,c} = \gamma_c \widehat{a}_{b,t,c} + \beta_c$$

BatchNorm の最終的な出力は $y_{b,t,c}$ です。ϵ は 10^{-8} のような小さな定数であり、γ_c, β_c はそれぞれ学習可能なパラメータ $\gamma \in \mathbb{R}^C$ と $\beta \in \mathbb{R}^C$ の c 番目の成分です。この部分は正規化した

後の活性の分布をネットワークがある程度学習の中で自動で調整できるようにしています[注5]。BatchNormの操作はチャンネルごとに独立に行われるため、あるチャンネルについてのBatchNormは他のチャンネルのBatchNormに影響を与えないという点が特徴です。

　一方でLayerNormは、Transformerにおいてはトークンごとにチャンネル方向の正規化を行う正規化層です[注6]。

LayerNorm

$$\mu_{b,t} = \frac{1}{C} \sum_{c=1}^{C} a_{b,t,c}$$

$$\sigma_{b,t} = \sqrt{\frac{1}{C} \sum_{c=1}^{C} \left(a_{b,t,c} - \mu_{b,t} \right)^2}$$

$$\widehat{a}_{b,t,c} = \frac{a_i - \mu_{b,t}}{\sqrt{\sigma_{b,t}^2 + \epsilon}}$$

$$y_{b,t,c} = \gamma_c \widehat{a}_{b,t,c} + \beta_c$$

　ここで、BatchNormと同様に、LayerNormの最終的な出力は$y_{b,t,c}$です。ϵは10^{-8}のような小さな定数であり、γ_c, β_cがそれぞれ学習可能なパラメータ$\gamma \in \mathbb{R}^C$と$\beta \in \mathbb{R}^C$のc番目の成分です。このように、LayerNormの学習可能なパラメータも、BatchNormと同様にチャンネルごとに用意されます。

　LayerNormの利点は、BatchNormと異なり、ミニバッチのサイズやトークンの数に依存せずに正規化を行えることです。BatchNormではミニバッチのサイズが小さいと、正規化時の平均や分散が母集団の粗い近似となり学習が不安定になることや、トークンの数が可変のときに対応できないという問題があります。一方LayerNormであれば、ミニバッチのサイズやトークンの数に依存せずに正規化を行えるため、自然言語処理のように、入力トークンの数が変化するデータを扱う問題に対して有効です。このため、自然言語処理分野で提案された初期のTransformer[Vaswani17]も正規化層としてLayerNormを利用していたと考えられます。このような歴史的経緯を考えたとき、「果たして、LayerNormは入力トークン数が固定の画像に対しても有効なのか？ あるいは必然性があるのか？」という点は気になるところです。

　また、LayerNormはTransformer Block内に挿入される位置によって、Transformerの性能に大きな影響を与えることがわかっています。代表的な構成は、初期のTransformerで用いられていた**PostNorm** [Vaswani17]、近年多くのモデルで用いられる傾向にある**PreNorm** [Xu20]の2種

注5　$\gamma_c = 1, \beta_c = 0$ならば、正規化後に何も追加の操作を行わない、通常の正規化操作となります。
注6　CNNにLayerNormを適用する場合は、空間方向も正規化に含まれるように定式化されるので注意して区別する必要があります [Wu18]。

類があります（図7.11）。PostNormの場合は、LayerNormがMulti-Head Attentionや2層の線形層（MLP）の分岐の外に配置されているのに対し、PreNormの場合は、LayerNormが分岐の中の層の前に配置されているのが特徴です。近年では、PreNormの方がPostNormよりも多く用いられているということで、一見PreNormの方が良いように思えますが、実はそう簡単な話でもないようです。

図7.11：PostNorm（左図）とPreNorm（右図）の比較（コンピュータビジョン最前線Winter[井尻21] ニュウモンVision and Languageから引用）

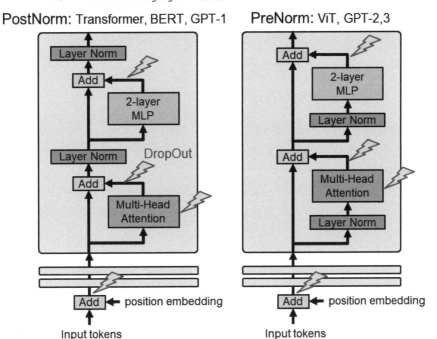

7-4-1 不安定で手がかかるが性能が高いPostNorm、安定で優等生なPreNorm

　PostNormよりもPreNormが好まれて使われているのは、一般的にPostNormでの学習は不安定で、慎重なWarmupが必要とされるためです。**Warmup**とは、学習開始時の学習率をごく小さな値から徐々に大きくしていく方法で、Adamを利用する場合の適応的な学習率の分散が学習初期に大きくなる悪影響を低減する効果があります[Liu20a]。PostNormが不安定でWarmupを必要とする原因は、勾配のノルムが入力xの大きさに依存して決まる点にあります[Xiong20]。まず、このしくみについて説明します。

$$\left\| \frac{\partial \mathrm{LN}(\boldsymbol{x})}{\partial \boldsymbol{x}} \right\| = O\left(\frac{\sqrt{d}}{\|\boldsymbol{x}\|} \right)$$

　上記の式は、LayerNorm $\mathrm{LN}(\mathbf{x})$の入力xについての勾配のノルムを表しています [Xiong20]。dは埋め込みの次元です。入力が十分大きくなるとき、上記の勾配のノルムは小さくなってしまうことがわかります。図7.11の左図を見るとわかる通り、PostNormでは2つの分岐からの出力が統合されてLayerNormに入力されるため、PreNormの場合よりもLayerNormへの入力が大きくなりやすく、勾配消失が起こりやすい傾向があります[注7]。一方、PreNormを使うと、PostNormのような悩みがなくなるため、Warmupなしでも安定して学習ができるというわけです [Xiong20]。

7-4-2　PostNormの逆襲

　近年はその安定性からPreNormを利用するモデルが増えてきていますが、PostNormは最終的な性能が高い [Liu20b] と報告されており、学習の不安定性を改善するための研究が提案されてきています。

　まず、説明に入る前に、前提知識となる残差接続にふれておきます。図7.11で、入力が2つの分岐に分かれてその後統合される部分までの構造を**残差接続**（**Residual Connection**）と呼びます。残差接続の式は以下のようになります。

$$x_i = \mathrm{Residual}_i(x_{i-1}) = x_{i-1} + f_i(x_{i-1})$$

　ここで、分岐内の関数$f_i(\cdot)$は**副層**（**sublayer**）と呼ばれ、具体的にはMulti-Head Attention層やMLP層がこの副層にあたります。iは副層の番号であり、便宜的に残差接続の入力と出力をそれぞれx_{i-1}, x_iとしました。残差接続を用いる利点は、入力をどの程度変化させるかの差分を副層で計算し、足し込むという形にすることで、多層のネットワークでも学習を安定化させられるという点です。しかし、残差接続からLayerNormに接続するPostNormの構成は、前述の通り学習が不安定になりやすいのが難点です。

　そこでLiuら [Liu20b] は、残差接続における副層$f(x)$への依存度を以下の式のように適応的に決定できるよう重み付けすることで、学習初期の不安定性に対処する手法Adminを提案しました。

$$\mathrm{Residual}_i(x_{i-1}) = x_{i-1} \cdot w_i + f_i(x_{i-1})$$

$$w_i = \sqrt{\textstyle\sum_{j<i} Var[f_j(x_{j-1})]}$$

注7　このため、PostNormだと12層以上の多層で学習しにくいという問題も指摘されています。

ここで、i, jはともに副層の番号です。$w_i = 1$のときは、通常の残差接続に一致します。最初はすべての層の副層について$w_i = 1$で初期化し、出力の分散$Var[f_j(x_{j-1})]$を各層について算出しておきます。i層目の重みw_iは、i層目より前の層の出力の分散が増大するほど大きくなるという挙動を示すため、出力が不安定な学習初期には副層のない分岐側の出力$x_{i-1} \cdot w_i$が出力全体に対して支配的になり、出力全体する副層$f_i(x)$の影響は相対的に小さくなります。これによって学習初期の残差接続の不安定性に対処できます。

7-4-3　LayerNormはそもそもいらない？

さらに驚くことに、重みの初期化を工夫するとWarmupなしで、しかもLayerNormをはずして学習できるという報告もされています [Huang20]。Encoder-Decoderモデルを用いて機械翻訳タスクコンペティションであるIWSLTベンチマークに適用した結果、6層という少ない層数でもPreNormの20層を超える高い性能を達成した他、30層に多層化することでさらに性能が向上することも報告しています。ただし、著者であるHuangらは、国際会議における本論文の発表の質疑で、本手法がバッチサイズなどのハイパーパラメータに学習が影響を受けやすくなる可能性を懸念しています[注8]。

詳細は論文 [Huang20] に譲り、ここではその初期化の手続きを、著者らによって公開されているコード[注9]を参照しながら紹介します。用いているEncoderとDecoderは、ともに層数がNであることを前提としています。

1. 入力埋め込み層以外のすべての層にゼイヴィア（Xavier）初期化[注10]を適用します。つまり、重み層の各重みwを一様分布$\mathcal{U}\left(-\sqrt{\frac{6}{d_{in}+d_{out}}}, \sqrt{\frac{6}{d_{in}+d_{out}}}\right)$にしたがってサンプリングします。ここで、$d_{in}, d_{out}$はそれぞれ入力のチャンネルのサイズ、出力のチャンネルのサイズです。

2. 入力埋め込み層を正規分布$\mathcal{N}\left(0, d_{emb}^{-\frac{1}{2}}\right)$で初期化します。ここで、$d_{emb}$は入力埋め込みのチャンネルのサイズです。

3. EncoderとDecoderの入力の埋め込み層を$(9N)^{-\frac{1}{4}}$でスケーリングします。

3. について、著者 [Huang20] による公開コードの例を抜粋して紹介します。以下は、Encoderの埋め込み層を$(9N)^{-\frac{1}{4}}$でスケーリングしている部分です。

注8　https://www.youtube.com/watch?v=EpxilvBvAeQ
注9　https://github.com/layer6ai-labs/T-Fixup
注10　「Xavier」の読み方は地域によりさまざまで、エクゼヴィア、ザヴィア、グザヴィエなどと読んでも問題ありません。

```
class TransformerEncoder(FairseqEncoder):
  ...
  def __init__(self, args, dictionary, embed_tokens):
    ...
    if args.Tfixup:
      temp_state_dict = embed_tokens.state_dict()
      temp_state_dict["weight"] = (9 * args.encoder_layers) ** (- 1 / 4) * temp_state_
dict["weight"] #Encoderの埋め込み層をスケーリング
      embed_tokens.load_state_dict(temp_state_dict)
```

引用: https://github.com/layer6ai-labs/T-Fixup/blob/master/fairseq/models/transformer.py#L378

4. DecoderのTransformer Blockにおける以下の線形層の重みを、$(9N)^{-\frac{1}{4}}$でスケーリングします。

- Multi-Head Attentionにおける、バリューを得るための線形層と出力を得る手前にある最後の線形層
- DecoderのTransformer Blockの2層MLP

4.については以下のように書かれています。DecoderのSelf-Attention層、およびEncoderの出力を取り込むSource-target Attention層[注11]におけるMulti-Head Attention層で、バリューを得るための線形層 (v_proj) と最後の線形層 (out_proj)、および2層MLP (fc1, fc2) の重みを初期化している部分です。

```
class TransformerDecoderLayer(nn.Module):
  ...
  def fixup_initialization(self, args):
    ...
    if args.Tfixup:
      for name, param in self.named_parameters():
        if name in ["fc1.weight",
                    "fc2.weight",
                    "self_attn.out_proj.weight",
                    "encoder_attn.out_proj.weight",
                    ]:
          temp_state_dic[name] = (9 * de_layers) ** (- 1. / 4.) * param
        elif name in ["self_attn.v_proj.weight","encoder_attn.v_proj.weight",]:
          temp_state_dic[name] = (9 * de_layers) ** (- 1. / 4.) * (param * 2**0.5))
```

注11 Source-target AttentionとSelf-Attentionは同じしくみであり、クエリがキーやバリューと別の情報源から得られるという点のみが異なります。典型的な使用例は、例えばTransformerのEncoder-Decoderモデル [Vaswani17] において、Encoderの出力をキーとバリューとし、Decoderの潜在変数 (隠れベクトル) をクエリとすることで、デコーディング時にEncoderの出力をDecoderで参照できます。

5. Encoder の Transformer Block における、Multi-Head Attention 層でのバリューを得るための線形層と出力を得る手前にある最後の線形層、および 2 層 MLP の重みを $0.67N^{-\frac{1}{4}}$ で初期化します。

5. について、著者 [Huang20] による公開コードの例を抜粋して紹介します。以下は、Multi-Head Attention 層におけるバリューを得るための線形層 (v_proj) と最後の線形層 (out_proj)、および 2 層 MLP (fc1, fc2) の重みの初期化をしている部分です。

```python
class TransformerEncoderLayer(nn.Module):
  ...
  def fixup_initialization(self, args):
    ...
    if args.Tfixup:
      for name, param in self.named_parameters():
        if name in ["fc1.weight",
                    "fc2.weight",
                    "self_attn.out_proj.weight",
                    ]:
          temp_state_dic[name] = (0.67 * (en_layers) ** (- 1. / 4.)) * param
        elif name in ["self_attn.v_proj.weight",]:
          temp_state_dic[name] = (0.67 * (en_layers) ** (- 1. / 4.)) * (param * (2**0.5))
```

引用：https://github.com/layer6ai-labs/T-Fixup/blob/master/fairseq/modules/transformer_layer.py#L36

7-4-4　入力長が固定なら、BatchNorm でも良い？

LayerNorm を扱う利点は、可変長のデータに適しているという点でした。では、画像のような固定長入力を仮定する場合には、LayerNorm である必要はあるのでしょうか？ 例えば、LayerNorm を BatchNorm に置き換えても問題ないでしょうか？

結論から言うと、そのまま置き換えるだけでは問題があるようですが、BatchNorm も有用な選択肢となるようです。ViT の 1 つである Swin Transformer の Tiny モデル (Swin-T) を利用して、LayerNorm をすべて BatchNorm で置き換えて訓練を行ったところ、学習の途中で損失が急上昇し、学習がクラッシュしやすいという報告 [Yao21] がありました。著者の Yao らは、この原因は 2 層の MLP によって信号が増大する点にあると分析し、この 2 層の MLP の間にさらに追加の BatchNorm を挿入することで、BatchNorm ベースの Swin Transformer を同等の画像認識性能で学習できることを報告しました。ちなみに、LayerNorm を BatchNorm で置き換えた利点として、BatchNorm では正規化に用いる平均と分散を訓練時に記憶でき、20% 程度推論速度を高速化できることを報告しています。また、近年のポスト Vision Transformer として登場した MLP-Mixer 系のモデル (8-1 節を参照) の 1 つである ConvMixer[Trockman22] でも BatchNorm を

利用しており、高い画像認識性能を達成できたことを報告しています。以上の点から、BatchNormも、工夫によってはLayerNormと同様にVision Transformerに用いる手法として有用な選択肢となるようです。

　しかし、画像を扱う場合でも、LayerNormを用いるのが好ましい理由もあります。具体的には、計算機資源が限定的な場合に用いられる**バッチ累積**（**Batch Accumulation**）を利用するのであれば、LayerNormの方が適しているといえます。バッチ累積とは、ミニバッチで学習を行う際に、ミニバッチごとに勾配を計算して重みを更新するのではなく、複数のミニバッチの勾配を蓄積してから更新する方法です。これにより、GPUメモリが限定的なマシンでも擬似的に大きなミニバッチサイズで計算を行うことができます。この実装は多くの深層学習フレームワークで簡単に実装でき、例えばPyTorchでは以下のように実装できます。具体的には、backward（逆伝播）を複数回行うと、勾配が蓄積される仕様になっています。

```
#通常の訓練

model.zero_grad() #勾配の初期化
for i, (input, target) in enumerate(dataloader):
  output = model.forward(input) #モデルのforward計算
  loss = loss_function(output, target) #loss計算
  loss.backward() #勾配計算
  model.step() #重みの更新
  model.zero_grad() #勾配の初期化
```

```
#バッチ累積(batch accumulation)を適用した訓練

model.zero_grad()
for i, (input, target) in enumerate(dataloader):
  output = model.forward(input)
  loss = loss_function(output, target)
  loss.backward()
  if i % N == 0: #N回に一回重みの更新を行う
    model.step()
    model.zero_grad()
```

　このバッチ累積をBatchNormで行う際には問題があります。BatchNormはミニバッチごとに異なる平均と分散によって正規化を実行します。これらのミニバッチを統合して大きなミニバッチで一度に計算したBatchNormの平均と分散は、上記の平均と分散と一致するとは限りません。したがって、BatchNormによるバッチ累積は、大きなミニバッチを一度に入力した場合と異なる結果を出力してしまいます。一方で、LayerNormはトークンごと、つまりミニバッチに依存しない正規化を施すため、LayerNormではバッチ累積を行うことが可能というわけです。

参考文献

[Brown20] Tom B. Brown, Benjamin Mann, et al. "Language Models are Few-Shot Learners" arXiv:2005.14165, 2020.

[Carion20] Nicolas Carion, Francisco Massa, et al. "End-to-End Object Detection with Transformers" ECCV, pages 213–229, 2020.

[Cybenko89] George Cybenko "Approximation by superpositions of a sigmoidal function" Math. Control Signals Systems 2, pages 303–314, 1989.

[Devlin19] Jacob Devlin, Ming-Wei Chang, et al. "BERT: Pre-training of Deep Bidirectional Transformers for Language Understanding" NAACL, pages 4171–4186, 2019.

[Geva21] Mor Geva, Roei Schuster, et al. "Transformer Feed-Forward Layers Are Key-Value Memories" EMNLP, pages 5484–5495, 2021.

[Huang19] Po-Yao Huang, Xiaojun Chang, Alexander Hauptmann "Multi-Head Attention with Diversity for Learning Grounded Multilingual Multimodal Representations" EMNLP-IJCNLP, pages 1461–1467, 2019.

[Huang20] Xiao Shi Huang, Felipe Perez, et al. "Improving Transformer Optimization Through Better Initialization" ICML, pages 4475–4483, 2020.

[Ke21] Guolin Ke, Di He, Tie-Yan Liu "Rethinking Positional Encoding in Language Pre-training" ICLR, 2021.

[Li18] Jian Li, Zhaopeng Tu, et al. "Multi-Head Attention with Disagreement Regularization" EMNLP, pages 2897–2903, 2018.

[Liu20a] Liyuan Liu, Haoming Jiang, et al. "On the Variance of the Adaptive Learning Rate and Beyond" ICLR, 2020.

[Liu20b] Liyuan Liu, Xiaodong Liu, et al. "Understanding the Difficulty of Training Transformers" arXiv:2004.08249, 2020.

[Liu21] Ze Liu, Yutong Lin, et al. "Swin Transformer: Hierarchical Vision Transformer using Shifted Windows" ICCV, 2021.

[Mao21] Xiaofeng Mao, Gege Qi, et al. "Towards Robust Vision Transformer" arXiv:2105.07926, 2021.

[Michel19] Paul Michel, Omer Levy, Graham Neubig "Are Sixteen Heads Really Better than One?" NeurIPS, 2019.

[Radford17] Alec Radford, Karthik Narasimhan, et al. "Improving language understanding by generative pre-training" https://cdn.openai.com/research-covers/language-unsupervised/language_understanding_paper.pdf

[Radford19] Alec Radford, Jeffrey Wu, et al. "Language Models are Unsupervised Multitask Learners" https://cdn.openai.com/better-language-models/language_models_are_unsupervised_multitask_learners.pdf

[Raffel19] Colin Raffel, Noam Shazeer, et al. "Exploring the Limits of Transfer Learning with a Unified Text-to-Text Transformer." JMLRes, pages 1–67, 2019.

[Raffel20] Colin Raffel, Noam Shazeer, et al. "Exploring the Limits of Transfer Learning with a Unified Text-to-Text Transformer" arXiv:1910.10683, 2020.

[Ravishankar21] Vinit Ravishankar, Anders Søgaard "The Impact of Positional Encodings on Multilingual Compression" EMNLP, pages 763–777, 2021.

[Santurkar18] Shibani Santurkar, Dimitris Tsipras, et al. "How Does Batch Normalization Help Optimization?" NeurIPS, pages 2488–2498, 2018.

[Schmitt21] Philipp Dufter, Martin Schmitt, Hinrich Schütze "Position Information in Transformers: An Overview" arXiv:1801.06807, 2021.

[Shaw18] Peter Shaw, Jakob Uszkoreit, Ashish Vaswani "Self-Attention with Relative Position Representations" NAACL, pages 464–468, 2018.

[Trockman22] Asher Trockman, J. Zico Kolter "Patches Are All You Need?" arXiv:2201.09792, 2022.

[Vaswani17] Ashish Vaswani, Noam Shazeer, et al. "Attention is All you Need" NeurIPS, 2017.

[Voita19] Elena Voita, David Talbot, et al. "Analyzing Multi-Head Self-Attention: Specialized Heads Do the Heavy Lifting, the Rest Can Be Pruned" ACL, pages 5797–5808, 2019.

[Wang21] Benyou Wang, Lifeng Shang, et al. "On Position Embeddings in BERT" ICLR, 2021.

[Wu18] Yuxin Wu, Kaiming He "Group normalization" ECCV, pages 3–19, 2018.

[Xiong20] Ruibin Xiong, Yunchang Yang, et al. "On Layer Normalization in the Transformer Architecture" ICML, pages 10524–10533, 2020.

7

[Xu20] Hongfei Xu, Qiuhui Liu, et al. "Lipschitz Constrained Parameter Initialization for Deep Transformers" ACL, pages 397–402, 2020.

[Yao21] Zhuliang Yao, Yue Cao, et al. "Leveraging Batch Normalization for Vision Transformers" ICCVW, 2021.

[Yuan21] Kun Yuan, Shaopeng Guo, et al. "Incorporating Convolution Designs into Visual Transformers" ICCV, 2021.

[Zhang19] Biao Zhang, Rico Sennrich "Root Mean Square Layer Normalization" NeurIPS, 2019.

[Zhang21] Biao Zhang, Ivan Titov, Rico Sennrich "Sparse Attention with Linear Units" EMNLP, pages 6507–6520, 2021.

[Zhou21] Zhou, D. et al. "DeepViT: Towards Deeper Vision Transformer" arXiv:2103.11886, 2021.

[井尻21] 井尻善久, 牛久祥孝, 片岡裕雄, 藤吉弘亘 "イマドキノ CV 教師あり学習・自己教師学習・数式ドリブン教師学習 CNN・Transformer・MLP コンピュータビジョン最前線 Winter 2021" 共立出版, 2021.

第 **8** 章

Vision Transformerの謎を読み解く

自然言語処理で成功を収めた Transformer がコンピュータビジョンの分野でも有用であることを示したのが ViT (Vision Transformer) でした。しかし、すぐに多くの課題や謎も登場してきました。例えば、十分な性能を達成するのに、ImageNet-1k よりもはるかに大規模なデータセットを利用する必要があり使いにくいという課題、画像をトークン化する方法としてパッチに区切ることは妥当な方法なのかという謎、画像におけるTransformer は何がうまくいっているのか、やはり Self-Attention がポイントなのか、という謎。本章では、これらの課題や謎が、近年どのように解決しつつあるのかを解説します。

品川政太朗

8-1 | ViT vs CNN vs MLPの 三国時代の到来

　ViT（Vision Transformer）の登場によって画像認識タスクの当時のSoTA（State-of-the-Art：最も良い性能を示したスコア）が塗り替えられたことで、コンピュータビジョンの分野でもTransformerが有効であるという認識が瞬く間に広がりました。では、ViTの何が性能向上に寄与しているのでしょうか？ この問いに答えるために、比較研究が盛んに行われてきました。主な登場人物は以下の3つのモデルです。

- CNN（Convolutional Neural Network）ベースである**ResNet** [He16]
- Transformerベースである**ViT**
- MLPベースである**MLP-Mixer** [Tolstikhin21]

　これらのモデルに共通するのは、チャンネル方向の相互作用[注1]（あるトークン中のニューロン同士の相互作用）と空間方向の相互作用（各トークン中の同じ位置のニューロン同士の相互作用）を計算するモジュールで構成されている点です（図8.1）。本章では、主にこれら3つのモデルの比較を軸にした議論がどのような知見をもたらしてきたか、ViTとその関連研究分野の発展にどう影響したかについて紹介します。

図8.1：ResNet、ViT、MLP-Mixerの基本単位モジュールの比較。BNはBatch Normalization[Ioffe15]、LNはLayer Normaization[Ba16]を指す

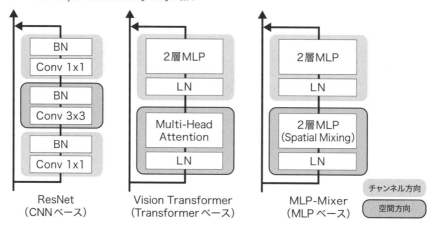

注1　相互作用とは、ニューラルネットワーク内のモジュールによる線形・非線形変換において、ニューロン（ベクトル内のある成分）が他のニューロンと互いに影響を及ぼしあって変換がなされるということを指しています。例えば、あるトークンにMLPをかけることは、トークンのチャンネル方向のニューロン同士の相互作用を計算する操作にあたります。

MLP-Mixer

本筋の議論に入る前に、**MLP-Mixer** [Tolstikhin21] がどのようなモデルか簡単に紹介します。MLP-Mixer は、Transformer の Multi-Head Attention を単純な MLP (Multi-layer Perceptron：多層パーセプトロン) に置き換えたようなモデルです。Multi-Head Attention は、各位置に配置されているトークンの相互作用を計算する、つまり空間方向の相互作用を計算するモジュールです。一方で、元々 MLP はチャンネル方向の相互作用を計算するモジュールでした。しかし、入力である特徴量トークンの束 (各トークンが画像の局所的な一部分を表現する特徴量ベクトルで構成される 2 次元テンソル) を一度転置してから MLP に通すことで、空間方向の相互作用を簡単に計算できる **Spatial Mixing** というアイデアが、2021 年 5 月中に複数のグループから立て続けに提案 [Tolstikhin21] [Melas-Kyriazi21] [Touvron21a] [Liu21] されました (図8.2)。

MLP-Mixer は「Transformer の本当に重要な要素は何なのか？」「Multi-Head Attention は本当に必要なものなのか？」というアンチテーゼを Transformer に投げかけています。MLP-Mixer 系のモデルである gMLP[Liu21] は、ViT を改良した DeiT[Touvron21b] と同規模のパラメータ数で、同程度の画像認識精度を得るに至っています (図8.3)。gMLP は、自然言語処理における分類タスクである感情分析 (ポジティブ・ネガティブ分類) タスクや自然言語推論 (含意・中立・矛盾分類) タスクでも BERT を用いて検証されており、こちらも高い精度を達成したと報告しています。ただし、BERT の事前学習モデルをファインチューニングで目的のタスクに転移学習する際には、gMLP に単一ヘッド (head) の Self-Attention 層を追加した方が高い性能を達成できると報告しています。Self-Attention のモジュールがあると、問題の性質が変わった際にも適応的に対応できる可能性も示唆されています。

図8.2：MLP-Mixer と Spatial Mixing

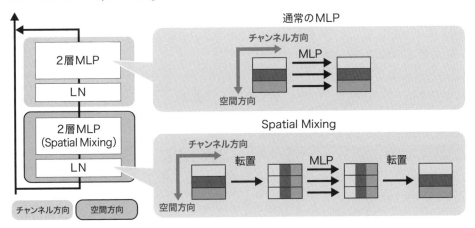

8

図8.3：画像認識におけるMLP-Mixer系のモデル（MLP-Mixer (Mixer) [Tolstikhin21]、ResMLP [Touvron21a]、gMLP [Liu21]）と DeiT（ViT）の比較（[Liu21] より引用）

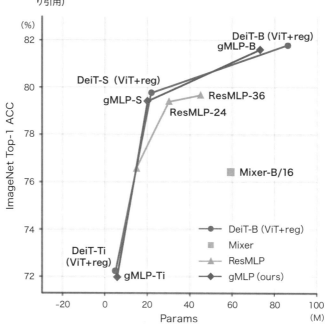

本章を読む上での注意点

　本章の内容には、表8.1のようにさまざまな規模のパラメータを持つモデルが登場します。中には、論文中で異なる規模のモデルを比較している論文も少なからず存在し、議論を難しくしています。本章ではこの点を注意深く確認しながら妥当性を吟味して紹介します。

　表8.1に代表的なモデルとパラメータサイズを示しています。モデル名に続く$\{S, B, L, H\}$はそれぞれモデルの規模を示すラベルで、順にSmall、Base、Large、Hugeを意味します。また、/16、/32といった記号はパッチサイズがそれぞれ16、32であることを指し、括弧内の数字がパラメータサイズ（100Mでパラメータが1億個という意味）です。

表8.1：代表的なモデルとパラメータサイズの比較

ベース	小規模	中規模	大規模	超大規模
ResNet	ResNet50 (25M)	ResNet152 (60M)	ResNet152x2 (236M)	
ViT	ViT-S/16 (49M)	ViT-B/32 (86M)、ViT-B/16 (87M)	ViT-L/16 (307M)	ViT-H/14 (632M)
MLP-Mixer	MLP-Mixer-S/32 (19M)、MLP-Mixer-S/16 (18M)	MLP-Mixer-B/32 (60M)、MLP-Mixer-B/16 (59M)	MLP-Mixer-L/32 (206M)、MLP-Mixer-L/16 (207M)	MLP-Mixer-H/32 (431M)

8-2 ViTはCNNと同じく局所特徴を学習する

　ViTとCNNベースであるResNetにはいくつも共通する特徴があります。その1つが、入力側の下層が局所的な特徴に反応するという点です。図8.4は、ViT-L/16（Largeモデル、パッチサイズ16）と、より大きいViT-H/14（Hugeモデル、パッチサイズ14）に対する50層のResNet（ResNet50）の活性（活性化関数の層に入力されるベクトル。7-4節参照）の類似度を **CKA**（**Centered Kernel Alignment**）[Kornblith19] という手法によって可視化したものです。

図8.4：ViT-L/16、ViT-H/14とResNet50のCKA類似度を比較（[Raghu21]より引用）

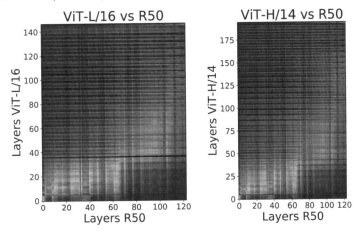

　図8.4の各図の横軸と縦軸は、それぞれResNetとViTの層の番号を示しています。図8.4の各図の左下が明るくなっていて強く反応しているのがわかると思います。これは、ViTの下層がResNetの下層と似たような反応をしていることを示しています。

　実際に、相対位置による符号化（7-2節を参照）を組み込んだViTでCNNの畳み込み演算を表現でき、実験的にもViTのフィルタが畳み込み層と似たものになることが報告 [Cordonnier20]されています。加えて、ViTの下層に畳み込み層を導入すると性能が向上しやすいことも報告されています。例えば、画像のパッチ化に3×3の畳み込み層を使うと性能が向上するという報告 [Zhao21] や、下層をCNN、上層をSelf-Attentionとすることで性能が向上するという報告 [Ramachandran19] があります。以上のことから、帰納バイアス[注2]の小さいViTでも下層はCNN

注2　帰納バイアス（Inductive Bias）とは、学習アルゴリズムや学習モデルが持つ制約のことを指します。一般的には帰納バイアスと学習に必要なデータ数にはトレードオフがあります。例えば、CNNは局所結合によりネットワークが構成されており、局所特徴を段階的に集約するという帰納バイアスがあります。この構造は、MLPよりも1層あたりのパラメータサイズを抑えながら、画像の位置のずれに強い（位置不変性がある）といった利点があり、比較的小規模の画像データセットでも学習できる利点があります。しかし、帰納バイアスによる制約がモデルの性能の限界を決めてしまうこともあります。

と同様の特徴を捉えていることが示唆され、画像におけるCNNの帰納バイアスの良さが再確認されたと言えます。

補足：CKAの計算方法

CKAはニューラルネットワークの活性同士の類似度を算出する方法として近年よく使われる方法です。正準相関分析を使った方法もありますが、CKAに比べると類似度をうまく捉えられないことが報告されています [Ding21]。以下の手続きでCKAの計算ができます（図8.5）。

1. m個のサンプルについて、2つのモデルA、Bの活性 $X, Y \in \mathbb{R}^{m \times dim}$ をそれぞれ算出

2. 相関行列（グラム行列）$K = XX^T, L = YY^T \in \mathbb{R}^{m \times m}$ を計算

3. 相関行列間の類似度をHSIC (Hilbert-Schmidt Independence Criterion) [Getton05]
で計算

$$H = I_m - \frac{1}{m} J_m$$

$$HSIC(K, L) = \frac{1}{(m-1)^2} tr(KHLH)$$

$$CKA(K, L) = \frac{HSIC(K, L)}{\sqrt{HSIC(K, K)HSIC(L, L)}}$$

図8.5：CKAによる層間活性の類似度計算方法

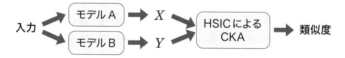

CKAが捉えているのは、m個のサンプルによる活性の相関行列間の類似度です。つまり、モデルAのある層aとモデルBのある層bを比べたときに、m個のサンプルに対する反応が似ていれば、aとbが似ているということを示しています。CKAの実装は簡単で、例えばPyTorchでは以下のように計算できます。

```python
def CKA(X, Y): # mxdim行列
    K = X@X.T # mxm行列
    L = Y@Y.T # mxm行列
    return HSIC(K,L) / torch.sqrt(HSIC(K,K)*HSIC(L,L))

def HSIC(K, L):
    m = K.shape[0]
    H = torch.eye(m) - torch.ones(m,m)/m
```

```
KHLH = K@H@L@H
return KHLH.trace() / (m-1)**2
```

8-3 ViTはより形状に反応する？

　3-7節でも紹介した通り、ViTがCNNと定性的に異なる点として、ViTはCNNより形状に反応し、CNNはViTよりテクスチャ（表面的な模様や質感）により反応しやすい傾向があることが報告 [Tuli21] されています。この報告を行った論文では、ImageNet-21k[注3] と ImageNet-1k（ILSVRC-2012）データセットで訓練された ViT と ResNet50（BiT-M-R50x1）に対して、図8.6のように画像とその画像をスタイル変換（テクスチャを変更）した画像でペアを用意し、元画像とスタイル変換の画像の予測に差が出るかを調査しました。結果、ViTはスタイル変換された画像に対してもCNNである ResNet より頑健であることが示されています。このことから、ViTはより形状に反応し、CNNはテクスチャにより反応しやすい傾向があると結論付けられています。

　ただし、この実験では ResNet と ViT のモデルのパラメータサイズが大きく異なっていることに注意が必要です。ResNet には ResNet50（25M）が用いられていますが、ViT には ViT-B/32（86M）と ViT-L/16（307M）が用いられています。これらのモデルはそれぞれ ResNet と ViT を代表するモデルではありますが、ResNet50 よりも ViT の方が3倍以上大きいため、ResNet でも、モデルの規模を大きくすれば ViT と同様に形状に反応するよう学習が進む可能性があると考えられます。

図8.6：元画像（左図）とスタイル変換された画像（右図）のペア（[Tuli21]より引用）

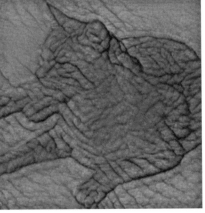

注3　ImageNetの全画像によるデータセットです。21kクラスのラベルと14M枚の画像で構成されています。

8-4 | ViTは早期から 大域的な領域も見ている

　8-2節で、ViTの下層がCNNの下層と類似していることを紹介しましたが、ViTとCNNでは逆に異なる部分もあります。図8.7は、Raghuらによって報告 [Raghu21] された、画像認識を行うViTとResNet、それぞれに対して、層間の類似性をCKAによって可視化した図です。ViTは全層にわたって類似性が認められるのに対して、CNNであるResNet50（R50）は近い層同士が類似する傾向にあります。ただし、ResNet152（R152）のように大規模化した場合は、ResNetもViTの性質に近づく傾向にあることがわかります。また、Raghuら [Raghu21] は、MLP-Mixerも似た傾向にあることを報告しています。以上の点から、ViTまたは大規模なCNNやMLPは、早期からより大域的な情報を捉えていることが示唆されます。

　ここまでの結果から、「大規模モデルならばViTとResNetで差はないのでは？」と思われるかもしれませんが、層の途中でネットワークを切り出し、線形層を結合して画像認識の**Few-shot訓練**を行うと、性能に明確な差が出ることが報告 [Raghu21] されています。Few-shot訓練とは、わずか数個のサンプル数で訓練を行うという意味です。図8.8はこの報告において、JFT-300Mで事前学習後、ViTとResNetの途中までの層の出力に線形層を加えて1クラスあたり10枚の訓練画像で分類問題を解いた結果を比較したものです。ResNet152x2 [Kolesnikov19] のx2は隠れ層のサイズを2倍にしたことを示しています。ResNet152x2はパラメータサイズが236Mであり、ViT-B/32（86M）、ViT-B/16（87M）よりも大きいですが、10-shot画像認識（10枚の訓練画像）の精度は急激に落ち込むことがわかります。このことから、ResNetはViTよりも大域的な領域についての特徴を、出力に近い上層以外では十分に抽出できていないことが示唆されます。大域的な領域を早期に考慮できるというViTの特性は、CNNと異なった性質をモデルに与えることができると期待されます。

図8.7：CKAによるViT、ResNetのネットワーク内層間活性の可視化（[Raghu21] より引用）。左から、ViT-L/16、ViT-H/16、ResNet50層（R50）、ResNet152層（R152）

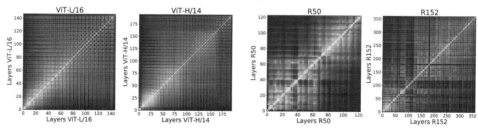

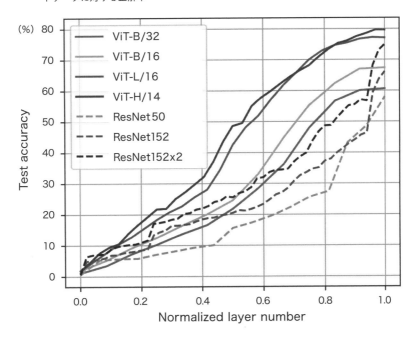

図8.8：JFT-300Mで事前学習後、ViTとResNetの途中までの層の出力に線形層を加えて1クラスあたり10枚の訓練画像で分類問題を解いた結果の比較（[Raghu21] より引用）。横軸は正規化された層数（途中まで切り出した層の全体に対する割合）、縦軸はテストデータに対する正解率

8-5 | ViT は CNN や MLP よりも ノイズや敵対的攻撃に頑健？

8

　2021年から、ViTを頑健性の面から評価する研究が盛んに行われています。この分野は複数の研究機関で短期的かつ同時多発的に報告されているため、実験設計が統一性に欠ける傾向にあり、異なる結論を導いている論文も存在します。本節では、おおよそ共通して報告されている確からしい知見について紹介します。ただし書きがない限り、タスクは画像認識で、訓練と評価に用いるデータセットはImageNet-1k（1.2M）であると考えてください。

　まず、ViTで検証されている頑健性は大きく分けて2種類あります。敵対的攻撃に対する頑健性と分布外データへの頑健性です。論文によってどちらの頑健性を指しているかは異なるため、文献を参照する際は注意が必要です。

敵対的攻撃の概要

　敵対的攻撃（**Adversarial Attack**）とは、外部の攻撃者が入力画像に微小なノイズなどを加えることで、意図的にモデルの出力に干渉することを指します。例えば、図8.9は、最も有名な敵対的攻撃の1つである**FGSM**（**Fast Gradient Signed Method**）攻撃 [Goodfellow15] を示しています。FGSM攻撃では、入力画像xをモデルθに入力して出力ラベルyを得た場合に、損失$J(\theta, x, y)$を最大化するように入力画像xに対する勾配を計算します。この勾配を元の入力画像に加算し、加算後の画像をモデルに予測させることで、出力がy以外になるように干渉することができます。図8.9では、真ん中のノイズ画像が勾配を画像化したものです。このノイズ画像を加えた画像は、図8.9の右の画像のように人目には元の画像と見分けがつきませんが、出力は「panda」から「gibbon」に変化してしまっているのがわかります。

図8.9：敵対的攻撃の1つであるFGSM攻撃（[Goodfellow15] より引用）

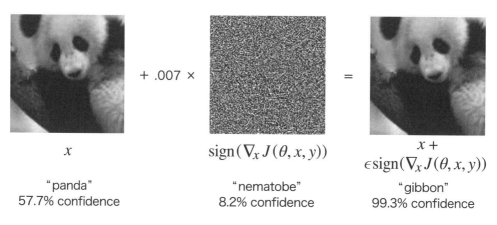

▌ 8-5-1　ViTの敵対的攻撃に対する頑健性について

　敵対的攻撃への頑健性は、ほぼすべての論文で、攻撃されるモデルが既知である**ホワイトボックス攻撃**（**White-box Attack**）と、攻撃されるモデルが未知であり出力ラベルしか得られない**ブラックボックス攻撃**（**Black-box Attack**）の2種類で評価されます。先ほど例に挙げたFGSM攻撃はホワイトボックス攻撃の1つです。結論から言うと、ViTがCNNよりも敵対的攻撃に対して頑健であると結論付けることは難しいです。理由は3つあります。

- 同条件では差がない
- ViTとCNNで得意と苦手な敵対的攻撃が異なる
- ViTもCNNも頑健性が向上する余地がある

　それぞれ順に解説していきます。

同条件では差がない

　一見混乱してしまうかもしれませんが、ViTはCNNよりも敵対的攻撃に対して頑健であるという報告 [Shao21][Aldahdooh21][Benz21][Mao21] と、頑健だとは言えないという報告 [Bhojanapalli21][Bai21] の両方があります。これらの違いについて、比較に用いられているViTとCNNのパラメータサイズと事前学習データセット規模の一覧を表8.2にまとめました。これを見ながら順に述べます。

　まず、ViTはCNNよりも敵対的攻撃に対して頑健であるとする立場の報告についてです。ShaoらやAldahdoohらの設定 [Shao21][Aldahdooh21] では、ViTがCNNに比べて大きなモデルサイズで事前学習を行っている点で、CNNには不利な実験になっています。

　Benzら [Benz21] は、CNNの事前訓練にImageNet-21Kよりもはるかに巨大なIG-1B-Targeted (940M) [Yalniz19] というデータセットを用いていますが、利用しているモデルがResNet18 (11M) やResNet50 (25M) であり、ViTのモデルであるViT-B/16 (87M) やViT-L/16 (307M) と比べると小規模である点に留意する必要があります。Maoらの報告 [Mao21] では、ViTの各モジュールに工夫を加えることで敵対的攻撃や分布外データへの頑健性を向上させました。ViTとCNNの実験設定はどちらも事前学習を行わず一から学習するということで揃えており、提案した工夫を施したViTが、工夫なしのViTよりも優れていることは実験で示されていますが、Maoらの設定で利用されているCNNもResNet50程度と小規模であり、ViTがCNNより敵対的攻撃に頑健であると結論付けるほどの強い証拠にはなっていません。

表8.2：敵対的攻撃への頑健性において比較されている、ViTとCNNのパラメータサイズと事前学習データセット規模

論文	ViT	CNN	ViT事前学習	CNN事前学習
[Shao21]	ViT-B/16 (87M), ViT-L/16 (307M)	ResNeXt-32x4d-ssl (25M), ResNet50-swsl (26M)	ImageNet-21K (14M)	YFCC100M (100M), IG-1B-Targeted (940M)
[Aldahdooh21]	ViT-B/16 (87M), ViT-L/16 (307M)	ResNet50 (25M)	ImageNet-21K (14M)	IG-1B-Targeted (940M)
[Benz21]	ViT-B/16 (87M), ViT-L/16 (307M)	ResNet18 (11M), ResNet50 (25M)	ImageNet-21K (14M)	IG-1B-Targeted (940M)
[Mao21]	RVT (DeiT-S)(23.3M)	ResNet50 (25M)		
[Bhojanapalli21]	ViT-B/16 (86M) から ViT-H/16 (632M)	ResNet50x1 (23M) から ResNet152x4 (965M)	ImageNet-1k (1.2M), ImageNet-21K (14M), JFT-300M (300M)	ImageNet-1k (1.2M), ImageNet-21K (14M), JFT-300M (300M)
[Bai21]	DeiT-S (22M)	ResNet50 (25M)		

8

これに対して、ViTはCNNよりも敵対的攻撃に対して頑健とは言えないとする立場の報告についてです。Bhojanapalliらの設定 [Bhojanapalli21] は、ImageNet-1k（1.2M）、ImageNet-21K（14M）、JFT-300M（300M）の3つの事前学習データセットを用いて、ViTとCNNを比較しています。ViTのモデルはViT-B/16（86M）からViT-H/16（632M）まで、CNNのモデルはResNet50x1（23M）からResNet152x4（965M）までと、モデルのサイズについても幅広く実験しています。この結果、敵対的攻撃に対しての頑健性には差がない、むしろ、最もよく知られているホワイトボックス攻撃であるFGSM攻撃 では、ViTの方がCNNよりも頑健性が劣る傾向にあると報告しています。Baiらの設定 [Bai21] は、学習設定を、事前学習なし、小規模なViT（DeiT-S）とCNN（ResNet50）で揃えて比較しています。DeiT は、ViTの学習に蒸留という手法を加えています。これは、学習済みのモデルを用いて学習を補助する手法であるため、Baiらの研究におけるViTとCNNの比較は完全に同条件というわけではなく、ViTに有利ですが、敵対的攻撃に対する頑健性はDeiT-SとResNet50で同程度であることを報告しています。以上の点から、ViTがCNNよりも敵対的攻撃に対して頑健とは言えないとする立場に説得力があると考えられます。

ViTとCNNで得意と苦手な敵対的攻撃が異なる

敵対的攻撃を行うための画像を作成するモデルを元モデル（Source Model）、攻撃対象としてその画像を入力されるモデルを目標モデル（Target Model）と呼びます。複数の研究で示されている面白い知見として、元モデルと目標モデルの構造が異なると、攻撃が成功しにくいことが報告 [Benz21][Mahmood21][Naseer22] されています。特に、Mahmoodらは、ImageNet-21K（14M、21.8Kクラス）で事前訓練した、さまざまなモデルサイズのViT、ResNet、BiT[注4] を比較して上記の特性に注目し、TransformerとCNN両方のモデルを同時に用いることで敵対的攻撃への頑健性を向上させることができると報告 [Mahmood21] しています。

また、パッチに区切って入力を行うViT は、パッチベースの敵対的攻撃に対してCNNよりも脆弱であるという報告 [Fu22] や、回転や平行移動を利用した空間的な敵対的攻撃に弱いという報告 [Bhojanapalli21] があります。

ViTもCNNも頑健性が向上する余地がある

そもそも、明らかにしたいことは、ViTとCNNの何の要素が頑健性の向上に有効かということであり、ViTとCNN自体を直接比較することは手段の1つにすぎません。

図8.10 に示す **RVT**（**Robust Vision Transformer**）[Mao21] は、以下の知見からViTの頑健性（敵対的攻撃への頑健性、分布外データへの頑健性）を向上できたと報告しています。

- パッチ埋め込みに畳み込み層を使うと頑健性が向上する

注4　ResNetの学習方法を見直したBiT [Kolesnikov20] は、転移学習に用いるのにより有効なモデルです。データセットのサイズに応じてBiT-S ImageNet-1k（1.2M）、BiT-M ImageNet-21k（14M）、BiT-L JFT（300M）と呼称が変わります。

- 位置埋め込みがない場合よりもある場合の方が頑健性が向上する。位置符号化は絶対位置か相対位置か、学習可能かSinusoidal Positional Encodingかで頑健性に顕著な差はない
- 畳み込み層と同様、段階的な空間方向へのプーリングを使うと頑健性が向上する。プーリングの窓幅は大きすぎると頑健性が低下する
- Multi-Head Attentionのヘッド数は8まで増やすと頑健性が向上する
- Swin Transformerのように、Window（局所窓）を持たせるSelf-Attentionは頑健性に悪影響を及ぼす
- ViT内のMLP部分に畳み込み層を追加し、局所情報を取り込むと頑健性が向上する
- ViTの予測にクラストークンを使うのではなく、クラストークン以外の各トークンの平均プーリング（Global Average Pooling）を用いることで頑健性が向上する

図8.10：Robust Vision Transformer（RVT）（[Mao21] より引用）

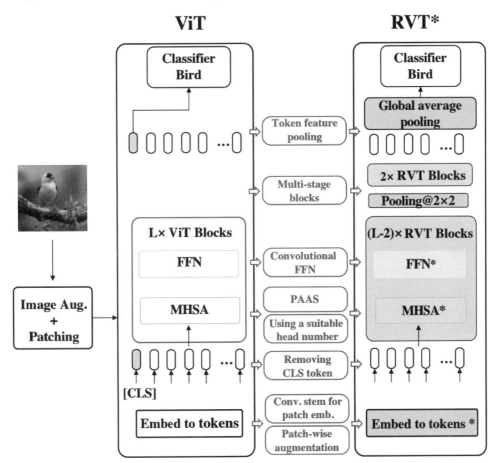

Parkらは、ViTの頑健性について興味深い知見を提供[Park22]しています。ViTのMulti-Head Attention部分をMLPに変更したモデルは過学習する傾向にあることが知られています[Zhao21]が、ViTは小さいデータセットでも過学習を起こしません。この秘密がMulti-Head Attentionにあると報告しています。

Parkらは、Multi-Head Attentionには**スムージング効果**があり、損失関数を平坦にして学習を安定化する効果があると報告[Park22]しています。CNNでも、ぼかしフィルタで入力をスムージングすることで、ノイズに対して頑健性を向上させることができるという報告[Park21]があります。この点は、ViTの予測に平均プーリングを導入することが、頑健性を向上させるという報告[Mao21]にも整合します。このスムージング効果は、Multi-Head Attentionにおける複数のヘッドが空間方向への確率的なアンサンブル（平均化）[注5]として解釈できるためだと考えられています[Park22]。また、空間方向へのスムージングを行っているという証拠として、ViTが高周波の敵対的攻撃やノイズに頑健であるという点が、さまざまな論文から報告[Park22][Shao21][Benz21]されています。高周波に強いというのは、ViTがいわゆるローパスフィルタ（Low-pass Filter）であることを示しており、言い換えれば、ViTはMulti-Head Attentionの構造により、大局的な受容野（入力して把握できる領域）を持ってぼんやりと全体を把握し、局所的な変化に左右されにくく学習できるということです。

一方で、ResNetのようなCNNは、逆に低周波の敵対的攻撃やノイズに比較的頑健で、高周波に弱いハイパスフィルタ（High-pass Filter）となっています[Park22][Shao21][Benz21]。MLP-Mixer系のモデルもハイパスフィルタ傾向があると報告[Benz21]されています[注6]。

したがって、Parkらは、局所的情報に強いCNN構造と大局的情報に強いMulti-Head Attentionを組み合わせることが重要だと主張[Park22]しています。MaoらのRVT[Mao21]では実際にこれを実現したモデルを提案しており、今後の標準的なしくみとして普及する可能性がありそうです。

ここまでの解説で、もしかすると「Multi-Head Attentionがただのスムージング効果しかないのなら、単純なプーリング（Pooling）をするだけで十分なのでは？」という疑問を持つ方もいらっしゃるかと思います。頑健性ではなく純粋な画像認識の精度としての比較になりますが、上記の疑問を解決する手がかりとしてPoolFormer[Yu21]があります。PoolFormerでは、Multi-Head Attention部分を平均プーリング層で置き換えることにより、事前学習なしの設定の下でViTやRVTよりも小さいモデルサイズで、かつ優れた画像認識精度、領域分割精度を達成したと報告しています。もっとも、すべてプーリングにすればよいのではなく、出力側の上層でAttentionを使うことでさらに性能が向上することも報告されています。前述した、ViTの下層では局所的な情報が学習されているという報告[Raghu21]にもあるように、ViTの下層の

注5 このような確率的アンサンブルを行う有名な手法にはDropoutがあります。Dropoutでは、ランダムに入力を欠損させることで得られる複数のネットワークを確率的にアンサンブル（平均化）していると解釈でき、これが汎化性の向上につながっています。

注6 ただし、Benzらの報告[Benz21]におけるMLP-Mixer系モデルは事前訓練なしで訓練されており、訓練データが不足しているためこの結果を導いているだけ、という可能性もあります。

Multi-Head Attention はほぼプーリングとして機能していることが示唆されます。一方で、上層の Multi-Head Attention はプーリング以外の役割を果たしていることが期待できそうです。プーリングと Multi-Head Attention は、今後モデルサイズや学習データなどの制約に応じた棲み分けが進むことも期待されます。

8-5-2　分布外データにはViTがCNNより頑健

画像認識の ViT の評価に使われる分布外データ（Out of Distribution Data）というのは、主に以下のような ImageNet の中で特殊なドメインに属するデータです。

- ImageNet-C [Hendrycks19]："natural corruptions"
  自然に存在するノイズや、障害物の映りこみ、圧縮による画像の劣化によるノイズ（15種類）を含む画像集合
- ImageNet-R [Hendrycks21a]："naturally occurring distribution shifts"
  ドメインが異なる画像集合（おもちゃ、彫刻、絵画、折り紙、漫画など）
- ImageNet-A [Hendrycks21b]："natural adversarial examples"
  ResNet50 によって自信満々に間違われた画像集合

これらの分布外データへの頑健性を ViT と CNN で比較した場合、結果は敵対的攻撃への頑健性と異なって、一貫して ViT の性能が良いという傾向が報告 [Bhojanapalli21] [Naseer21] [Paul21] されています。

8-6　3つのモデルの特性と使い分けの勘どころ

8

ここまでの議論をおさらいしながら、ViT と CNN、MLP をどのように使い分けるとよいかについてまとめていきましょう。大規模なモデルを大規模なデータセットで事前学習した場合、ViT と CNN、MLP で単純な画像認識性能面での大きな差はなくなる傾向にあります [Raghu21]。現状の最も良いとされる SoTA モデルの順位は 2022 年 3 月 31 日時点で表 8.3 の通りです。ViT もしくは ViT に畳み込み層を組み合わせた構造が上位に並んでいますが、CNN ベースの EfficientNet や MLP-Mixer の Huge モデルも高い性能を示しています。今後、規模が大きいモデルで実験が行われれば、必ずしも ViT がベストな選択肢であるとは限らない可能性があります。ただし、ViT と CNN の構造の差はモデルの特性の差として確認されています。ViT が CNN よりも早期に大域的領域を見やすい点や、物体の形状を捉えやすい点、得意な敵対的攻撃が異なる点は問題の要求に応じて使い分けるために考慮できる点だと言えるでしょう。

表8.3：ImageNet-1k画像認識のSoTA（2022年3月31日時点、Paper with code[注7]より引用）

ランク	モデル	Top 1 Accuracy (%)	モデルサイズ	事前学習データセット
1	Model soups（ViT-G/14）	90.94	1843M	JFT-3B
2	CoAtNet-7	90.88	2440M	JFT-3B
3	ViT-G/14	90.45	1843M	JFT-3B
...				
6	Meta Pseudo Label（EfficientNet-L2）	90.20	480M	JFT-300M
...				
24	MLP-Mixer-H/14	87.94		JFT-300M

　大規模なデータセットによる事前学習を前提としない場合は、モデル構造の差が性能面に顕著な差を生む傾向があると言えます。まず、MLP-Mixer系は過学習する傾向があり、ViTやCNNは汎化性において有利な傾向にあります[Zhao21]。特に、敵対的攻撃や分布外データに対する頑健性の面ではViTとCNNはそれぞれローパスフィルタとハイパスフィルタで相補的な関係にあり、ViTの入力側の下層を畳み込み層にすることや、ViT内のMLP部分に畳み込み層を組み込むことで頑健性（汎化性）が向上します[Mao21]。したがって、モデルを使い分けるというよりも、ViTとCNNの両方の構造を取り入れることが性能向上の鍵になりそうです。これらの点は次節で詳しく取り上げます。

　ただし、実際の訓練にはさまざまなデータ拡張が使われている面も考慮する必要があります。最新の最適化方法とデータ拡張をResNet50の訓練に適用した場合、事前学習なしのImageNet-1kで80.4％とViT並みの画像認識性能を達成したという報告[Wightman21]もあり、データ拡張によって十分なデータサイズが擬似的に得られた問題設定での画像認識における性能面では現状あまり差がない可能性も示唆されています。

8-7 ｜ ViTの新常識

　ViTについての分析が進み、より画像ドメインに特化したTransformerにはどのような実装が望まれるのか徐々に明らかになりつつあります。ここでは、これまでの解説を踏襲しつつ、ViTに望ましい実装方法についてまとめます。

注7　https://paperswithcode.com/sota/image-classification-on-imagenet

▌8-7-1 画像のトークン化に望ましい方法

ViTによる画像のトークン化は、縦横に16×16の小さなパッチに区切り、各パッチを同じ線形層で変換することで行っていました。この一見特殊に見えるトークン化と畳み込み層との関係について紹介しつつ、より良いトークン化の方法について考察します。

まず、上記のように画像をパッチに区切って同じ線形層によって変換する操作は、畳み込み層による変換の一種として解釈できます。具体的には、畳み込み層のストライドとカーネル（重み）のサイズをパッチのサイズに合わせた場合に、畳み込み層による変換とパッチ区切りによる変換が等しくなります。例として、図8.11に畳み込み層によるトークン化と画像のパッチ区切りによるトークン化を図示して比較してみました。画像は4×4であり、2×2のパッチごとに区切ってトークン化することを考えます。畳み込み層を利用した方法では、ストライドのサイズごとにカーネルが移動して、入力と重みの積和演算によってパッチの埋め込みベクトルを得ます。このとき、埋め込みの空間方向のサイズは2×2です。この埋め込みの各要素がパッチの埋め込みトークンだと考えて、この埋め込みを一列に整列すると、画像をパッチに区切って同じ線形層による変換を行った場合と同じ計算結果が得られるというわけです。

図8.11：畳み込み層によるトークン化と画像のパッチ区切りによるトークン化との比較

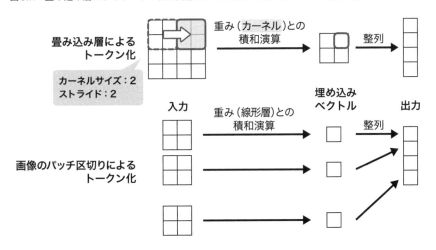

さて、この特殊な畳み込み層では、ストライドがカーネルサイズと同じ大きさであることから、局所的な入力（受容野）の重なりがありません。これは望ましいと言えるでしょうか？ 結論から言うと、この部分は重なりも許した通常の畳み込み層の使い方をした方が性能が向上することがわかってきました。畳み込み層を使う利点は、性能が向上する点、学習するデータ量を減らせる点の2点です。8-3節、8-4節でも紹介した通り、ViTは十分に学習した場合に、入力側の浅い層がCNNと同じような局所的な受容野に反応するように学習が進みます [Raghu21]。

この部分を畳み込み層で置き換えることで、CNNの帰納バイアスを活かして、性能向上だけでなく学習データの削減につながります。特に、事前学習せずに学習をする場合には、入力に畳み込み層を用いることが有効であると数々の論文 [Zhao21][Hassani21][Mao21] で示されています。

▌ 8-7-2　学習に必要なデータを減らすには

大量のデータが必要と言われてきたViTを小さなデータセットで学習することも、工夫すれば可能であることがわかってきました。その工夫の1つは、**入力側に近い浅い層では、局所特徴を学習しやすいように畳み込み層を利用すること**です。なぜなら、ViTはわざわざ学習によって局所特徴を学習していますが、データセットが小さい場合には局所特徴を捉える学習が難しいからです [Raghu21]。具体的には、先ほど挙げたトークン化を（複数の）畳み込み層によって行うこと [Ramachandran19][Zhao21][Hassani21][Mao21][Wu21][Xiao21] や、ViTのMLPを畳み込み層にして局所的な関係性を学習しやすくすること [Yuan21][Mao21] が該当します。

2つ目は**プーリング層をViTに導入すること**です。ViTにおけるMulti-Head Attentionの重要な働きの1つは、空間方向にスムージングを行うローパスフィルタとしての働き、つまり画像中の粒度の細かい変化といった画像の高周波成分にあたる情報を減らすフィルタとしての役割であり、これが汎化性能の向上につながっているということ [Benz21][Park22] でした。そして、この機能のみであれば、平均プーリングで置き換えることが可能です。実際にモデルサイズを小さくしつつImageNetを事前学習なしで学習した場合の画像認識の性能を向上させることができたと報告 [Yu21] されています。

また、トークンをプーリングなどの操作により段階的に集約することも、必要なデータのサイズを減らすときに有効です。**NesT**[Zhang21] では、CIFAR-10およびCIFAR-100やImageNetを事前学習なしで学習した場合の画像認識の性能において、3×3の畳み込み層と3×3の最大プーリング層を組み合わせた集約方法が、(a) 単純に3×3の畳み込み層を用いた場合、(b) Swin Transformerのように近傍のトークンをチャンネル方向に結合して集約する場合、(c) 3×3の平均プーリングを用いる場合よりも有効であることを示しました。

プーリングを用いることで享受できる恩恵はこれだけではありません。最上層のクラス分類を行う際に利用するトークンを特殊トークン（[CLS] 2章を参照）で行う代わりに平均プーリングで行う方が、ノイズへの頑健性が向上しつつ、性能も向上することが報告 [Raghu21][Mao21][Beyer22] されています。

特にBeyerらは、このプーリングの工夫に加えて、モデルとデータ拡張の工夫によって、ImageNet-1kのみでの訓練で正解率80%の画像認識性能を達成できたと報告 [Beyer22] しています。具体的には、以下のような工夫を加えています。

- モデルに ViT-S/16 を用いる
- 以下のデータ拡張を加える

  Inception Crop[Szegedy15]：ランダムに画像を切り抜き、切り抜いた画像のサイズを元の大きさにリサイズする

  Random Horizontal Flips：ランダムに画像を横方向に反転させる

  Mixup[Zhang18]：2枚の画像とそのラベルをハイパーパラメータλの割合で合成し、1枚の画像とラベルとして扱う

- 最適なデータ拡張の組み合わせを探索する方法として RandAugment[Cubuk20] を用いる

　RandAugment[Cubuk20] は、n 個のデータ拡張を m の強さで乗算する関数 $\mathbf{RandAugment}(n, m)$ で表現され、これを訓練に適用して最適な (n, m) をグリッドサーチでしらみつぶしに探索する手法です。

　Bayer らの報告のその他の面白い知見として、バッチサイズはオリジナルの ViT[Dosovitskiy21] の 4096 よりも 1024 の方が良かったという点、位置埋め込みは一から学習するよりも、学習が不要な Sinusoidal Positional Encoding の方が良かったという点があります。後者の Sinusoidal Positional Encoding が良かったというのは MoCov3 と呼ばれる自己教師あり学習による正則化を加えた ViT-B/16 でも同じ結果が報告 [Chen21] されています。大規模な学習データによる事前学習が行えない場合に Sinusoidal Positional Encoding を用いるのは有効な戦略であると期待できそうです。

▎8-7-3　大規模モデルでも実画像なしに訓練できる？

　大規模なモデルが扱いづらい理由には、そのパラメータサイズの大きさや学習に時間がかかることだけでなく、大規模な実画像データセットを必要とするという問題があります。しかし、現在 ViT の大規模モデルを訓練するのに代表的な画像認識用のデータセットである JFT-300M（300M）や IG-1B-Targeted（940M）は、それぞれ Google と Meta AI Research が保有している内製のデータセットであり、外部には公開されていません。この理由には、実画像の著作権の問題やプライバシー上の問題があり、倫理上の観点からデータセットの公開を中止するという動きも珍しくなくなってきました。そこで、実画像のデータを人工的に作成したデータで代替して訓練を行うことでも、良い事前学習ができないかを検討する新しい流れが出てきました。それが、幾何学的な図形の集合が写っている画像データセットによって教師あり学習を行う**数式駆動教師あり学習**（**Formula-Driven Supervised Learning**）[Nakashima22][Kataoka22] です。

　3-1 節でも紹介した **FractalDB** は、数式駆動教師あり学習の代表的なデータセットの1つです。FractalDB の画像は、数式から自動かつ無限に新規の画像を生成できるため、上記の著作権の

問題やプライバシー上の問題が起こらないという利点があります。Nakashima らは、ViT の事前学習に数式駆動教師あり学習を用いた場合のCIFAR-10 データセットへの転移学習が、実画像であるImageNet-1k を事前学習に用いた場合と同等の性能となることを報告 [Nakashima22] しています。

　また、ViT と数式駆動教師あり学習は特に相性が良いということも報告されています。Kataoka らは、数式駆動教師あり学習で学習された ViT の Attention が画像内の図形集合の輪郭部分に集中し、実際の画像認識性能にも図形集合の輪郭が重要であったと報告 [Kataoka22] しています。また、輪郭の複雑さを増すと転移学習によるファインチューニング時の性能が向上するといったことや、先に紹介した ResNet や gMLP[Liu21] と比べて、ViT は数式駆動教師あり学習による事前学習と相性が良いという知見も報告しています。この報告は、8-3 節で紹介した、ViT が CNN より物体の形状（つまり輪郭）に反応する傾向にあるという報告 [Tuli21] とも整合するため、ViT の事前学習として、数式駆動教師あり学習を他のタスクにも利用する流れが今後活発になると期待されます。

参考文献

[Aldahdooh21] Ahmed Aldahdooh, Wassim Hamidouche, Olivier Deforges "Reveal of Vision Transformers Robustness against Adversarial Attacks" arXiv:2106.03734, 2021.

[Ba16] Jimmy Lei Ba, Jamie Ryan Kiros, Geoffrey E. Hinton "Layer Normalization" arXiv:1607.06450, 2016.

[Bai21] Yutong Bai, Jieru Mei, , et al. "Are Transformers More Robust than CNNs?" NeurIPS, 2021.

[Benz21] Philipp Benz, Soomin Ham, et al. "Adversarial Robustness Comparison of Vision Transformer and MLP-Mixer to CNNs" BMVC, 2021.

[Beyer22] Lucas Beyer, Xiaohua Zhai, Alexander Kolesnikov "Better Plain ViT Baselines for ImageNet-1k" arXiv:2205.01580, 2022.

[Bhojanapalli21] Srinadh Bhojanapalli, Ayan Chakrabarti, et al. "Understanding Robustness of Transformers for Image Classification" ICCV, 2021.

[Chen21] Xinlei Chen, Saining Xie, Kaiming He "An Empirical Study of Training Self-Supervised Vision Transformers" ICCV, pages 9640–9649, 2021.

[Cordonnier20] Jean-Baptiste Cordonnier, Andreas Loukas, Martin Jaggi "On the Relationship Between Self-Attention and Convolutional Layers" ICLR, 2020.

[Cubuk20] Ekin D. Cubuk, Barret Zoph, et al. "Randaugment: Practical automated data augmentation with a reduced search space" CVPR, 2020.

[Ding21] Frances Ding, Jean-Stanislas Denain, Jacob Steinhardt "Grounding Representation Similarity with Statistical Testing" arXiv:2108.01661, 2021.

[Dosovitskiy21] Alexey Dosovitskiy, Lucas Beyer, et al. "An Image is Worth 16x16 Words: Transformers for Image Recognition at Scale" ICLR, 2021.

[Fu22] Yonggan Fu, Shunyao Zhang, "Patch-Fool: Are Vision Transformers Always Robust Against Adversarial Perturbations?" ICLR, 2022.

Arthur Gretton, Olivier Bousquet, et al. "Measuring Statistical Dependence with Hilbert-Schmidt Norms" http://www.gatsby.ucl.ac.uk/~gretton/papers/GreBouSmoSch05.pdf

[Goodfellow15] Ian J. Goodfellow, Jonathon Shlens, Christian Szegedy "Explaining and Harnessing Adversarial Examples" ICLR, 2015.

[Hassani21] Ali Hassani, Steven Walton, et al. "Escaping the Big Data Paradigm with Compact Transformers" arXiv:2104.05704, 2021.

[He16] Kaiming He, Xiangyu Zhang, et al. "Deep Residual Learning for Image Recognition" CVPR, 2016.

[Hendrycks19] Dan Hendrycks, Steven Basart, et al. "Benchmarking Neural Network Robustness to Common Corruptions and Perturbations." ICLR, 2019.

[Hendrycks21a] Dan Hendrycks, Steven Basart, et al. "The Many Faces of Robustness: A Critical Analysis of Out-of-Distribution Generalization" ICCV, 2021.

[Hendrycks21b] Dan Hendrycks, Kevin Zhao, et al."Natural Adversarial Examples" CVPR, 2021.

[Ioffe15] Sergey Ioffe, Christian Szegedy "Batch Normalization: Accelerating Deep Network Training by Reducing Internal Covariate Shift" ICML, pages 448–456, 2015.

[Kataoka22] Hirokatsu Kataoka, Ryo Hayamizu, et al. "Replacing Labeled Real-Image Datasets With Auto-Generated Contours" CVPR, pages 21232–21241, 2022.

[Kolesnikov20] Alexander Kolesnikov, Lucas Beyer, et al. "Big Transfer (BiT): General Visual Representation Learning" ECCV, 2020.

[Kornblith19] Simon Kornblith, Mohammad Norouzi, et al. "Similarity of Neural Network Representations Revisited" ICML, pages 3519–3529, 2019.

[Liu21] Hanxiao Liu, Zihang Dai, et al. "Pay Attention to MLPs" arXiv:2105.08050, 2021.

[Mahmood21] Kaleel Mahmood, Rigel Mahmood, Marten van Dijk "On the Robustness of Vision Transformers to Adversarial Examples" ICCV, pages 7838–7847, 2021.

[Mao21] Xiaofeng Mao, Gege Qi, et al. "Towards Robust Vision Transformer" arXiv:2105.07926, 2021.

[Melas-Kyriazi21] Luke Melas-Kyriazi "Do You Even Need Attention? A Stack of Feed-Forward Layers Does Surprisingly Well on Imagenet" arXiv:2105.02723, 2021.

[Nakashima22] Nakashima, K. et al. "Can Vision Transformers Learn without Natural Images?" AAAI, pages 1990–1998, 2022.

[Naseer21] Muzammal Naseer, Kanchana Ranasinghe, et al. "Intriguing Properties of Vision Transformers" NeurIPS, 2021.

[Naseer22] Muzammal Naseer, Kanchana Ranasinghe, et al. "On Improving Adversarial Transferability of Vision Transformers" ICLR, 2022.

[Park21] Namuk Park, Songkuk Kim "Blurs Behave Like Ensembles: Spatial Smoothings to Improve Accuracy, Uncertainty, and Robustness" arXiv:2105.12639, 2021.

[Park22] Namuk Park, Songkuk Kim "How Do Vision Transformers Work?" ICLR, 2022.

[Paul21] Sayak Paul, Pin-Yu Chen "Vision Transformers are Robust Learners" AAAI, 2021.

[Raghu21] Maithra Raghu, Thomas Unterthiner, et al. "Do Vision Transformers See Like Convolutional Neural Networks?" arXiv:2108.08810, 2021.

[Ramachandran19] Prajit Ramachandran, Niki Parmar, et al. "Stand-Alone Self-Attention in Vision Models" NeurIPS, 2019.

[Shao21] Rulin Shao, Zhouxing Shi, et al. "On the Adversarial Robustness of Vision Transformers" arXiv:2103.15670, 2021.

[Szegedy15] Christian Szegedy, Wei Liu, et al. "Going Deeper with Convolutions" CVPR, pages 1–9, 2015.

[Tolstikhin21] Ilya Tolstikhin, Neil Houlsby, et al. "MLP-Mixer: An all-MLP Architecture for Vision" NeurIPS, 2021.

[Touvron21a] Hugo Touvron, Piotr Bojanowski, et al. "Resmlp: Feedforward networks for image classification with data-efficient training" arXiv:2105.03404, 2021.

[Touvron21b] Hugo Touvron, Matthieu Cord, et al. "Training data-efficient image transformers & distillation through attention" ICML, pages 10347–10357, 2021.

[Tuli21] Shikhar Tuli, Ishita Dasgupta, et al. "Are Convolutional Neural Networks or Transformers more like human vision?" arXiv:2105.07197, 2021.

[Wightman21] Ross Wightman, Hugo Touvron, Hervé Jégou "ResNet strikes back: An improved training procedure in timm" arXiv:2110.00476, 2021.

[Wu21] Haiping Wu, Bin Xiao, et al. "CvT: Introducing Convolutions to Vision Transformers" ICCV, 2021.
[Xiao21] Tete Xiao, Mannat Singh, et al. "Early Convolutions Help Transformers See Better" NeurIPS, 2021.

[Yalniz19] Zeki Yalniz, Hervé Jégou, et al. "Billion-scale semi-supervised learning for image classification" arXiv:1905.00546, 2019.

8

[Yu21] Weihao Yu, Mi Luo, et al. "MetaFormer is Actually What You Need for Vision" arXiv:2111.11418, 2021.

[Yuan21] Kun Yuan, Shaopeng Guo, et al. "Incorporating Convolution Designs into Visual Transformers" ICCV, 2021.

[Zhang18] Hongyi Zhang, Moustapha Cisse, et al. "mixup: Beyond Empirical Risk Minimization" ICLR, 2018.

[Zhang21] Zizhao Zhang, Han Zhang, et al. "Nested Hierarchical Transformer: Towards Accurate, Data-Efficient and Interpretable Visual Understanding" arXiv:2105.12723, 2021.

[Zhao21] Yucheng Zhao, Guangting Wang, et al. "A Battle of Network Structures: An Empirical Study of CNN, Transformer, and MLP" arXiv:2108.13002 ,2021.

index 索引

▌著者プロフィール

【監修】

片岡 裕雄 (かたおか ひろかつ)

国立研究開発法人産業技術総合研究所人工知能研究センター主任研究員
2014年慶應義塾大学大学院理工学研究科後期博士課程修了、博士（工学）。2020年10月より国立研究開発法人産業技術総合研究所主任研究員。画像認識、動画解析、人物行動解析に従事。2011/2020年VIEW小田原賞、2019年度産総研論文賞、ACCV 2020 BEST PAPER HONORABLE MENTION AWARD受賞。

【執筆】

山本 晋太郎 (やまもと しんたろう)

2022年3月に早稲田大学先進理工学研究科物理学及応用物理学専攻にて博士後期課程を修了し、博士（工学）を取得。学生時代は主にコンピュータビジョンと自然言語処理の分野の研究に従事。博士論文のテーマは、効率的な研究コミュニケーションのための科学論文解析。現在は企業の研究開発部門に勤める会社員。本書の第1章の執筆を担当。

徳永 匡臣 (とくなが まさおみ)

株式会社野村総合研究所AIソリューション推進部AI tech lab.所属
2019年3月、東北大学工学部を卒業。2021年3月、東京工業大学大学院情報理工学院情報工学系知能情報コースにて修士課程を修了。現在は、コンピュータビジョンおよび自然言語処理の業務に従事。趣味として、インターネット上で論文の解説記事を執筆。本書の第2章の執筆を担当。

箕浦 大晃 (みのうら ひろあき)

中部大学大学院工学研究科情報工学専攻博士後期課程3年
2020年中部大学大学院博士前期課程情報工学専攻修了。同大学大学院博士後期課程情報工学専攻在学中。コンピュータビジョン、パターン認識の研究に従事。本書の第3章、第6章の執筆を担当。

QIU YUE (キュウ ゲツ)

国立研究開発法人産業技術総合研究所人工知能研究センター研究員
2021年3月筑波大学大学院システム情報工学研究科博士後期課程修了（工学）、2021年10月より産業技術総合研究所人工知能研究センター研究員。言語と画像のマルチモーダルタスク・画像認識・3次元認識・動画像認識に従事。本書の第4章、第5章の執筆を担当。

品川 政太朗 (しながわ せいたろう)

奈良先端科学技術大学院大学先端科学技術研究科情報科学領域助教
2013年東北大学工学部を卒業、2015年同大学大学院情報科学研究科で修士（情報科学）、2020年9月に奈良先端科学技術大学院大学で博士（工学）を取得し、同年11月より同大学助教。コンピュータビジョンと自然言語処理双方の領域を中心として幅広く興味を持ち、自然言語による対話的な画像編集をはじめとした視覚と言語の融合研究と対話システム研究に従事。本書の第7章、第8章の執筆を担当。

●技術評論社 Web サイト：https://book.gihyo.jp/

■ Staff
装丁・本文デザイン●トップスタジオデザイン室 (徳田 久美)
DTP●株式会社トップスタジオ
担当●高屋卓也

■ Special Thanks!
本書の制作にあたり、以下の方々にご協力をいただきました。
この場を借りてお礼申し上げます。

加藤 大智（Daichi Kato）　　　田中 康紀（Koki Tanaka）
板谷 英典（Hidenori Itaya）　　岡本 直樹（Naoki Okamoto）
牛 慧（Hui Niu）　　　　　　佃 夏野（Natsuno Tsukuda）
吉田 快（Kai Yoshida）　　　　吉田 慎太郎（Shintaro Yoshida）
大西 一誉（Kazuyo Onishi）

ビジョン トランスフォーマー にゅうもん
Vision Transformer 入門

2022 年 9 月 30 日　初版　第 1 刷発行
2023 年 5 月 25 日　初版　第 4 刷発行

監　修　片岡裕雄
　　　　かたおかひろかつ
著　者　山本晋太郎, 徳永匡臣, 箕浦大晃,
　　　　やまもとしんたろう　とくながまさおみ　みのうらひろあき
　　　　邱玥（QIU YUE）, 品川政太朗
　　　　キュウゲツ　　　　　しながわせいたろう
発行者　片岡　巖
発行所　株式会社技術評論社
　　　　東京都新宿区市谷左内町 21-13
　　　　電話　03-3513-6150　販売促進部
　　　　　　　03-3513-6177　第 5 編集部
印刷／製本　港北メディアサービス株式会社

定価はカバーに表示してあります。

造本には細心の注意を払っておりますが、万一、乱丁（ページの乱れ）
や落丁（ページの抜け）がございましたら、小社販売促進部までお
送りください。送料小社負担にてお取り替えいたします。

ISBN978-4-297-13058-9　C3055
Printed in Japan

■本書についての電話によるお問い合わせはご遠慮ください。質問等がございましたら、下記まで FAX または封書でお送りくださいますようお願いいたします。

〒 162-0846
　東京都新宿区市谷左内町 21-13
　株式会社技術評論社　第 5 編集部
　FAX　03-3513-6173
　「Vision Transformer 入門」係

FAX 番号は変更されていることもありますので、ご確認の上ご利用ください。
なお、本書の範囲を超える事柄についてのお問い合わせには一切応じられませんので、あらかじめご了承ください。